油气藏渗流理论与开发技术系列

油气藏开采驱替单元渗流理论与开发技术

朱维耀　　束青林　石成方　岳　明　　著
　　　　　杨海恩　吕伟峰　邓庆军

科学出版社

北　京

内 容 简 介

本书通过实验、理论推导、数值模拟分析和实际应用相结合的方法建立了油气藏开采驱替单元渗流理论与开发技术，分别论述了油气储层驱替单元渗流理论、储层特征与流体分布规律及模式、基于驱替单元渗流理论的开发技术，如流场重构与剩余油挖潜方法等；重点阐述驱替单元渗流理论、驱替单元划分方法，以及其理论方法在高含水油田、低渗透油田开发中的应用，并给出了实际油田应用案例。

本书可供油气开发领域的工程技术人员、科学技术工作者、相关院校师生参考使用。

图书在版编目(CIP)数据

油气藏开采驱替单元渗流理论与开发技术 / 朱维耀等著. -- 北京：科学出版社，2025. 6. --（油气藏渗流理论与开发技术系列）. -- ISBN 978-7-03-080797-7

Ⅰ. TE341

中国国家版本馆CIP数据核字第2024UY9314号

责任编辑：万群霞　崔元春 / 责任校对：王萌萌
责任印制：师艳茹 / 封面设计：无极书装

科 学 出 版 社 出版
北京东黄城根北街 16 号
邮政编码：100717
http://www.sciencep.com
三河春园印刷有限公司印刷
科学出版社发行　各地新华书店经销
*
2025 年 6 月第 一 版　开本：720×1000 1/16
2025 年 6 月第一次印刷　印张：18 3/4
字数：378 000
定价：170.00 元
（如有印装质量问题，我社负责调换）

前　言

我国大多数油田已经进入高、特高含水开发阶段，其中主力油层的含水率更高，东部油田更是如此。长期注水开发易形成油水优势通道，导致油层早期水淹、水窜，储层非均质性的存在加剧了这种矛盾，从而影响注入水的波及面积，导致无效注水循环，使水驱波及系数降低，影响油田最终的采收率。同时，我国油田地质情况复杂，原油性质差异大，造成水驱采收率低。由玉门油田、吐哈油田的项目实践可知，玉门低渗透裂缝性砂岩油藏水驱采收率为 49.9%，玉门低渗透复杂断块薄互层油藏水驱采收率为 29%，而吐哈超深层稠油油藏水驱采收率仅为 16%。注水开发后地下至少有 50%～70% 的原油未采出。剩余油主要富集在物性差、驱动能量不足的区域，而储层非均质性的存在使油田开发后期剩余油分布更复杂，加大了开发难度。

对于油藏来说，不同开发阶段的剩余油分布与储层动态流动单元关系十分密切，通过建立不同含水期的流动单元动态模型，应用动态流动单元方法研究高含水期油田剩余油，是老油田挖潜的重要手段。为此，本书重点阐述驱替单元渗流理论、驱替单元划分方法，以及其理论方法在高含水油田、低渗透油田开发中的应用，并给出了实际油田应用案例。全书共分 12 章。第 1 章为驱替单元基本概念；第 2 章为驱替单元渗流数学模型及区域划分计算方法；第 3 章介绍三维驱动单元渗流数学模型；第 4 章和第 5 章分别介绍均质储层和非均质储层驱替单元与油水分布规律；第 6 章～第 8 章介绍储层特征与流体分布规律及模式；第 9 章～第 11 章介绍基于驱替单元渗流理论的开发技术。全书由朱维耀教授统领撰写，邓庆军、杨海恩、束青林、石成方、吕伟峰、岳明等参与了第 9 章～第 11 章的撰写。

本书部分研究成果得到了国家油气重大专项项目的资助。感谢中国石油勘探开发研究院国家油气重大专项团队课题负责人石成方教授级高级工程师对本书的指导，感谢第一著者团队青年教师岳明、刘文超、孔德彬，以及博士研究生武男、王鸣川、王九龙、陈震、刘凯等为本书成果所做出的贡献，也感谢科研团队的同事对本书给予的支持和帮助。

目前，已出版的渗流理论、油气藏工程类图书涉及上述部分内容的尚少。因此，希望本书的出版能为石油科技、工程技术人员及相关专业的大专院校师生在油气藏开发的学习和应用中起到积极作用。

由于水平有限，书中难免存在不妥之处，恳请读者批评指正。

作　者

2024 年 7 月 15 日

目　　录

第一篇　油气储层驱替单元渗流理论

第1章 驱替单元基本概念

1.1 驱替单元概念的提出

自从 Hearn 等于 1984 年提出流动单元(flow unit)的概念以来[1,2]，其已被广泛应用于油田的勘探、开发领域[3-5]。如今，基于流动单元发展而兴起的驱替单元的研究对油田开发特别是二次采油和三次采油具有实际意义，它不仅促进了地质体描述定量化，而且促进了地质与油藏的结合[6]。

1. 静态的流动单元方法

储层流动单元研究是国外 20 世纪 80 年代中后期兴起的一种储层研究方法，90 年代国内才开始对其进行探索性研究[7,8]。这类研究包括对地下油水分布规律进行分析、对剩余油分布进行预测，其对油田开发特别是二次采油和三次采油具有很强的实际意义[9,10]。然而，由于具体的地质条件和实际资料的限制及研究问题的出发点不同，对流动单元的认识及研究方法也不完全一致。以往对流动单元的研究方法一般分为以地质研究为主的流动单元划分方法(沉积相法、层次分析法、非均质综合指数法)和以数学手段为主的储层参数分析法[流动分层指标(FZI)法[11]、孔喉几何形状 R35 法、生产动态参数法、多参数综合法]两类[12]。流动单元是在流体研究中提出的，目前，对流动单元的概念、划分方法及控制因素等方面尚未完全达成共识。

流动单元是一个影响流体流动的岩性和岩石物理性质在内部相似的储集岩体，并与其他岩体的岩石物理性质有一定的差别。按照这一概念，一个储集岩体可以划分为若干个岩石物理性质各异的流动单元块体。在块体内部，影响流体流动的地质参数(储层孔隙度、渗透率、孔隙结构、表面性质及相对渗透率曲线)相似，块体间则表现出岩性、岩石物理性质的差异性，从而具有不同的流体流动特征[13]。

20 世纪 90 年代，我国学者开始对流动单元进行研究。裘怿楠教授认为流动单元是砂体内部建筑结构的一部分，同时还指出流动单元是一个相对的概念，应根据油田的实际地质、开发条件而定。1996 年、1999 年裘怿楠教授和穆龙新教授又进一步阐述了这个思想，并提出油田在不同开发阶段面临的储层非均质矛盾是不同的，在开发初期合注合采条件下，流动单元即油砂体；在细分层系开发条件下，流动单元为成因单元砂体组合；在加密井网开发条件下，流动单元为成因单元砂体;在厚油层提高采收率条件下,流动单元为孔隙单元[14,15]。

总之,自从流动单元的概念提出以来,很多学者应用这一概念开展了储层表征或储层评价研究。然而,不同学者对这一概念的认识仍存在着一定的分歧。

2. 地质体储量等级(地质甜点)思想

与静态的流动单元方法类似,人们也提出了地质甜点的方法。所谓"甜点"是从国外油气勘探开发界的"sweet heart"一词直接翻译而来,表示地下油气富集且具有经济开采价值的区域(包括油气藏内垂向的深度范围或平面的某一区域)。在油气勘探开发过程中,"甜点"意味着在大面积的含油气区或长距离含油气层段中,往往有一部分是在当前经济、技术条件下具有较好开发效益的部分,这些发育较好的部分在纵、横向上分布可能都不成片,所以称为"甜点"。寻找"甜点"是油气勘探开发工程中不懈追求的目标,而在油气藏开发过程中,"甜点"不仅是一种静态的指标,还具有动态的内涵。其分布和规模意味着动态的地质储量。

油气藏的储量通常按照储量的可靠程度进行分级。根据石油、天然气储量的规范,已发现的油气藏的储量按照探明程度由低到高,依次分为预测储量、控制储量和探明储量三级。

预测储量是指在圈闭预探阶段获得了油流、气流或综合解释有油气存在时,对有进一步勘探价值的、可能存在的油气藏估算求得的、确定性很低的地质储量。这种储量计算的参数是由类比法确定的,因此可估算一个储量范围值。预测储量是制定评价勘探方案的依据。

控制储量是在某一圈闭内预探井中发现工业油气流后,以建立探明储量为目的,在评价钻探阶段钻了少数评价井后所计算的储量。该级储量通过地震详查和综合勘探技术查明圈闭形态,对所钻的评价井已做详细的单井评价。通过地质、地球物理综合研究,已初步确定油藏类型和储层的沉积类型,以及大体控制含油面积和储层厚度的变化趋势,对油藏复杂程度、产能大小和油气质量已做初步评价,其相对误差不超过±50%。

探明储量是在油气田评价钻探阶段完成或基本完成后计算的储量,并在现代技术和经济条件下可提供开采并能获得社会经济效益的可靠储量。探明储量是编制油田开发方案,进行油田开发建设投资决策和油气田开发分析的依据。对于油田的探明储量,应尽可能充分利用现代地球物理勘探技术和油藏探边测试方法,查明油藏类型、含油构造形态、储层厚度、岩性、物性及含油性变化和油气水边界等数据,并对储量做出更进一步的评价,其相对误差不超过±20%。

不过,这三种储量等级都属于静态储量,在油气田开发过程中,还应充分重视动态储量，即"剩余储量"。剩余储量指的是油田投入开发后，探明储量与累计采出量之差，是截至某一日期保有的可采储量。因此，剩余储量都将带有一个时间点，这是静态储量所不具备的特点。对剩余储量的衡量，就要通过油藏方法精确地确定"剩余油"的位置及规模。这些剩余油便成为油藏开采时随时间变化的地质"甜点"。油藏在开发全过程中，应分阶段地不断深化对油藏的认识，特别是要注意油藏投产后再也难以取准的资料，精确地认识剩余储量的大小及其分布，才能把各部分的储量最大限度地利用起来。尤其是针对已经开采较长时间后的油藏，如已至高含水或超高含水期的油藏，找寻剩余油成为这类老油田挖潜的主要研究工作，这一工作的意义尤为重大。所以，寻找有效的地质"甜点"成为长效资源接替最有力的方法之一。

3. 驱替单元渗流理论的提出

驱替单元渗流理论是基于流动单元的概念而提出的，考虑油气开采过程中储层特性、多相流体变化、开采方法与工艺手段、流场结构变化等全过程，从渗流场动态的角度出发研究油气开发规律，与流动单元的研究方法有本质区别。此前的流动单元研究方法都属于静态方法，这种方法的流动单元一般分为三个层次。其中，第一个层次为连通体，第二个层次为部分连通单元(简称流动单元)，第三个层次为驱替单元(狭义的流动单元)。

连通体为流动单元的第一个层次。在连通体内部，虽然储层质量有差别，但各处是连通的。连通体外缘被层间隔层、横向隔挡体和(或)封闭断层所限定，连通体之间不发生流体渗流[16]。

在连通单元内部往往存在着一定规模、一定数量的渗流屏障，将连通体分割成若干个部分连通的储集单元，即部分被渗流屏障所遮挡，但另一部分又与其他单元相连通。这些在连通体内部被渗流屏障部分分割的单元称为部分连通单元，简称流动单元，如曲流河点坝内的侧积体。在注水开发过程中，这一层次的单元影响着注采对应关系，易导致剩余油富集，是油田开发中后期的重点研究单元[17,18]。

在连通单元内部，储层孔隙结构及渗透率可能发生动态变化。为表达这种差异，需将连通单元进一步细分，将其分为若干个具有相似储层质量与渗流特征的单元，即驱替单元，此为流动单元的第三个层次，也就是狭义的流动单元[19]。

从本质上讲，流动单元是具有相似渗流特征的储集单元，不同的单元具有不同的渗流特征，单元间的界面为储集岩体内分割若干连通体的渗流屏障界面及连通体内部的渗流差异"界面"。

然而，不同学者对流动单元的概念有不同的理解。最初提出的流动单元的概念主要强调储集体内部性质的差异性，流动单元的划分是将差异性较大的储集岩体划分成若干个块体，使在同一块体内影响流体流动的岩性和岩石物理性质相似，不同块体的岩性和岩石物理性质有一定的差别。现有的流动单元的概念大多从静态参数出发，没有从渗流的角度考虑问题。储层流动单元的研究重点在于储层表征或储层评价研究[18,20,21]，背离了流动单元的本质和通过储层流动单元分析地下油水运动规律、预测剩余油分布的初衷。

因此，目前储层流动单元研究的主流方向是驱替单元的研究，流动单元可定义为"储层内部被渗流屏障界面及渗流差异界面所分割的具有相似渗流特征的储集单元"。

储层流动单元的分类实质上是驱替单元的分类，通过合理的划分方法及准则，将流动单元分为若干个类别，以体现同类流动单元内渗流特征的相似性及不同类流动单元渗流特征的差异性。然而，此前所采用的静态方法主要存在以下特点。

(1)从研究对象出发，静态的流动单元研究方法主要为单井识别法与多井识别法。然而，原油的驱替过程是在储层多孔介质中进行的，现有的流动单元研究方法无法反映流体储层中的流动规律。

(2)从研究手段出发，静态的流动单元研究方法主要有两类[3,4]：以地质研究为主，通过地质静态参数划分的流动单元无法反映不同开发阶段的油水分布规律；以数学手段为主的储层参数法划分的各流动单元不具有明确的物理含义。

(3)除此之外，油田开发后期，由于长期的注水开发，注入水低效无效循环问题严重，使水驱波及范围降低，采收率下降。然而，作为一种地质体描述定量化手段，静态的流动单元研究方法并没有很好地将地质与油藏结合起来，无法描述与解决开发后期无效驱动的问题，为油田开发调整提供依据。

综上，静态的流动单元并没有体现出不同单元"流动"的特点，只能作为一种评价储层好坏的手段，无法反映不同开发阶段的油水分布规律，以及分析储层开发后期无效驱替的范围及影响。

如何科学地对流动单元进行分类，通过划分流动的快慢，描述驱替过程中的有效驱动与无效驱动，使之与开发效果相匹配，是静态流动单元研究中无法解决的问题。流动单元，顾名思义需要反映流体流动的特征。因此，流动单元具有动态性，在油田开发过程中，储层孔隙结构和渗透率可能发生动态变化，从而导致渗流差异的变化，因此驱替单元的类型也会有所变化。从这一点出发，流动单元应该视为一个动态的概念。流动单元的动态性只涉及流动单元的第三个层次，即驱替单元，因为在开发过程中，连通体及渗流屏障不会发生变化，变化的只是储层质量[12]。

1.2 基本概念及定义

1.2.1 油气储层特征和基本参数

储层驱替单元的分类实质上是流动单元的分类,通过合理的划分方法及准则,将流动单元分为若干个类别,以体现同类流动单元内渗流特征的相似性及不同类流动单元渗流特征的差异性。储层流动单元分类涉及渗流地质参数及优选、驱替单元分类方法两方面内容。

1. 渗流地质参数及优选

渗流特征的差异(简称渗流差异)是一相对概念,其本质是流体渗流速度及动态响应的差异。

渗流差异应体现地下流体流动的难易程度。从理论上讲,应采用直接反映流体渗流能力的动态资料进行渗流差异的分类,如应用吸水强度或产液能力进行渗流差异分类,使每一类驱替单元对应一定级别的注水强度或产液强度,但在实践中,这类参数特别是细分层的动态参数往往较少。因此,人们常应用反映渗流特征的地质参数对渗流差异进行表征[22-24]。

反映渗流特征的地质参数可分为两大类:其一为宏观岩性与岩石物理参数,如岩石粒度、分选系数、泥质含量、孔隙度、渗透率、传导系数(渗透率和储层厚度的乘积与流体黏度之比)、储层质量指数(渗透率与孔隙度之比)、储存系数(孔隙度、压缩系数与储层厚度的乘积)、砂体内部渗透率非均质参数等[25-28]。其二为微观储层参数,如孔隙类型、孔喉大小、孔隙结构类型、FZI、毛细管力等[29-32]。

2. 驱替单元分类方法

所谓驱替单元的分类,即将驱替单元分成若干类别。根据优选的地质参数的数量,分类方法主要有单参数截断方法及多参数综合分类方法两种[33,34]。

单参数截断方法根据单一参数(如渗透率或 FZI 等),通过截断值,将驱替单元分为若干类别[35,36]。有学者曾经质疑,在单一参数(如渗透率)空间分布已经确定的情况下,再将其截断为若干流动单元是否已经没有实际意义。然而,有无实际意义应取决于截断后的各类流动单元是否有各异且鲜明的渗流特征。

多参数综合分类方法就是当优选的渗流地质参数有多个时,需综合多参数进行流动单元分类[37-39]。多参数综合分类方法主要为数学方法,如聚类分析、模糊综合评判等,据此划分的各流动单元类别应赋予明确的物理含义,以及各类流动单元开发动态响应特征。

　　总之，科学地对驱替单元进行分类，使之与开发效果相匹配，才能达到研究流动单元的目的[40-43]。

1.2.2　流动单元

　　1. 流动单元及相关概念

　　1984 年 Hearn 等在研究美国怀俄明州哈特佐德罗（Hartzog Draw）油田香农（Shannon）储层时[44]，发现不同部位储层的质量不同，对生产动态的控制作用也不同，由此提出流动单元的概念，认为流动单元是一个垂向和横向上连续的储集带，在该单元内，各部位岩性特点相似，影响流体流动的岩石物性参数也相似[35]。此后，中外学者在此基础上展开研究，概念则从原始的纯地质概念发展成地质和油藏通用的概念，方法从定性、半定量发展到定量，为油气储层的深入研究奠定了基础。尽管目前中外学者对流动单元的理解不尽相同，但都有共性想法，即流动单元的两个因素：①流动单元具有相近的内部特征（流体渗流特征）；②不同流动单元之间存在明确的边界。

　　目前在流动单元的概念、划分方法及控制因素等方面尚未完全达成共识，这里仅归纳以下几个比较有代表性的定义[45]。

　　（1）流动单元是指影响流体流动的岩相和岩石物理性质在内部相似的、垂向和横向上连续的储集岩体。这样在同一储集岩体（流动单元）内部，影响流体流动的地质参数相似，而不同的流动单元之间，岩相和岩石物理性质差异明显。

　　（2）流动单元是指沉积体系内以隔挡层为边界按水动力条件划分的建造块，它以隔挡层为边界，和构成单元应属类似概念。该方法侧重于用露头层次界面研究成果指导地下非均质性研究，为定性分析方法。

　　（3）流动单元是总的油藏岩石体积中影响流体流动的油层物理性能恒定不变，且可与岩石体积区分的有代表性的基本体积，并认为 FZI 是最好的划分参数。

　　（4）裘怿楠教授认为流动单元是一个相对的概念，应根据油田的实际地质、开发条件而定。随后，裘怿楠和穆龙新教授又进一步阐述了这个思想，并提出油田在不同开发阶段面临的储层非均质矛盾是不同的，此时可将下一个层次的非均质性看作是均质的，即作为油水运动的基本单元[14,15]。因此，流动单元概念的内涵应针对开发生产中面临的矛盾有所变化，并指出目前的"流动单元"应指一个油砂体及其内部因受边界限制、不连续遮挡层、各种沉积微界面、小断层及渗透率差异等造成的渗流特征相同、水淹特征一致的储层单元[46]。

　　（5）流动单元是指从宏观到微观的不同级次的、垂向及侧向上连续的、影响流体流动的岩石特征和流体本身渗流特征相似的储集岩体，且随着开发阶段的深入，流动单元的级次应不断细化。

2. 流动单元控制因素

储层中流动单元的发育特征和空间分布主要受沉积、成岩及构造作用控制，所有影响储层渗流特征的因素均可对储层流动单元产生影响。具体地说，在储层的沉积过程中水动力条件的变化、储层沉积后经历的成岩与构造作用等因素控制了流动单元的空间分布。在这些因素中，沉积水动力条件或沉积环境是形成储层的基础，它控制了储层的规模、空间几何形态及其之间的相互关系，而沉积后所经历的成岩及构造作用则对原有储层进行改造，形成现今的流动单元分布特征。经历了不同的沉积和后期成岩、构造作用改造的储层流动单元的展布特征亦不同，由沉积因素控制的流动单元主要受控于沉积环境，而成岩作用强烈的储层则受沉积和成岩双重因素控制，在极复杂断块区，断层则是流动单元的主控因素。

沉积作用对流动单元的控制包括物源、古地形古气候、海(湖)平面升降及水动力的强弱等，这些因素的综合影响致使流动单元被砂体内部层次构型(建筑结构)界面、微型构造及成因单元内的渗透率韵律性等控制[47,48]。

1) 层次构型界面对流动单元的控制作用

(1)沉积相(较大规模的储层构型要素)。

边界隔层是指油层之间或者开发层系之间的不渗透岩层[如曲流河沉积中分布比较稳定的泛滥平原沉积，对应于迈阿尔(Miall)的 5 级界面][49]，在油田注水开发过程中起渗流屏障作用。隔层往往是一些大的成因单元边界，控制着较大规模构型单元内的流体渗流，其形成的流动单元规模也相应较大。不同成因砂体储层物性不同，必将导致渗流能力产生差异，如对河流相而言，河道砂体的渗透性远高于溢岸沉积，在河道与溢岸的相边界两侧必然形成不同的流动单元类型，故沉积亚相及单一成因微相的边界(对应于 Miall 的 4~5 级界面)[50]，往往是流动单元的边界。

(2)单一微相内部夹层。

单一微相内部夹层(沉积成因，如曲流河夹层内部泥质侧积层)对应于 Miall 的 3 级界面[51]，不仅影响流体的垂向渗流，而且也影响流体的水平渗流。在注采井组范围内，分布比较稳定的夹层(辫状河心滩内部水平分布的"落淤层")可将油层上下分成 2 个独立的流动单元；不稳定夹层在某种程度上也对开发效果产生一定影响，亦是划分流动单元过程中必须考虑的因素。

(3)纹层面。

层理是砂体内部最常见的沉积构造，纹层面(对应 Miall 的 1 级界面)是直接控制储层砂体内渗透率方向性的关键因素。根据实际岩心样品测定结果，垂直层理倾向的渗透率比顺层理倾向的渗透率低，所以纹层面对规模较小的流动单元具有控制作用。

2）微型构造对流动单元的控制作用

微型构造的成因有 2 类：一方面与构造作用力无关，主要受沉积环境、差异压实作用和古地形等方面的影响；另一方面与构造作用力有关，即沿断层两侧伴生的断鼻和断沟。微型构造也控制着流动单元的宏观分布，即正向微构造（微背斜或微高点）以发育较好的流动单元为主，负向微构造中发育较差的流动单元。

3）渗透率韵律性对流动单元的控制作用

层内渗透率韵律性直接影响储层内部流体的渗流特征，是控制层内油水渗流特征最主要的因素。可以针对正韵律、反韵律及复合韵律中不同的渗透率段划分出多种流动单元类型。

经历不同类型成岩作用的改造，储层物性有增有减，最终形成的流动单元类型亦不相同。一般地，溶解作用形成大量的次生孔隙，极大地改善了储集性能，促使流动单元向较好的方向变化。而压实、胶结及交代等成岩作用均使储层物性变差，使流动单元向较差的方向改造。其中压实作用使原生孔隙变小，渗透率变差，在埋深基本一致条件下，岩性相对均匀、岩相相对较优的部位（如三角洲前缘、滩坝相等），压实作用对储层物性影响较弱，而其往往是流动单元较好的部位。胶结作用堵塞孔隙，减小原生孔隙度和渗透率，其结果可形成成岩胶结带（如河口坝顶部的钙质夹层），在一定程度上控制流动单元的空间分布[52]。

构造作用对流动单元的控制主要表现在断层和裂缝两个方面。断层对流体渗流起双重作用，封闭性断层可以隔挡断层两侧的流体渗流，使沉积成因的同一类流动单元分属于两个流动单元类型，未封闭断层为流体渗流通道，形成一个统一的流动单元。在极复杂断块中，那些断距小、延伸短、与主断裂方向不一致的次级封闭断层对渗流起遮挡作用，控制着流动单元的分布。裂缝的封闭及开启性及裂缝延伸的方向、长短对流体渗流影响很大，其控制的流动单元与断层控制的流动单元类似，只不过规模较小，研究难度更大[53]。

除了沉积、成岩及构造作用以外，控制流动单元的因素还有开发及沥青化作用等。开发因素主要包括开发措施、开采强度、层系划分、井网密度及开发方式等；沥青化作用可使原始油藏高孔渗带储集性能大大降低，某种程度上起到渗流屏障作用，进而控制流动单元的分布。

1.2.3 流量贡献率渗流数学模型

根据势的叠加原则，无限大地层中存在等产量-源（B）-汇（A），如图 1-1 所示，任意一点 M 的渗流速度可由源、汇相叠加求得，地层内任意一点的渗流速度为

$$|v| = \frac{qd}{\pi h} \cdot \frac{1}{r_1 r_2} \tag{1-1}$$

式中，v 为渗流速度；q 为 A 点(或 B 点)的产量绝对值；d 为 A 点与 B 点距离的 $1/2$；π 为圆周率；h 为储层厚度；r_1 为 M 点到 A 点的距离；r_2 为 M 点到 B 点的距离。

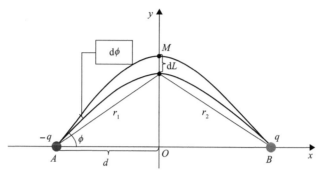

图 1-1　主截面流量微元示意图

主截面的 y 轴上的任意一点 M(图 1-1)，$r_1 = r_2 = \dfrac{d}{\cos\phi}$，其速度为

$$|v| = \frac{q}{\pi h d} \cdot \frac{1 + \cos 2\phi}{2} \tag{1-2}$$

式中，ϕ 为经过 M 点的流线与 x 轴(即 A 点与 B 点之间的主流线)所呈夹角。

流过主截面的 y 轴上的任意一个微元 $\mathrm{d}L$ 的流量为

$$\mathrm{d}Q = |v|\mathrm{d}L = \frac{|v|d}{\cos\phi}\mathrm{d}\phi = \frac{(1+\cos 2\phi)\cdot d}{2\cos\phi}\mathrm{d}\phi \tag{1-3}$$

纵观井网，可以取具有代表性的油水系统单元，均质地层中主流线两侧流线对称分布，流动单元由两个具有相同的流动规律及储层特征的纺锤形渗流区域组成，因此，研究的流动单元可以由图 1-1 所示的一个分流线 AMB 与主流线 AB 所围成的纺锤形区域代表，根据流线分布，研究流动单元水动力学状况，对于反五点井网、反七点井网、反九点井网边井与角井，分流线(最外侧流线)与主流线所呈夹角 ϕ_5、ϕ_7、ϕ_b、ϕ_j 分别为 $\dfrac{\pi}{4}$、$\dfrac{\pi}{6}$、$\arctan\dfrac{1}{2}$ 与 $\dfrac{\pi}{4} - \arctan\dfrac{1}{2}$。

与主流线呈 ϕ 角度的流线扫过的区域流量占注采单元间总流量的百分比定义为流动单元的流量贡献率(CRF)，用希腊字符 θ 表示：

$$\theta = \frac{\displaystyle\int_0^\phi \mathrm{d}Q}{\displaystyle\int_0^{\phi_{max}} \mathrm{d}Q} = \frac{\displaystyle\int_0^\phi \frac{(1+\cos 2\phi)d}{2\cos\phi}\mathrm{d}\phi}{\displaystyle\int_0^{\phi_{max}} \frac{(1+\cos 2\phi)d}{2\cos\phi}\mathrm{d}\phi} = \frac{\sin\phi}{\sin\phi_{max}} \tag{1-4}$$

式中，$\phi_{\max}$ 为流场中分流线（最外侧流线）与主流线所呈夹角的最大值；Q 为流量。

反五点井网流量贡献率曲线为 $\theta_5 = \sqrt{2}\sin\phi_5$（图 1-2）。

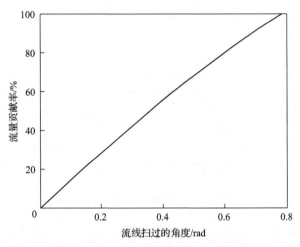

图 1-2　反五点井网的流量贡献率曲线

同理，计算不同井网模式下的流量贡献率，得到不同井网模式下的流量贡献率曲线（图 1-3）。

$$\theta_7 = \frac{\int_0^{\phi} \mathrm{d}Q}{\int_0^{\frac{\pi}{6}} \mathrm{d}Q} = 2\sin\phi_7 \tag{1-5}$$

$$\theta_{9b} = \frac{\int_0^{\phi} \mathrm{d}Q}{\int_0^{\arctan 1/2} \mathrm{d}Q} = \sqrt{5}\sin\phi_{9b} \tag{1-6}$$

$$\theta_{9j} = \frac{\int_0^{\phi} \mathrm{d}Q}{\int_0^{\frac{\pi}{4}-\arctan 1/2} \mathrm{d}Q} = 3.1623\sin\phi_{9j} \tag{1-7}$$

式中，ϕ_7、ϕ_{9b}、ϕ_{9j} 分别满足 $\phi_7 \in \left[0, \dfrac{\pi}{6}\right]$，$\phi_{9b} \in [0, \arctan 1/2]$，$\phi_{9j} \in \left[0, \dfrac{\pi}{4} - \arctan 1/2\right]$。

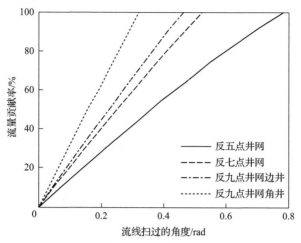

图 1-3　不同井网模式下的流量贡献率曲线

1.2.4　流量非均匀分布曲线与流量强度差异系数

流动单元的流量贡献率曲线是一条单调递增曲线，数学上没有明确的"拐点"来描述差异界面，更无法得到具有明确物理意义的划分流动单元的差异界面，反映流体在储层中流动的特点。为了合理划分流动单元，引入了流量非均匀分布曲线（NDCFU）与流量强度差异系数（DCFI）。

流量非均匀分布曲线：以各主流线与分流线间（图 1-4 所示积分区）的驱替面积百分数为横坐标，以对应的流量贡献率为纵坐标，从分流线计起一直到主流线，定义这些点所组成的曲线为流量非均匀分布曲线（图 1-5 曲线）。

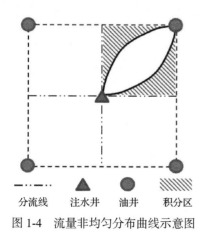

图 1-4　流量非均匀分布曲线示意图

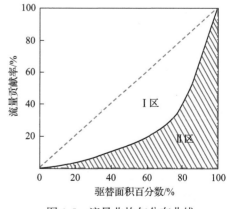

图 1-5　流量非均匀分布曲线

流量均匀分布曲线（图 1-5 虚线）：流动单元内相同驱替面积对产量的贡献相同。

流量非均匀分布曲线（图 1-5 实线）：流动单元内所有的流量全部由主流线所

提供。

　　实际井网的流动单元流量非均匀分布曲线位于流量均匀分布曲线与非均匀分布曲线之间，因此，本节研究的流动单元流量非均匀分布曲线就是主流线与分流线围成的面积百分数与其对应的流量贡献率的关系曲线(图 1-5)。

　　图 1-5 中虚线为流量均匀分布曲线，实线为流量非均匀分布曲线。设 S_{I} 为流量均匀分布曲线与流量非均匀分布曲线所围成的面积，S_{II} 为流量非均匀分布曲线与流量非均匀分布曲线所围成的面积。则流量强度差异系数为 $G'=S_{\mathrm{I}}/(S_{\mathrm{I}}+S_{\mathrm{II}})$，即流量非均匀分布曲线与流量绝对均匀分布曲线围成的面积百分数，G' 越大表示流量分布越不均匀，反之则表示越均匀。

　　在不考虑井间干扰和面积波及系数的情况下，以反五点井网为例，将流量贡献率曲线横坐标转换为驱替面积百分数，得到流量非均匀分布曲线，为了使计算简便，将流线包裹范围内的纺锤形区域近似为菱形区域，得到反五点井网流量非均匀分布曲线解析公式[式(1-8)]，并绘制出流动单元流量非均匀分布曲线(图 1-6)。

$$\theta_5 = 1 - \frac{\sqrt{2}\,(1-S)}{\sqrt{1+(1-S)^2}} \tag{1-8}$$

式中，θ_5 为反五点井网流量贡献率；S 为驱替面积百分数。

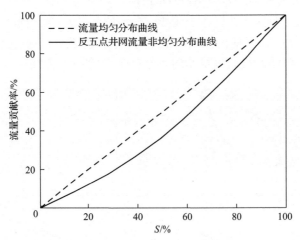

图 1-6　流量均匀分布曲线与反五点井网流量非均匀分布曲线

　　利用流线簇方程，将流量贡献率曲线转换成流量非均匀分布曲线。按照流线与等势线正交的原则，可得到流线簇也是一组圆，并且圆心都在 y 轴上，其中 x 轴也是一条流线。流线方程为

$$\frac{2\mathrm{d}y}{x^2 + y^2 - d^2} = 常数 \tag{1-9}$$

以直角坐标表示的流线簇方程为

$$x^2 + \left(y - \frac{d}{c_1}\right)^2 = \frac{d^2\left(1 + c_1{}^2\right)}{c_1{}^2} \tag{1-10}$$

$$c_1 = \frac{2\tan\phi}{\tan^2\phi - 1} \tag{1-11}$$

可见流线是圆心在 $(0, d/c_1)$、半径为 $d\sqrt{1 - 1/c_1{}^2}$ 的圆簇，在稳定流动时，液体质点运动轨迹线与流线是一致的。

将流量贡献率曲线中的横坐标"流线扫过的角度"转换为"驱替面积百分数"得到不同井网模式下的流量非均匀分布曲线解析公式：

$$\theta_7 = 1 - \frac{2(1 - S)}{\sqrt{3 + (1 - S)^2}} \tag{1-12}$$

$$\theta_{9b} = 1 - \frac{\sqrt{5}(1 - S)}{\sqrt{4 + (1 - S)^2}} \tag{1-13}$$

$$\theta_{9j} = 1 - \frac{\sqrt{10}(1 - S)}{\sqrt{9 + (1 - S)^2}} \tag{1-14}$$

式中，θ_7、θ_{9b} 和 θ_{9j} 为反七点井网、反九点井网的边井和角井的流动单元流量贡献率；S 为反七点井网、反九点井网的边井和角井的驱替面积百分数。

目前，比较常用的面积波及系数确定方法有理论方法、经验公式法、数值模拟反演法。结合油藏实际，利用现有数据，选择并利用理论方法和数值模拟反演法确定渗流区域[54]。

1. 理论方法

对于低渗透油藏，其最显著的特点就是渗流不符合达西定律，存在启动压力梯度，低渗透油藏的渗流规律偏离了达西定律，使经典的达西线性渗流理论不再适用，低渗透储层中的流体流动是非线性渗流的一种。其特征曲线可以分为两部分，在低压力梯度范围内渗流量与压力梯度呈非线性，在高压力梯度范围内渗流量与压力梯度呈拟线性。拟线性段的反向延长线不通过坐标原点，与压力梯度轴的交点称为拟启动压力梯度，非线性到拟线性的过渡点称为临界点。用带启动压力梯度的线性定律来描述数学方程：

$$v = \begin{cases} 0, & \nabla p < G \\ \dfrac{k}{\mu}(\nabla p - G), & \nabla p \geqslant G \end{cases} \tag{1-15}$$

式中，k 为渗透率，m^2；μ 为流体黏度，$mPa \cdot s$；∇p 为压力梯度，Pa/m；G 为启动压力梯度，Pa/m。

对于低渗透储层，压力梯度流线小于启动压力梯度的流线，流体不流动，由此界定面积波及系数。

在中高渗透储层中，不存在启动压力梯度，因此不能采用上述方法确定面积波及系数，目前对均匀井网的面积波及系数的研究，大多数是根据各种简化模型，用理论方法特别是用试验方法所获得的研究结果。根据 B. 丹尼洛夫和 P.M. 卡茨的研究结果可以得到面积注水系统流体运动前缘微分方程的解，确定见水时的面积波及系数[55]。

1) 见水时的面积波及系数计算公式

$$E_A = \frac{\dfrac{2\pi d_w}{a} - 4\exp\left(-\dfrac{2\pi d_w}{a}\right) - 2.776}{\dfrac{2\pi d_w}{a}\left[1 + 8\exp\left(-\dfrac{2\pi d_w}{a}\right)\right]}\sqrt{\frac{1+M}{2M}} \tag{1-16}$$

式中，E_A 为注入剂的面积波及系数；d_w 为井排间的距离，m；a 为井排上的井间距离，m；M 为水（驱替剂）与油的流度比，可由式(1-17)确定：

$$M = \frac{\mu_o}{\mu_w k_{ro}(S_{wc})}\left[k_{ro}(S_{wf}) + k_{rw}(S_{wf})\right] \tag{1-17}$$

式中，μ_o 为油相黏度，$mPa \cdot s$；μ_w 为水相黏度，$mPa \cdot s$；S_{wf} 为驱替前缘含水饱和度；S_{wc} 为束缚水饱和度；$k_{rw}(S_{wf})$ 和 $k_{ro}(S_{wf})$ 分别为水相和油相相对渗透率，均为 S_{wf} 的函数。

当 $M \geqslant 1$ 时，在 $d_w/a \geqslant 1$ 的情况下，式(1-16)可由式(1-18)确定：

$$E_A = \left(1 - 0.4413\frac{a}{d_w}\right)\sqrt{\frac{1+M}{2M}} \tag{1-18}$$

因此，对于反五点、反九点和反七点面积注水系统而言，见水时的面积波及

系数可分别确定为

$$E_{A5} = 0.718\sqrt{\frac{1+M}{2M}} \tag{1-19}$$

$$E_{A9} = 0.525\sqrt{\frac{1+M}{2M}} \tag{1-20}$$

$$E_{A7} = 0.743\sqrt[3]{\frac{1+M}{2M}} \tag{1-21}$$

式中，E_{A5}、E_{A9}、E_{A7} 分别为反五点、反九点和反七点面积注水系统在见水时的面积波及系数。

当油井见水后，把从注水井井底到生产坑道看作两相渗流区，而从生产坑道到油井井底分为两部分：一是水波及的部分，为两相渗流区；二是水未波及的部分，为油单相渗流区。波及部分的确定与水淹角有关，它随开发时间的增长而加大。

均质单元油井见水后水淹角(图 1-7 中两箭头所指区域)如图 1-7 所示。

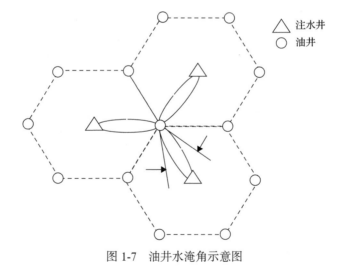

图 1-7　油井水淹角示意图

因为流度比的定义为

$$M = \frac{\mu_w k_{ro}(S_{wc})}{\mu_o k_{rw}(S_{wm})} \tag{1-22}$$

式中，S_{wm} 为含水饱和度。所以波及百分比可按式(1-23)计算：

$$\alpha = \frac{j\theta}{2\pi} = \frac{f_{w}}{f_{w} + \dfrac{1}{M} f_{o}} = \frac{f_{w}}{f_{w} + \dfrac{1}{M}(1 - f_{w})} = \frac{1}{1 + \dfrac{1}{M} \cdot \dfrac{1 - f_{w}}{f_{w}}} \qquad (1\text{-}23)$$

式中，j 为一口注水井周围的油井的井数比 (表 1-1)；f_{w} 为含水率；f_{o} 为含油率。

表 1-1 面积井网的 j 数值表

注水系统	反四点法	反五点法	反七点法	反九点法
j	3	4	6	8

2) 流线法确定渗流边界

根据单向流等饱和度平面移动方程确定前缘含水饱和度和平均含水饱和度 $\overline{S}$，但前缘含水饱和度 S_{wf} 难以直接求解，但可以通过作图法来求，方法是在 f_{w}-S_{w} 图上 (图 1-8)，从 S_{wc} 作 f_{w} 的切线交于 A 点，从 A 点作横轴的垂线交横轴于一点，该点的饱和度值即注水前缘含水饱和度 S_{wf} 的值，延长通过 A 点的切线与 $f_{w} = 100$ 的横线交于 B 点，B 点所对应的饱和度值即为 $\overline{S}_{w}$。

$$f_{w}'\left(S_{wf}\right) = \frac{f_{w}\left(S_{wf}\right)}{S_{wc} - S_{wf}} \qquad (1\text{-}24)$$

$$\overline{S}_{w} - S_{wc} = \frac{1}{f_{w}'\left(S_{wf}\right)} \qquad (1\text{-}25)$$

式中，S_{wf} 为前缘含水饱和度，%；S_{wc} 为束缚水饱和度，%。

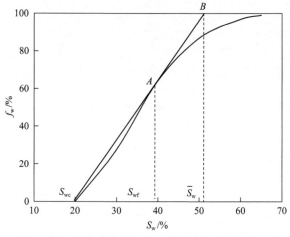

图 1-8 确定 S_{wf}、S_{wc} 和 $\overline{S}_{w}$ 示意图

根据单向流等饱和度平面移动方程确定主流线前缘速度 $v_{S_{wf}}$，可以求解不同时刻、不同位置流线前缘是否突破：当平面饱和度达到 $\overline{S}_w$ 时，水驱波及范围内均为两相流，此时最外侧流线刚好前缘突破，此流线即要求解的流动单元渗流边界，渗流边界流线包含范围内为两相流，渗流边界外由于未形成连续流线，形成滞留区。据此可以求解面积波及系数，如反五点井网的面积波及系数 E_{A5} 计算公式：

$$E_{A5} = \tan\left(\arccos\sqrt{\frac{t_{S_{wf}}}{t_{\overline{S}_w}}}\right) \tag{1-26}$$

式中，$t_{S_{wf}}$ 为主流线前缘突破时间，d；$t_{\overline{S}_w}$ 为平面饱和度达到 $\overline{S}_w$ 时刻，d。例如，若 $t_{S_{wf}} = 690\text{d}$、$t_{\overline{S}_w} = 1233\text{d}$，那么面积波及系数 $E_A = 88.71\%$。

2. 数值模拟反演法

在同时考虑波及程度及洗油效率两个因素时，原油采收率 η 可表示为采出的原油体积 $V_{采出}$ 与原始储量的体积 $V_{原始}$ 之比：

$$\eta = \frac{V_{采出}}{V_{原始}} = \frac{A_s h_s \phi S_{oi} - A_s h_s \phi S_{or}}{A h_a \phi S_{oi}} = E_A E_D \tag{1-27}$$

式中，A_s 和 A 分别为初始时刻和当前时刻的含油面积；h_s 和 h_a 分别为初始时刻和当前时刻的有效高度；驱油效率 $E_D = \dfrac{S_{oi} - S_{or}}{S_{oi}}$；$S_{or}$ 为剩余油饱和度；S_{oi} 为初始含油饱和度；E_A 为面积波及系数。

油藏数值模拟结果中，通过不同时刻平均剩余油饱和度 S_{or} 可以计算出驱油效率 E_D，结合原油采收率 η 的值，可以反算面积波及系数 E_A。

面积波及系数确定后，流量非均匀分布曲线会产生形态上的变化，特征曲线也会发生相应的变化[50]，其解析公式由分段函数表示：

$$a' = 1 - E_A \tag{1-28}$$

式中，a' 为面积波及百分数。

当 $S < a'$ 时，非均匀分布曲线解析式为

$$\theta = 0 \tag{1-29}$$

当 $S > a'$ 时，修正后的流量非均匀分布曲线通式为

$$\theta = 1 - \frac{b(1-S')}{\sqrt{1 + \left[c(1-S')\right]^2}} \tag{1-30}$$

式中，b、c 为相关系数，由角度和面积共同决定；S' 为修正后的驱替面积百分数。

当 $M = 1$ 时，根据式(1-18)求得不同井网条件下的面积波及系数，修正后的流动单元流量非均匀分布曲线如图 1-9 所示，起点位置相当于未波及区占比，模拟时，采用的反五点井网、反七点井网、反九点井网的死油区面积百分数分别是 28.2%、25.7%、47.5%。

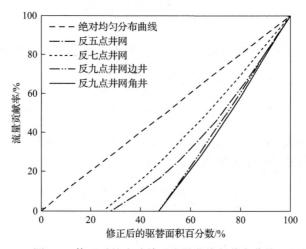

图 1-9　修正后的流动单元流量非均匀分布曲线

1.3　驱替单元区域划分原则

流动单元是储层中水驱波及范围内具有相似的流动规律及储层特征的渗流区域。

有效驱动单元：以水动力学理论与流管模型为基础，通过流量贡献率、流量非均匀分布曲线、流量强度差异系数与极限含水率，将克服启动压力梯度、对产量做出贡献的压力梯度控制区划分为Ⅰ类(高速流动无效驱)、Ⅱ类(高速流动有效驱)、Ⅲ类(低速流动无效驱)和Ⅳ类(低速流动有效驱)。

Ⅰ类：高速流动无效驱。其数学特点在于流量贡献率大于 1，含水饱和度高于 98%，其物理背景为驱动能量充足，注入水主要通过此区域进入油井。

Ⅱ类：高速流动有效驱。其数学特点在于流量贡献率大于 1，含水饱和度低于 98%，其物理背景为驱动能量充足，长期水驱易形成无效注水循环区。

Ⅲ类：低速流动无效驱。其数学特点在于流量贡献率小于 1，含水饱和度高于 98%，其物理背景为长期注水形成水流优势通道，导致无效注水循环，由于驱动能量不足，对含水率影响小。

Ⅳ类：低速流动有效驱。其数学特点在于流量贡献率小于 1，含水饱和度低于 98%，其物理背景为驱动能量不足，剩余油主要富集区。

流量贡献率是描述渗流区域对产量贡献大小的指标；流量非均匀分布曲线与流量强度差异系数是评价流量非均匀分布程度的指标。流量非均匀分布曲线用以分析和比较一个流动单元内的流量分布不均匀程度，该曲线作为一个研究流量在地层中分布的便利的图形方法，可以直观地定量分析一个流动单元内流量分布的均匀与不均匀程度，为油田开发调整提供参考和依据。

第 2 章 驱替单元渗流数学模型及区域划分计算方法

2.1 驱替单元渗流数学模型

2.1.1 驱替单元的表征

厚油层的开发过程中天然能量开采阶段很少，以二次水驱和高含水后期的"三采"为主，因此研究流体的流动过程，主要是研究驱动过程的两相问题，需要以有效驱替为目标，建立水驱条件下的三维驱替单元理论，阐明非均质厚油层剩余油产生的原因。将驱替单元划分方法应用到非均质厚油藏中，流动单元、有效驱动单元及驱替单元的定义及分类如下。

流动单元：是储层中两相驱动波及范围内，具有相似的流动规律及储层特征的渗流区域。以水动力学渗流理论为基础，将流动单元划分为高速流动驱与低速流动驱。

有效驱动单元：在流动单元定义的基础上，根据两相渗流理论，将流动单元中的有效驱与无效驱划分开，含水率高于极限含水率 98%的区域定义为无效驱。因此以水动力学理论与流管模型为基础，将渗流区域划分为四类，即 I 类(高速流动无效驱)、II 类(高速流动有效驱)、III 类(低速流动无效驱)和IV类(低速流动有效驱)，具体分类依据和物理特征如表 2-1 所示。

表 2-1 有效驱动单元划分及特征

有效驱动单元划分	分类依据	物理特征
I 类(高速流动无效驱)	$\theta > 1$, $f_w \geq 98\%$	驱动能量充足，注入水主要通过此区域进入油井
II 类(高速流动有效驱)	$\theta > 1$, $f_w < 98\%$	驱动能量充足，长期水驱易形成无效注水循环区
III 类(低速流动无效驱)	$\theta < 1$, $f_w \geq 98\%$	长期注水形成水流优势通道，导致无效注水循环，由于驱动能量不足，对含水率影响小
IV类(低速流动有效驱)	$\theta < 1$, $f_w < 98\%$	驱动能量不足，剩余油主要富集区
死油区	$\theta > \theta_{max}$	流线不连续，压力未控制区域

注：θ 为流量贡献率；θ_{max} 为流量贡献率最大值；f_w 为含水率。

驱替单元：指有效驱动单元中对产油量做出贡献的并具有相似的流动规律及储层特征的渗流区域，具体指驱替单元中的 II 类(高速流动有效驱)和IV类(低速流动有效驱)，具体的划分类型如图 2-1 所示。

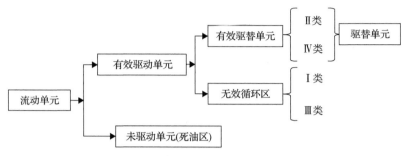

图 2-1　流动单元、有效驱动单元及驱替单元的关系

2.1.2　水驱平面饱和度分布模型

目前，比较成熟的数值模拟软件流线模拟大多采用的是流线追踪方法。流线追踪方法可以通过速度势得出不同时刻流线的形态，却无法计算饱和度分布，因此，本节通过流线簇方程描述均质储层流线的形态，基于一维不稳定驱替理论及达西定律计算流线饱和度，建立了注采单元恒速注水时的饱和度分布模型，模型分为油井见水前与油井见水后两个阶段，假设注入水通过不同的流管将油驱替出来，流管与流管间没有物质交换，并且单根流管中流体的流动符合一维不稳定驱替理论与油水两相渗流理论。前缘突破前，单根流线的饱和度通过一维不稳定驱替理论计算；前缘突破后，单根流线的饱和度通过达西定律计算，通过平面积分计算出平面饱和度分布[56-61]。然后，结合极限含水率和水淹级别等油田经济技术极限作为有效驱动单元的划分准则，建立了有效驱动单元划分方法。

通过数值模拟软件 Eclipse 的流线模拟模块 FrontSim 对实际油藏的模拟，发现对于反五点井网理想模型，流线必定垂直穿过主截面(图 2-2 虚线所示)，在非均质地层中也同样存在一个流线垂直穿过的截面，基于渗流力学多井干扰理论，在稳定流动时，液体质点运动的轨迹线与流线是一致的，流线簇中的流线作为液体质点运动的路径，基于此假设，求解平面饱和度分布[62-64]。

流线上任意两点 x_1 与 x_2 (图 2-3)之间的平均含水饱和度为

$$\overline{S}_{\mathrm{w}} = \frac{\int_{x_1}^{x_2} S_{\mathrm{w}} A\phi \mathrm{d}x}{\int_{x_1}^{x_2} A\phi \mathrm{d}x} = \frac{\int_{x_1}^{x_2} S_{\mathrm{w}} \mathrm{d}x}{x_2 - x_1} = \frac{x_2 S_{\mathrm{w2}} - x_1 S_{\mathrm{w1}}}{x_2 - x_1} - \frac{1}{x_2 - x_1} \int_{S_{\mathrm{w1}}}^{S_{\mathrm{w2}}} x \mathrm{d}S_{\mathrm{w}} \tag{2-1}$$

式中，$\overline{S}_{\mathrm{w}}$ 为流线上任意两点 x_1 与 x_2 之间平均含水饱和度；A 为含油面积；S_{w1}、S_{w2} 分别为两点处的含水饱和度；ϕ 为图 1-1 中经过 M 点的流线与 x 轴(即 A 点与

B 点之间的主流线）所呈夹角。

图 2-2　流线模型示意图（扫封底二维码见彩图）

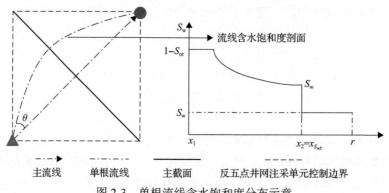

　　　主流线　　单根流线　　主截面　　反五点井网注采单元控制边界

图 2-3　单根流线含水饱和度分布示意

S_{or}-剩余油饱和度

根据前缘推进方程：

$$\int_{S_{w1}}^{S_{w2}} x\mathrm{d}S_w = \frac{q_t t}{A\phi}\int_{S_{w1}}^{S_{w2}}\left(\frac{\partial f_w}{\partial S_w}\right)_{S_w}\mathrm{d}S_w = \frac{q_t t}{A\phi}\int_{S_{w1}}^{S_{w2}}\mathrm{d}f_w = \frac{q_t t}{A\phi}\left[f(S_{w2})-f(S_{w1})\right] \quad (2\text{-}2)$$

式中，t 为时间；q_t 为 t 时刻的原油流量；S_w 为含水饱和度；f_w 为含水率。

当 $x_1 \leqslant x \leqslant x_2$ 时，将式（2-2）代入式（2-1），可得

$$\overline{S}_w = \frac{x_2 S_{w2} - x_1 S_{w1}}{x_2 - x_1} - \frac{q_t t}{A\phi}\frac{f_w(S_{w2}) - f_w(S_{w1})}{x_2 - x_1} \quad (2\text{-}3)$$

对于两相区，$x_1 = 0$ 时，$f_w(S_{w1}) = 1$，注水前缘 $x_2 = x_{S_{wf}}$，一根流线的平均含水饱和度为

$$\overline{S}_w = S_{wf} + \frac{q_t t}{A\phi L}\left[1 - f_w(S_{wf})\right] = S_{wf} + \frac{r(S_{wf})}{2d}\left[1 - f_w(S_{wf})\right] \tag{2-4}$$

式中，d 为 x_1 与 x_2 两点之间的距离；L 为两井之间的直线距离。

1. 油井见水前主截面上流量与饱和度分布模型

已知通过两相区任意一界面的总液量为

$$q = -kA\left(\frac{k_{rw}}{\mu_w} + \frac{k_{ro}}{\mu_o}\right)\frac{\mathrm{d}p}{\mathrm{d}r} \tag{2-5}$$

式中，p 为压力；r 为半径；μ_w、μ_o 分别为水相和油相黏度；k_{rw}、k_{ro} 分别为水相和油相相对渗透率；k 为渗透率。

通过主界面上微元 $\mathrm{d}x$ 的流量为 $\mathrm{d}Q$，截面积 $A_s = h\mathrm{d}x = h \cdot r\mathrm{d}\phi$，$h$ 为地层厚度。

$$\mathrm{d}Q = \left|-kh \cdot r\mathrm{d}\phi\left(\frac{k_{rw}}{\mu_w} + \frac{k_{ro}}{\mu_o}\right)\right|\frac{\mathrm{d}p}{\mathrm{d}r} = \int\left[\frac{k}{2}h\left(\frac{k_{rw}}{\mu_w} + \frac{k_{ro}}{\mu_o}\right)\mathrm{d}p\right]\mathrm{d}\phi \tag{2-6}$$

式中，$\mathrm{d}Q$ 为主界面上的流量微元；$\mathrm{d}x$ 为主界面上的面积微元；ϕ 为流线扫过的角度。

对于反五点井网，$\theta \in \left[0, \dfrac{\pi}{4}\right]$，则主界面上的总流量：

$$q_h = \int_0^{\frac{\pi}{4}} kA_s\left(\frac{k_{rw}}{\mu_w} + \frac{k_{ro}}{\mu_o}\right)\frac{\mathrm{d}p}{\mathrm{d}r} = \int_0^{\frac{\pi}{4}}\left[\frac{k}{2}\left(\frac{k_{rw}}{\mu_w} + \frac{k_{ro}}{\mu_o}\right)\mathrm{d}p\right]\mathrm{d}\phi = \frac{\pi k}{8}\left(\frac{k_{rw}}{\mu_w} + \frac{k_{ro}}{\mu_o}\right)\mathrm{d}p \tag{2-7}$$

均质地层中任意一点的渗流速度为

$$|v| = \frac{q_h d}{\pi} \cdot \frac{1}{r_1 r_2} = \frac{kd}{8r_1 r_2}\left(\frac{k_{rw}}{\mu_w} + \frac{k_{ro}}{\mu_o}\right)\mathrm{d}p \tag{2-8}$$

式中，v 为渗流速度，m/d；r_1 为地层中任意一点距水井的距离，m；r_2 为地层中任意一点距油井的距离，m。

对于主截面上的任意一点 M(图 1-1)，都有 $r_1 = r_2 = \dfrac{d}{\cos\phi}$，因此：

$$|v| = \frac{k}{8d}\left(\frac{k_{\mathrm{rw}}}{\mu_{\mathrm{w}}} + \frac{k_{\mathrm{ro}}}{\mu_{\mathrm{o}}}\right)\cos^2\phi\mathrm{d}p \tag{2-9}$$

不同角度下注水前缘的流速：

$$\left|v_{S_{\mathrm{wf}}}\right| = \frac{k}{8d}\left(\frac{k_{\mathrm{rw}}(S_{\mathrm{wf}})}{\mu_{\mathrm{w}}} + \frac{k_{\mathrm{ro}}(S_{\mathrm{wf}})}{\mu_{\mathrm{o}}}\right)\cos^2\phi\mathrm{d}p \tag{2-10}$$

式中，$v_{S_{\mathrm{wf}}}$ 为不同角度下注水前缘的流速。

不同角度下的流线平均流速：

$$\left|\overline{v}_{S'_{\mathrm{w}}}\right| = \frac{k}{8d}\left[\frac{k_{\mathrm{rw}}\left(\overline{S}'_{\mathrm{w}}\right)}{\mu_{\mathrm{w}}} + \frac{k_{\mathrm{ro}}\left(\overline{S}'_{\mathrm{w}}\right)}{\mu_{\mathrm{o}}}\right]\cos^2\phi\mathrm{d}p \tag{2-11}$$

式中，$\overline{v}_{S'_{\mathrm{w}}}$ 为不同角度下的流线平均流速。

油井未见水时刻的地层平均含水饱和度为 $\overline{S}_{\mathrm{wq}}(t) = S_{\mathrm{wc}} + \dfrac{qt}{2d^2h\phi}$，表示 t 时刻注采单元波及范围内的平均含水饱和度，其中 S_{wc} 表示束缚水饱和度。

任意时刻的压差：

$$\mathrm{d}p = \frac{8Q}{\pi kh}\left[\frac{k_{\mathrm{rw}}\left[\overline{S}_{\mathrm{wq}}(t)\right]}{\mu_{\mathrm{w}}} + \frac{k_{\mathrm{ro}}\left[\overline{S}_{\mathrm{wq}}(t)\right]}{\mu_{\mathrm{o}}}\right] \tag{2-12}$$

见水前 t 时刻与主流线呈 ϕ 角的流线平均饱和度为

$$\overline{S}'_{\mathrm{w}} = S_{\mathrm{wc}}$$
$$+ Qt\left[\frac{k_{\mathrm{rw}}(S_{\mathrm{wf}})}{\mu_{\mathrm{w}}} + \frac{k_{\mathrm{ro}}(S_{\mathrm{wf}})}{\mu_{\mathrm{o}}}\right](\overline{S}_{\mathrm{w}} - S_{\mathrm{wc}})\cos^3\phi \bigg/ 2\pi hd^2\left\{\frac{k_{\mathrm{rw}}\left[\overline{S}_{\mathrm{wq}}(t)\right]}{\mu_{\mathrm{w}}} + \frac{k_{\mathrm{ro}}\left[\overline{S}_{\mathrm{wq}}(t)\right]}{\mu_{\mathrm{o}}}\right\}$$
$$\tag{2-13}$$

式中，$\overline{S}'_{\mathrm{w}}$ 为见水前 t 时刻与主流线呈 ϕ 角的流线平均饱和度；Q 为流量。

2. 油井见水后主截面上流量与饱和度分布模型

当区域 $\phi \in [\phi_1, \phi_2]$ 内的流线注水前缘半径 $r_{S_{\mathrm{w}}} \geqslant r$ 时，流线包裹的范围内水驱前缘已到达油井，区域产油量 Q_{o} 为

$$Q_{\mathrm{o}} = \int_{\phi_1}^{\phi_2}\left[\frac{khk_{\mathrm{ro}}\left(\overline{S}_{\mathrm{wq}}\right)}{2\mu_{\mathrm{o}}}\mathrm{d}p(t)\right]\mathrm{d}\phi = \frac{khk_{\mathrm{ro}}\left(\overline{S}_{\mathrm{wq}}\right)(\phi_2 - \phi_1)}{2\mu_{\mathrm{o}}}\mathrm{d}p(t) \tag{2-14}$$

$\bar{S}'_{\mathrm{w}}(\mathrm{int})$ 为某一时刻区域的含水饱和度，Δt 时刻后的含水饱和度 $\bar{S}'_{\mathrm{w}}(r_{S_{\mathrm{w}}} \geqslant r)$ 为

$$\bar{S}'_{\mathrm{w}}(r_{S_{\mathrm{w}}} \geqslant r) = \bar{S}'_{\mathrm{w}}(\mathrm{int}) + \frac{Q_{\mathrm{o}}(\Delta t)}{2d^2(\tan\phi_2 - \tan\phi_1)h\phi} \tag{2-15}$$

当区域 $\phi \in [\phi_1, \phi_2]$ 内的流线 $r_{S_{\mathrm{w}}} < r$ 时，水驱前缘未到达油井，通过积分中值定理求解水驱前缘未到达油井区域的平均含水饱和度。

$$\bar{S}'_{\mathrm{w}}(r_{S_{\mathrm{w}}} < r) = \frac{\int_{\phi_1}^{\phi_2} \bar{S}'_{\mathrm{w}} \mathrm{d}\phi}{\phi_2 - \phi_1} \tag{2-16}$$

当 $\phi \leqslant \phi_{\mathrm{c}}$ 的区域内流线进入两相流动区，而 $\phi > \phi_{\mathrm{c}}$ 的区域流线前缘尚未到达油井，全区平均含水饱和度为

$$\bar{S}_{\mathrm{wq}}(t) = \frac{4}{\pi}\left[\phi_{\mathrm{c}} \bar{S}'_{\mathrm{w}}(r_{S_{\mathrm{w}}} \geqslant r) + \bar{S}'_{\mathrm{w}}(r_{S_{\mathrm{w}}} < r)\left(\frac{\pi}{4} - \phi_{\mathrm{c}}\right) \right] \tag{2-17}$$

式中，$\bar{S}_{\mathrm{wq}}(t)$ 为全区平均含水饱和度；ϕ_{c} 为边缘流线角度。

2.1.3　聚合物驱饱和度分布模型

聚合物驱是一种重要的"三采"方法，已在大庆油田广泛应用并取得了很好的效果。然而，聚合物与油藏的配伍性直接影响了聚合物驱油效果的好坏。为了研究聚合物驱过程中的油水分布规律，揭示剩余油形成的原因，必须将有效驱动单元基本理论及方法推广到聚合物驱中，建立聚合物驱有效驱动单元划分方法的关键就是基于聚合物流变模型，建立聚合物驱饱和度分布模型，计算注聚后的饱和度分布，利用有效驱动单元划分准则，分析聚合物驱后驱动单元及有效驱动单元的分布。

1. 聚合物驱饱和度分布模型基本假设

一个油田的采收率等于驱油效率和波及系数两者的乘积。注水开发的油田，驱油效率(油田开发结束时由水淹油层部位中采出原油的数量占该部位中原始原油储量的百分数)和波及系数(水淹油层体积占油层总体积的百分数)都不高，因此，最终的采收率通常只有30%～45%。

水驱后油藏的驱油效率无法达到极限驱油效率，波及系数不能达到100%，其主要原因都与注入水的黏度远低于原油的黏度有关，这是采用聚合物提高油田采收率的理论基础。聚合物注入油层后，产生两个重要作用：其一，是增加水相黏度；其二，是因聚合物的滞留引起油层渗透率下降。两种作用产生的结果是引起

聚合物水溶液在油层中的流度明显降低。因此，聚合物注入油层后，将产生两种基本作用机理：一是控制水淹层段中的水相流度，改善水油流度比，提高水淹层段的实际驱油效率；二是降低高渗透率水淹层段中的流体总流度，缩小高、低渗透率层段间前缘推进速度差，调整吸水剖面，提高实际波及系数。此外，在聚合物注入过程中，会伴随发生聚合物的分散、吸附、机械捕集、剪切降黏、机械降解及岩石中出现聚合物不可及孔隙体积等各种物化现象。其只可能对聚合物驱油过程动态产生影响，而对聚合物驱油效果不至于产生重大影响。因此，为了尽量减少计算，在建立数学模型的过程中，仅考虑剪切降黏，其他物化现象将不予考虑[65,66]。

考虑到工程实际的需要，对问题做必要的简化[67]，提出如下假设条件。

(1) 忽略气相的存在，流体为油、水两相，聚合物仅溶于水中。

(2) 考虑三种组分：水、油、聚合物，各组分间没有化学反应产生，相平衡瞬间建立。

(3) 流体和岩石均不可压缩，流体的流动符合达西定律。

(4) 模型忽略重力、毛细管力的影响。

(5) 单个流线中的两相流符合一维不稳定驱替理论与达西定律。

2. 模型的数学表达式

考虑聚合物驱的过程，聚合物驱分为前期水驱、聚合物驱、后期水驱三个阶段，前期水驱和后期水驱阶段数学模型与水驱平面饱和度分布模型一致，聚合物驱过程主要考虑聚合物浓度、剪切速率对聚合物溶液黏度的影响，相对渗透率采用实验测试结果所拟合曲线，建立聚合物驱饱和度分布模型。

1) 聚合物体系流变模型

由于聚合物溶液具有流变特性，其体系为稳态流动，即流体的流动不随时间 t 而改变：

$$\mu_a = \mu_\infty + \frac{\mu_0 - \mu_\infty}{1 + \lambda_1 \gamma^{2/3}} \tag{2-18}$$

$$\mu_0 = \mu_w + a_{01} C_p[\eta] + a_{02} \left(C_p[\eta] \right)^2 + a_{03} \left(C_p[\eta] \right)^3 \tag{2-19}$$

式 (2-18) 和式 (2-19) 中，μ_a 为聚合物溶液黏度，$Pa \cdot s$；μ_∞ 为溶剂黏度，$Pa \cdot s$；μ_0 为零剪切黏度，$Pa \cdot s$；μ_w 为水相黏度，$Pa \cdot s$；γ 为剪切速率，s^{-1}；λ_1 为聚合物分子特征松弛时间，s；C_p 为聚合物溶液浓度，mg/L；$[\eta]$ 为聚合物溶液特性黏度，L/mg；a_{01}、a_{02}、a_{03} 为实验常数。

2）各相的相对渗透率

聚合物体系驱油相对渗透率不均匀减小，聚合物体系水溶液相对渗透率比水相相对渗透率降低幅度大，而聚合物驱油体系对油相相对渗透率影响幅度相对较小：

$$k_{rp} = k_{rw}^0 \Big/ \left(1 + a_{p1}C_p + a_{p2}C_p^2\right)\left(\frac{S_w - S_{wr}}{1 - S_{wr} - S_{or}}\right)^{ep} \tag{2-20}$$

$$k_{ro} = k_{ro}^0 \Big/ \left(1 + a_{p1}C_p\right)\left(1 - \frac{S_w - S_{wr}}{1 - S_{wr} - S_{or}}\right)^{eo} \tag{2-21}$$

式中，a_{p1}、a_{p2} 均为实验系数。

3）剪切速率与渗流速度的关系

在水相黏度的表达式中用到了剪切速率，而数值模拟中得到的是渗流速度，所以需要有两者间的转换关系式。文献中报道了很多两者间的关系式，有些是基于牛顿流体导出的，没有考虑聚合物溶液的非牛顿特性，用于聚合物驱中不合适。有的公式虽然考虑了非牛顿特性，但有些现象难以解释。

塞文斯（Savins）用多孔介质的渗透率和孔隙度推导出的剪切速率如下：

$$\gamma = \frac{10^4 v}{\sqrt{8C'k\phi}} \tag{2-22}$$

式中，ϕ 为孔隙度。

Savins 在计算剪切速率与渗流速度的关系时，最主要的问题存在于与毛细管迂曲度有关的系数 C' 的确定上。

戈加蒂（Gogarty）把平均剪切速率与渗流速度 v 关联起来得到式（2-23）所示的关系式：

$$\gamma = \left(\frac{Bv_f}{f(k)\sqrt{k\phi}}\right)^{\lambda} \tag{2-23}$$

Gogarty 研究了平均剪切速率与渗流速度的关系，由于根据一维不稳定驱替理论计算的不同流线的水驱渗流速度相同，此方法不能反映不同流线剪切变稀的影响，也无法计算油井见水后剪切速率与渗流速度的关系，因此，不引入聚合物驱有效驱动单元划分方法。

詹宁斯（Jennings）等用式（2-24）计算剪切速率：

$$\gamma = \frac{10^4 v}{\sqrt{0.5k/\phi}} \tag{2-24}$$

Jennings 等计算剪切速率与渗流速度的关系的方法与 Gogarty 的计算方法存在相似的问题，亦不予引用。

波普(Pope)等用式(2-25)计算剪切速率：

$$\gamma = \left(\frac{3n+1}{4n}\right)^{n/(n-1)} \left(\frac{4v}{\gamma_{\mathrm{eq}}}\right) \tag{2-25}$$

式中，n 为非牛顿系数；$v = \dfrac{q}{A\phi}$；$\gamma_{\mathrm{eq}} = \sqrt{8k/\phi}$。此公式考虑了非牛顿特性。聚合物浓度趋于零(对应 n 趋于 1)时，非牛顿流体应趋于牛顿流体，该公式应该退化为牛顿流体线性公式，但 $\lim\limits_{n \to 1}\left(\dfrac{3n+1}{4n}\right)^{\frac{n}{n-1}} = \mathrm{e}^{-\frac{1}{4}}$，这与实际不符，所以不利用该公式建立剪切速率与渗流速度的关系。

综上，通过 Savins、Gogarty、Jennings、Pope 等计算剪切速率与渗流速度的关系方法的对比可知，Savins 的方法更符合"聚合物剪切变稀对有效驱动单元的影响"这个研究目的。

2.1.4　三维模型流量劈分计算方法

2.1.2 节和 2.1.3 节建立了水驱、聚合物驱平面饱和度分布模型。然而，实际储层一般都是多层问题，层间非均质的存在会严重影响开发效果，因此，为了研究多层问题，就必须建立三维饱和度分布模型，而三维模型流量劈分计算方法就成为问题的关键。

计算历史上各日期注采井间在每一层的注水量是研究多层问题的重要课题，但由于油、水井分层资料少，过去一般只是简单地采用各小层的产能系数劈分油、水井的分层注水量，其缺点是没有把油、水井作为统一整体考虑[47]。

三维模型流量劈分计算方法是在应用分层注采连通关系自动识别技术的基础上，以渗流力学理论和油藏工程为基础，采用达西公式和水电相似原理，充分考虑井网分布特征、储层静态物性、补孔改层措施、压裂措施、注采动态、吸水剖面、水淹层测井、压力恢复降落、注采反应、压力分布等多种因素，计算出历史上每个日期注水井在每一层注到受效油井的瞬时注水量、累积注水量等数据，根据现场提供资料的完整程度，主要分为有吸水剖面和无吸水剖面两种方法[51,52,68]。

1. 有吸水剖面

根据资料的完整程度，对于有吸水剖面资料的注水井，利用吸水剖面资料计算出各小层的注水量 W_1[69]，计算方法如下：

$$W_1 = 吸水剖面资料中的系数 \times Q_w \tag{2-26}$$

式中，Q_w 为总注水量。

2. 无吸水剖面

对于无吸水剖面资料的注水井，根据现场提供的资料，在综合考虑油、水井间各小层的油层厚度、渗透率、原油黏度等油藏条件和注采井距、生产压差、改造措施等开发条件的基础上，将注水井井口注水量劈分到各小层，从而得到注水井的分层注水量[70-72]。

1) 流动系数法

针对两相渗流的情况，假设 m 个小层的第 i 个小层的产量劈分与相渗关系的公式如下：

$$Q_i = \sum_{i=1}^{m} \frac{\left[k_{ro}(S_{wi})\phi_{oi} + k_{rw}(S_{wi})\phi_{wi} \right]h_i}{\sum_{i=1}^{n} \left[k_{ro}(S_{wi})\phi_{oi} + k_{rw}(S_{wi})\phi_{wi} \right]h_i} \cdot Q \tag{2-27}$$

$$\phi_{oi} = \frac{\overline{k_i}p_i}{\mu_{oi}} \tag{2-28}$$

$$\phi_{wi} = \frac{\overline{k_i}p_i}{\mu_{wi}} \tag{2-29}$$

式 (2-27)～式 (2-29) 中，S_{wi} 为第 i 层含水饱和度；h_i 为第 i 层厚度；$\overline{k_i}$ 为第 i 层平均渗透率；p_i 为第 i 层压力；μ_{oi} 为第 i 层油相黏度；μ_{wi} 为第 i 层水相黏度。

通过式 (2-27) 即可计算各小层的产液量。

2) 渗流阻力系数计算

在求解渗流问题时，水流与电流有相似的物理性质，井组总产量与压力的关系类似于电路中电流与电压的关系。因此，井组同时工作时，可以将渗流过程用一组合分支电路图来表示，然后应用基尔霍夫定律求解，得到井的产量，这就是水电相似原理[73]。

利用水电相似原理，假设注水井射开 n 个小层，以注水井为中心周围有 m 口油井，计算注水井各小层周围油井方向的渗流阻力系数：

$$R_{ij} = \mu_o \frac{l_{ij}}{M_{ij}\overline{h}_{ij}\overline{k}_{ij}} \tag{2-30}$$

式中，l_{ij} 为油井和水井的距离；M_{ij} 为流度比；$\overline{h}_{ij}$、$\overline{k}_{ij}$ 分别为第 i 小层第 j 口油井的有效厚度和渗透率。

注水井第 i 个小层第 j 口油井的分配水量为

$$Q_{ij} = \frac{p_i - p_{ij}}{R_{ij}} \tag{2-31}$$

式中，p_i 为第 i 小层的地层压力；p_{ij} 为第 i 小层第 j 口油井的井压力。

第 i 个小层的总水量为

$$Q_{mi} = \sum_{j=1}^{m} \frac{p_i - p_{ij}}{R_{ij}} \tag{2-32}$$

注水井第 i 个小层第 j 口油井平面分配系数：

$$\xi_{ij} = \frac{\dfrac{p - p_j}{R_{ij}}}{\displaystyle\sum_{j=1}^{m} \frac{p - p_j}{R_{ij}}} \tag{2-33}$$

注水井第 i 层垂向劈分系数计算式为

$$\varsigma_i = \frac{M_i\overline{h}_i\overline{k}_i \Big/ \displaystyle\sum_{j=1}^{m} R_{ij}}{\displaystyle\sum_{j=1}^{n}\left(M_i\overline{h}_i\overline{k}_i \Big/ \sum_{j=1}^{m} R_{ij}\right)} \tag{2-34}$$

再根据注水井井口的注水量计算分层注水量：

$$Q_{wi} = Q_w\varsigma_i \tag{2-35}$$

设油井第 i 小层周围有 w 口水井，则油井第 i 小层的分层产液量为

$$Q_{oi} = \sum_{k=1}^{w} Q_k \tag{2-36}$$

根据油井井口实际产液量 Q_o，假设油井射开 s 个小层，则第 i 小层的校正系数为

$$\zeta_i = \frac{Q_{oi}}{\sum\limits_{k=1}^{s} Q_{oi}} \tag{2-37}$$

校正后的分层产液量为

$$Q_{oi} = Q_o \zeta_i \tag{2-38}$$

2.2　驱替单元区域划分计算方法

2.2.1　水淹级别识别原理及方法

长期注水开发易形成油水优势通道，导致无效注水循环，使水驱波及系数降低，影响油田最终的采收率。为了动态识别并追踪井间不同区域水淹级别的变化，基于流管模型并结合两相渗流理论，通过注采单元恒速注水平均含水饱和度分布模型，建立了一套确定开发过程中水淹级别变化的原理及方法，结合流线簇方程，对水淹区域进行定量表征。通过反五点井网注采单元间恒速注水算例的模拟，追踪油田进入高含水期不同水淹级别变化及位置，为描述平面水淹级别提供了一种新的方法，为进入高含水期的油田二次开发调整方案提供了理论基础。

根据油水两相共渗系统各相流体的流量得到产层的含水率 F_w 为

$$F_w = \frac{Q_{wp}}{Q_{op} + Q_{wp}} \tag{2-39}$$

式中，Q_{wp}、Q_{op} 分别为产层水、油两相的产量。

按 F_w 可将水淹级别划分为六级：油层（$F_w < 10\%$）、弱水淹（$10\% \leqslant F_w \leqslant 40\%$）、中水淹（$40\% < F_w \leqslant 60\%$）、较强水淹（$60\% < F_w \leqslant 80\%$）、强水淹（$80\% < F_w \leqslant 90\%$）和特强水淹（$F_w > 90\%$）。

定义油水优势通道为含水率高于 90% 的特强水淹区域，此区域是进入高含水期后油井液量的主要供给区域，具有强水洗特点，注入水大部分沿这个强水洗区域突进至油井。

极限含水率是油井或油田报废的重要指标，目前油田一般常采用的极限含水率为 98%。极限含水率是指油井或油田在经济上失去开采价值时的含水率，因此

定义含水率超过 98%的区域为无效注水循环区。无效注水循环是油田开发后期最主要的问题之一。

注水井近井地带为强水洗区域,计算见水时刻这部分无效区的大小,其中 $x_1 = 0$ 时,$f_w(S_{w1}) = 1$,注水井无效驱半径 $x_2 = L$,$f_w(S_L) = 0.98$ 流线的平均含水饱和度:

$$\bar{S}_w = S_L - 2d \frac{f_w(S_L) - f_w(S_{w1})}{L} \tag{2-40}$$

式中,S_L 为 x=L 处的含水饱和度;S_{w1} 为 x_1=0 处的含水饱和度。

求得无效驱半径为

$$L = 2d \frac{f_w(S_L) - f_w(S_{w1})}{S_L - \bar{S}_w} \tag{2-41}$$

2.2.2　井网面积波及系数的确定

流量非均匀分布曲线修正方法如下所述。实际油藏的面积波及系数不可能为1,考虑不同井网面积波及系数时流量非均匀分布曲线会产生形态上的变化,特征曲线也会发生相应的变化,其解析公式由分段函数表示。面积波及百分数可按式(1-28)计算:

$$a' = 1 - E_A$$

当 $S < a'$ 时,非均匀分布曲线解析式为

$$\phi = 0$$

当 $S > a'$ 时,修正后的有效驱动单元流量非均匀分布曲线通式为

$$\phi = 1 - \frac{b(1 - S')}{\sqrt{1 + [c(1 - S')]^2}}$$

综合上述建立的数学模型与物理意义分析,引入流量非均匀分布曲线与流量强度差异系数后得到了一套动态划分有效驱动单元的理论,单相有效流动分区分为优势流动区、劣势流动区和死油区,特征曲线方程为

$$\phi = 10.033S^2 - 12.773S + 4.4436 \tag{2-42}$$

第3章 三维驱动单元渗流数学模型

3.1 三维有效驱动单元数学模型

3.1.1 三维油水两相流动的模型

注水开发过程中，伴随着油水两相的混合流动，在储层孔隙结构、黏度差、毛细管力及重力等共同作用下，油相和水相的饱和度、相渗透率等随着含水率的变化而发生变化，对两相流动产生较大的影响。考虑重力和毛细管力两相流动的数学模型如下所示。

1. 质量守恒方程

根据质量守恒方程，建立了油水两相三维空间流动的本构方程，如式(3-1)和式(3-2)所示。

(1)油相：

$$\frac{\partial}{\partial x}\left(\frac{\rho_o k k_{ro}}{\mu_o}\frac{\partial P_o}{\partial x}\right)+\frac{\partial}{\partial y}\left(\frac{\rho_o k k_{ro}}{\mu_o}\frac{\partial P_o}{\partial y}\right)+\frac{\partial}{\partial z}\left(\frac{\rho_o k k_{ro}}{\mu_o}\frac{\partial P_o}{\partial z}\right)+q_o=\frac{\partial(\rho_o \phi S_o)}{\partial t} \quad (3\text{-}1)$$

(2)水相：

$$\frac{\partial}{\partial x}\left(\frac{\rho_w k k_{rw}}{\mu_w}\frac{\partial P_w}{\partial x}\right)+\frac{\partial}{\partial y}\left(\frac{\rho_w k k_{rw}}{\mu_w}\frac{\partial P_w}{\partial y}\right)+\frac{\partial}{\partial z}\left(\frac{\rho_w k k_{rw}}{\mu_w}\frac{\partial P_w}{\partial z}\right)+q_w=\frac{\partial(\rho_w \phi S_w)}{\partial t}$$

$$(3\text{-}2)$$

式(3-1)和式(3-2)中，

$$P_o=p_o-\rho_o g D$$

$$P_w=p_w-\rho_w g D$$

$$p_c(S_w)=p_o-p_w$$

其中，k 为储层的渗透率；ϕ 为储层孔隙度；S_o 为油相饱和度；S_w 为水相饱和度；k_{ro} 为储层油相相对渗透率；k_{rw} 为储层水相相对渗透率；μ_o 为油相黏度；μ_w 为水相黏度；ρ_o 为油相密度；ρ_w 为水相密度；p_c 为毛细管力；p_o 为油相压力；p_w 为水相压力；P_o 为油相地层压力；P_w 为水相地层压力；D 为储层厚度；g 为重力加速度；q_o 为油相源汇项；q_w 为水相源汇项。

2. 运动方程

油相和水相的运动方程分别如式(3-3)和式(3-4)所示。

(1)油相：

$$v_o = -\frac{kk_{ro}}{\mu_o} \nabla(p_o - \rho_o gD) \tag{3-3}$$

(2)水相：

$$v_w = -\frac{kk_{rw}}{\mu_w} \nabla(p_w - \rho_w gD) \tag{3-4}$$

式(3-3)和式(3-4)中，v_o 和 v_w 分别为油相和水相渗流速度。

3. 辅助方程

两相流动的辅助方程包括式(3-5)所示的两相饱和度之间的关系，以及式(3-6)表示的两相相对渗透率与饱和度的关系。

$$S_o + S_w = 1 \tag{3-5}$$

$$k_{ri} = f(S_i), \quad i = o, w \tag{3-6}$$

4. 压力方程

对于两相流动，储层的压力方程满足式(3-7)的关系：

$$\nabla \cdot \left[\lambda_t(\nabla p_w - \gamma \nabla D)\right] + q_{total} + \nabla(\lambda_o \nabla p_c) = 0 \tag{3-7}$$

式中，

$$\lambda_o = \frac{kk_{ro}}{\mu_o}$$

$$\lambda_t = \lambda_o + \lambda_w$$

$$\gamma = \frac{\lambda_o \gamma_o + \lambda_w \gamma_w}{\lambda_t}$$

$$\lambda_{\mathrm{w}} = \frac{kk_{\mathrm{rw}}}{\mu_{\mathrm{w}}}$$

$$\gamma_{\mathrm{o}} = \rho_{\mathrm{o}}g$$

$$\gamma_{\mathrm{w}} = \rho_{\mathrm{w}}g$$

式中，q_{total} 为总流量。

3.1.2　三维流函数法研究流体在驱动单元中的流动

现有的流动单元划分均是在地质静态参数的基础上进行的，没有考虑油田开发过程中开采方式对流动的影响，因此无法反映油水分布规律。有效驱动单元的研究需要从三个方面展开：首先，要明确研究的对象，有效驱动单元的研究对象是水驱波及范围内对产量做出主要贡献的渗流区域；其次，要建立有效驱动单元的研究方法，以水动力学理论与流函数为基础，将渗流区域划分为高速流动无效驱（Ⅰ类）、高速流动有效驱（Ⅱ类）、低速流动无效驱（Ⅲ类）、低速流动有效驱（Ⅳ类）四类；最后，将有效驱动单元划分方法应用到非均质油藏中。

1. 三维流函数模型建立

本章利用流函数方法研究考虑重力的三维条件下厚油层不同井网类型流体流动特征。基于流函数是不可压缩流体在二维平面条件下定义的，单个的流函数无法描述三维流动问题。三维非均质储层的非均质边界形状多样，在直角坐标系中很难表征和计算，因此为解决非均质储层的三维流动问题，本章利用正交曲线坐标系表征非均质性分布特征，通过曲线坐标系中两个曲面相交得出空间流线来表征三维流线[74-80]，并对模型进行基本假设：①流体不可压缩；②不考虑储层形变；③流体组分为油水两相；④油水两相不互溶；⑤考虑重力的影响。三维曲线坐标系表征流线示意图如图 3-1 所示。

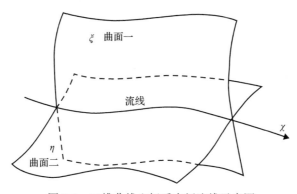

图 3-1　三维曲线坐标系表征流线示意图

对于体积不可压缩的变形，速度场内的散度为 0，流场内部是一个无源场，则某一点速度矢量如式(3-8)所示：

$$v = \text{grad}\,\varpi = \frac{\partial \phi}{x}i + \frac{\partial \phi}{y}j + \frac{\partial \phi}{z}k = v_x i + v_y j + v_z k \tag{3-8}$$

式中，$\varpi = \varpi(x,y,z)$ 为速度势函数；v_x、v_y、v_z 为速度在三维空间三个方向上的分量；i、j、k 分别为 x、y、z 方向的单位向量。

按照流线与等势面正交的原则，流线走向与势梯度方向一致，该原则在所有坐标系中都适用。所以对于曲线坐标系的三维流动，速度矢量 v 可采用两个流函数 ψ 和 Ψ 表示，则速度矢量如式(3-9)所示：

$$v = \nabla \psi(\beta_1,\beta_2,\beta_3) \times \nabla \Psi(\beta_1,\beta_2,\beta_3) = \begin{vmatrix} i & j & k \\ \dfrac{1}{g_1}\dfrac{\partial \psi}{\beta_1} & \dfrac{1}{g_2}\dfrac{\partial \psi}{\beta_2} & \dfrac{1}{g_3}\dfrac{\partial \psi}{\beta_3} \\ \dfrac{1}{g_1}\dfrac{\partial \Psi}{\beta_1} & \dfrac{1}{g_2}\dfrac{\partial \Psi}{\beta_2} & \dfrac{1}{g_3}\dfrac{\partial \Psi}{\beta_3} \end{vmatrix} \tag{3-9}$$
$$= v_{\beta_1} i + v_{\beta_2} j + v_{\beta_3} k$$

式中，β_1、β_2、β_3 为曲线坐标系三个坐标轴；g_1、g_2、g_3 为正交曲线坐标系与直角坐标系转化的拉梅变换系数。则正交曲线坐标系的速度场如下：

$$\begin{cases} v_{\beta_1} = \dfrac{1}{g_2 g_3}\left(\dfrac{\partial \psi}{\partial \beta_2}\dfrac{\partial \phi}{\partial \beta_3} - \dfrac{\partial \psi}{\partial \beta_3}\dfrac{\partial \phi}{\partial \beta_2} \right) \\[2mm] v_{\beta_2} = \dfrac{1}{g_3 g_1}\left(\dfrac{\partial \psi}{\partial \beta_3}\dfrac{\partial \phi}{\partial \beta_1} - \dfrac{\partial \psi}{\partial \beta_1}\dfrac{\partial \phi}{\partial \beta_3} \right) \\[2mm] v_{\beta_3} = \dfrac{1}{g_1 g_2}\left(\dfrac{\partial \psi}{\partial \beta_1}\dfrac{\partial \phi}{\partial \beta_2} - \dfrac{\partial \psi}{\partial \beta_2}\dfrac{\partial \phi}{\partial \beta_1} \right) \end{cases} \tag{3-10}$$

正交曲线坐标系与直角坐标系转化的拉梅变换系数 g_1、g_2、g_3 满足：

$$g_i = \sqrt{\left(\frac{\partial x}{\partial \beta_i} \right)^2 + \left(\frac{\partial y}{\partial \beta_i} \right)^2 + \left(\frac{\partial z}{\partial \beta_i} \right)^2} \tag{3-11}$$

因此，对于直角坐标系，速度分量可表示为

$$
\begin{cases}
v_x = -\dfrac{\partial \psi}{\partial z}\dfrac{\partial \phi}{\partial y} \\[2mm]
v_y = \dfrac{\partial \psi}{\partial z}\dfrac{\partial \phi}{\partial x} \\[2mm]
v_z = \dfrac{\partial \psi}{\partial x}\dfrac{\partial \phi}{\partial y}
\end{cases}
\tag{3-12}
$$

极坐标条件下，速度分量可表示为式(3-13)：

$$
\begin{cases}
v_r = v_x \cos\theta + v_y \sin\theta \\[1mm]
v_\theta = -v_x \sin\theta + v_y \cos\theta \\[1mm]
v_z = v_z
\end{cases}
\tag{3-13}
$$

式中，θ 为极角。

2. 形状函数确定

为了能够用不同流面的通量来正确表征储层的流线分布，进而得出流量分配及储层剩余油饱和度的变换规律，定义两个形状函数来表征储层的非均质条件。

定义两个相交面的形状函数 $S(x)$、$T(x)$，满足式(3-14)：

$$
\frac{\partial \psi}{\partial z} = \frac{q_{\text{total}}}{S(x)},\ \frac{\partial \Psi}{\partial y} = -\frac{1}{T(x)}
\tag{3-14}
$$

积分可得用两个形状函数表示两个势函数，如式(3-15)所示：

$$
\psi(x,z) = \frac{q_{\text{total}}z}{S(x)},\ \Psi(x,y) = \frac{-y}{T(x)}
\tag{3-15}
$$

速度函数满足：

$$
\begin{cases}
v_x = -\dfrac{\partial \psi}{\partial z}\dfrac{\partial \phi}{\partial y} = \dfrac{q_{\text{total}}}{S(x)T(x)} = -\dfrac{k_x}{\mu}\dfrac{\partial p}{\partial x} \\[4mm]
v_y(x,y) = \dfrac{\partial \psi}{\partial z}\dfrac{\partial \phi}{\partial x} = -y q_{\text{total}}\dfrac{1}{S(x)}\cdot \dfrac{\partial\left[\dfrac{1}{T(x)}\right]}{\partial x} = -\dfrac{k_y}{\mu}\dfrac{\partial p}{\partial y} \\[6mm]
v_z(x,z) = \dfrac{\partial \psi}{\partial x}\dfrac{\partial \phi}{\partial y} = -z\lambda q_{\text{total}}\dfrac{\partial\left[\dfrac{1}{S(x)}\right]}{\partial x}\dfrac{1}{T(x)} = -\dfrac{k_z}{\mu}\left(\dfrac{\partial p}{\partial z} \pm \rho g\right)
\end{cases}
\tag{3-16}
$$

式中，p 为流体压力。

把式(3-16)代入式(3-1)和式(3-2)，流动本构方程可表示为式(3-17)和式(3-18)。

（1）油相：

$$\frac{\partial}{\partial x}\left[\frac{q_{total}}{S(x)T(x)}\right]+q_{total}\frac{1}{S(x)}\cdot\frac{\partial\left[\dfrac{1}{T(x)}\right]}{\partial x}+\lambda_{o}q_{total}\frac{\partial\left[\dfrac{1}{S(x)}\right]}{\partial x}\frac{1}{T(x)}+\frac{q_{o}}{\rho_{o}}=\frac{\partial(\phi S_{o})}{\partial t} \quad (3-17)$$

式中，q_{o} 为油相流量。

（2）水相：

$$\frac{\partial}{\partial x}\left[\frac{q_{total}}{S(x)T(x)}\right]+q_{total}\frac{1}{S(x)}\cdot\frac{\partial\left[\dfrac{1}{T(x)}\right]}{\partial x}+\lambda_{w}q_{total}\frac{\partial\left[\dfrac{1}{S(x)}\right]}{\partial x}\frac{1}{T(x)}+\frac{q_{w}}{\rho_{w}}=\frac{\partial(\phi S_{w})}{\partial t}$$

$$(3-18)$$

式中，q_{w} 为水相流量。

进而可把复杂的三维流动问题简化成考虑流面形状函数的沿 x 方向的一维问题，用流函数表征油水两相流动的本构方程可表示为式(3-19)和式(3-20)。

（1）油相：

$$2q_{total}\frac{1}{S(x)}\cdot\frac{\partial\left[\dfrac{1}{T(x)}\right]}{\partial x}+(\lambda_{o}+1)q_{total}\frac{\partial\left[\dfrac{1}{S(x)}\right]}{\partial x}\frac{1}{T(x)}+\frac{q_{o}}{\rho_{o}}=\frac{\partial(\phi S_{o})}{\partial t} \quad (3-19)$$

（2）水相：

$$2q_{total}\frac{1}{S(x)}\cdot\frac{\partial\left[\dfrac{1}{T(x)}\right]}{\partial x}+(\lambda_{w}+1)q_{total}\frac{\partial\left[\dfrac{1}{S(x)}\right]}{\partial x}\frac{1}{T(x)}+\frac{q_{w}}{\rho_{w}}=\frac{\partial(\phi S_{w})}{\partial t} \quad (3-20)$$

为了进一步明确水驱过程中流体在流场中的流动状态，通过流线在流场中的分布特征来直观地了解流速、饱和度等参数的动态变化特征。在直角坐标系中，对于三维空间流动，流线的微分方程可表示为

$$\frac{dx}{u}=\frac{dy}{v}=\frac{dz}{w} \quad (3-21)$$

即

$$-vdx+udy=-wdx+udz=0 \quad (3-22)$$

或者：

$$(w-v)\mathrm{d}x + u\mathrm{d}y - u\mathrm{d}z = 0 \qquad (3\text{-}23)$$

式中，u、v、w 为三个方向的速度分量。

在流线方程的基础上为了表征流线上每一点的速度，判定流体流动属于高速还是低速，可以通过复变函数的方法(复变函数理论在解决力学问题中具有很大优势，同时在渗流问题中也应用广泛)，对流线形成的两个相交面分别进行计算，然后通过矢量和的形式计算出速度大小。对于 xy 面假设两个流函数 $\Psi(x,y)$ 和 $\Phi(x,y)$，并且两者之间满足柯西-黎曼(Cauchy-Riemann)条件且两者均满足拉普拉斯方程，因此可知它们为调和函数(且为共轭调和函数)。由复变函数理论可知，$\Psi(x,y)$ 和 $\Phi(x,y)$ 满足以下关系：

$$\Gamma(\zeta_1) = \Phi(x,y) + \mathrm{i}\,\Psi(x,y) \qquad (3\text{-}24)$$

式中，i 为虚数单位；$F(\xi_1)$ 为复势。对于 xy 面，复势函数可表示为

$$
\begin{aligned}
\mathrm{d}F &= \mathrm{d}\Phi + \mathrm{i}\mathrm{d}\Psi \\
&= \frac{\partial \Phi}{\partial x}\mathrm{d}x + \frac{\partial \Phi}{\partial y}\mathrm{d}y + \mathrm{i}\left(\frac{\partial \Psi}{\partial x}\mathrm{d}x + \frac{\partial \Psi}{\partial y}\mathrm{d}y\right) \\
&= \left(\frac{\partial \Phi}{\partial x} + \mathrm{i}\frac{\partial \Psi}{\partial x}\right)\mathrm{d}x + \left(\frac{\partial \Phi}{\partial y} + \mathrm{i}\frac{\partial \Psi}{\partial y}\right)\mathrm{d}y
\end{aligned} \qquad (3\text{-}25)
$$

$$
\begin{aligned}
\mathrm{d}F &= \left(\frac{\partial \Phi}{\partial x} - \mathrm{i}\frac{\partial \Phi}{\partial y}\right)\mathrm{d}x + \mathrm{i}\left(\frac{\partial \Phi}{\partial x} - \mathrm{i}\frac{\partial \Phi}{\partial y}\right)\mathrm{d}y \\
&= \left(\frac{\partial \Phi}{\partial x} - \mathrm{i}\frac{\partial \Phi}{\partial y}\right)(\mathrm{d}x + \mathrm{i}\mathrm{d}y) \\
&= (-v_x + \mathrm{i}v_y)\mathrm{d}\xi_1
\end{aligned} \qquad (3\text{-}26)
$$

$$\frac{\mathrm{d}F}{\mathrm{d}\xi_1} = -v_x + \mathrm{i}v_y \qquad (3\text{-}27)$$

式中，ξ_1 为复变函数参数。

复势的模即流速大小，因此 xy 面任意一点的速度大小 $\left|v_{xy}\right|$ 如下：

$$\left|\frac{\mathrm{d}F}{\mathrm{d}\xi_1}\right| = \left|-v_x + \mathrm{i}v_y\right| = \sqrt{v_x^2 + v_y^2} = \left|v_{xy}\right| \qquad (3\text{-}28)$$

同理，xz 面上任意一点的速度大小 $|v_{xz}|$ 如下：

$$\left|\frac{\mathrm{d}F}{\mathrm{d}\xi_2}\right| = \left|-v_x + \mathrm{i}v_z\right| = \sqrt{v_x^2 + v_z^2} = |v_{xz}| \tag{3-29}$$

则空间中任意一点的速度大小可表示为式 (3-30)：

$$v_{xyz} = \sqrt{\left|\frac{\mathrm{d}F}{\mathrm{d}\xi_1}\right|^2 + \left|\frac{\mathrm{d}F}{\mathrm{d}\xi_2}\right|^2} = \sqrt{\left|v_{xy}\right|^2 + \left|v_{xz}\right|^2} \tag{3-30}$$

对于不同的非均质条件，通过边界条件的设定来控制三维流动特征，实现三维空间的流线表征。

3.1.3　驱动单元三维流函数法的饱和度模型

厚油层的开发以水驱开发为主，因此研究厚油层的开发过程以研究两相流动为主。随着水驱开发的推进，储层含水饱和度也发生改变，注水前缘在不同的非均质条件下推进速度不同，并且不同地质层系中水量的分配也会随着非均质性发生改变。另外，不同的开发条件也会导致储层含水饱和度产生较大的变化。本节在三维有效驱动单元渗流数学模型的基础上，研究了水驱两相条件下不同开发方法的储层含水饱和度的变化规律，建立了三维有效驱动单元饱和度模型，为后期研究不同非均质条件储层剩余油形成机理建立了理论基础。

对于两相流动，储层中流体的饱和度分布不仅影响两相相对渗透率，还直接关系到储层水驱的驱油效率和最终采收率。本节在三维流函数模型的基础上，基于储层流线分布，通过两相非稳态流动理论求得流线上不同时刻的饱和度变化情况，进而求得整个流动单元的整体含水率。饱和度如式 (3-31) 所示：

$$\bar{S}_{\mathrm{w}} = S_{\mathrm{wc}} + \int_v \frac{q_{\mathrm{total}}kt\left[\dfrac{k_{\mathrm{rw}}(S_{\mathrm{wf}})}{\mu_{\mathrm{w}}} + \dfrac{k_{\mathrm{ro}}(S_{\mathrm{wf}})}{\mu_{\mathrm{o}}}\right]}{kxyh\left\{\dfrac{k_{\mathrm{rw}}\left[\bar{S}_{\mathrm{wq}}(t)\right]}{\mu_{\mathrm{w}}} + \dfrac{k_{\mathrm{ro}}\left[\bar{S}_{\mathrm{wq}}(t)\right]}{\mu_{\mathrm{o}}}\right\}}\left\{S_{\mathrm{wf}} + \frac{x_{S_{\mathrm{wf}}}}{\phi}\left[1 - f_{\mathrm{w}}(S_{\mathrm{wf}})\right] - S_{\mathrm{wc}}\right\}$$

$$\tag{3-31}$$

式中，

$$q_{\mathrm{total}} = \frac{2\Delta p \alpha_{\mathrm{t}} h}{-x^2 J(S_{\mathrm{wc}}) + \dfrac{1}{\lambda_{\mathrm{t}}R}\ln\left(\dfrac{r_{\mathrm{e}}}{x}\right)}$$

$$J(S_{wc}) = \int_{S_{wc}}^{S_{wt}} \frac{f_w''(\sigma)\mathrm{d}\sigma}{\left[f_w'(S_{wc}) + x^2 f_w'(\sigma) \right] \lambda(\sigma)}$$

其中，t 为时间；S_{wc} 为束缚水饱和度；h 为储层厚度；S_{wf} 为注水前缘含水饱和度；$x_{S_{wf}}$ 为注水前缘的距离；f_w 为含水率函数，f_w' 和 f_w'' 为其一阶和二阶导数；$\overline{S}_{wq}$ 为油井未见水时刻的地层平均含水饱和度；Δp 为压力；α_t 为修正因子；R 为等效渗流半径；r_e 为外边界等效半径。

为了能够更真实地表征实际储层的两相流动特征，本节采用实际储层实验得到相对渗透率曲线来计算实际水驱过程中油水两相的相对渗透率，相对渗透率曲线如图 3-2 所示。

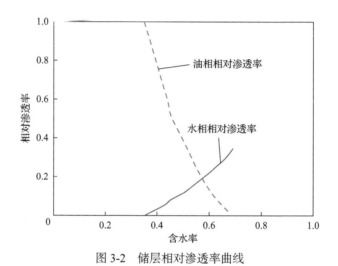

图 3-2　储层相对渗透率曲线

目前，大多数厚油层的开发进入超高含水期，大量的剩余油无法动用，储层驱替单元内以高速和低速流动无效驱为主。本节为了研究不同非均质条件下厚油层剩余油产生机理，以及储层含水率和饱和度的变化规律，结合有效驱动单元在注采单元间的分布变化特征，按照储层含水率的不同把整个开发过程分为四个阶段，如图 3-3 所示。

1. 初始水驱阶段

该阶段是油田开发效率最高的阶段，水驱前缘还没有到达油井，该阶段储层含水率较低，一般在 10%以下，此时高速流动有效驱占主导地位，低速流动有效驱小范围扩展。

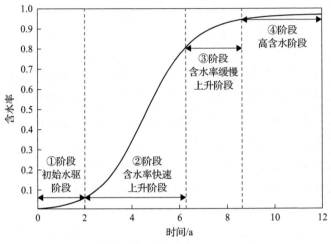

图 3-3　储层含水率变化及开发阶段分类

2. 含水率快速上升阶段

该阶段水驱前缘突破，油井开始大面积含水，驱油效率开始下降，含水率快速上升，含水率<80%，此时高速流动有效驱范围逐渐缩小，高速流动无效驱开始形成并逐渐扩大，低速流动有效驱范围持续扩展。

3. 含水率缓慢上升阶段

该阶段，80%≤含水率≤95%，驱油效率较差，储层开始出现高含水情况，含水率上升幅度减小，此时高速流动有效驱逐渐消失，高速流动无效驱占主导地位，优势渗流通道形成，Ⅱ类有效驱动单元的范围随着高速流动无效驱的扩展逐渐缩小，但成为储层的主要产油层，同时Ⅳ类有效驱动单元小范围形成。

4. 高含水阶段

该阶段含水率>95%，储层大部分水淹，驱油效率<5%，储层剩余油饱和度基本不变，此时高速流动有效驱已经完全消失，低速流动有效驱、高速流动无效驱和低速流动无效驱的范围趋于稳定，其中Ⅱ类有效驱动单元的未动用部分成为剩余油的主要富集区。

3.2　驱动单元确定非均质厚油层剩余油分布特征方法

3.2.1　韵律条件下储层流线表征模型

在纵向上，当储层表现出韵律性时，根据渗透率分布特征对主渗透率方向进行修正，表征出韵律条件下储层的流线分布，然后通过水驱饱和度模型计算储层含水率及采收率的变化特征。

对于注采完善的韵律储层，通过主渗透率变换，利用三维驱动单元理论，建立韵律条件下注采完善源汇单元的流函数模型，进而计算该条件下储层流线及饱和度分布。假设储层有 n 层，第 i 层的渗透率为 k_i，根据势把流量势进行拆分，对于韵律储层，在小层边界处假设有一个源汇项重合的点，然后通过势叠加原理进行空间势的重构。

平面上：

$$\sum_N \frac{q_A}{\pi R^2} \ln \frac{\sqrt{\left[x - x(k_{mn})_{N-i+1}\right]^2 + \left[y - y(k_{mn})_{N-i+1}\right]^2}}{\sqrt{\left[x - x(k_{mn})_{N-i+2}\right]^2 + \left[y - y(k_{mn})_{N-i+2}\right]^2}} \tag{3-32}$$

式中，q_A 为源项相流量；R 为等效半径；k_{mn} 为任意位置的渗透率，下角 m 和 n 为任意位置的坐标。

纵向上：

$$\sum_N \frac{k}{\mu} \rho g \ln \frac{\sqrt{\left[x - x(k_{mn})_{N-i+1}\right]^2 + \left(z - z_{N-i+1}\right)^2}}{\sqrt{\left[x - x(k_{mn})_{N-i+2}\right]^2 + \left(z - z_{N-i+2}\right)^2}} \tag{3-33}$$

式中，μ 为流体黏度；ρ 为流体密度。

空间上，韵律储层的三维势函数如下：

$$\sum_N \left(\frac{q_A}{\pi R^2} \pm \frac{k}{\mu} \rho g\right) \ln \frac{\sqrt{\left[x - x(k_{mn})_{N-i+1}\right]^2 + \left[y - y(k_{mn})_{N-i+1}\right]^2 + \left(z - z_{N-i+1}\right)^2}}{\sqrt{\left[x - x(k_{mn})_{N-i+2}\right]^2 + \left[y - y(k_{mn})_{N-i+2}\right]^2 + \left(z - z_{N-i+2}\right)^2}}$$

$$\tag{3-34}$$

速度函数如下所示：

$$\begin{cases} v_x = -\frac{\partial \psi}{\partial z} \frac{\partial \phi}{\partial y} = \frac{q_{total}}{S(x)T(x)} = -\frac{k_x}{\mu} \frac{\partial p}{\partial x} \\[3mm] v_y(x,y) = \frac{\partial \psi}{\partial z} \frac{\partial \phi}{\partial x} = -yq_{total} \frac{1}{S(x)} \cdot \frac{\partial \left[\dfrac{1}{T(x)}\right]}{\partial x} = -\frac{k_y}{\mu} \frac{\partial p}{\partial y} \\[3mm] v_z(x,z) = \frac{\partial \psi}{\partial x} \frac{\partial \phi}{\partial y} = -z\lambda q_{total} \frac{\partial \left[\dfrac{1}{S(x)}\right]}{\partial x} \frac{1}{T(x)} = -\frac{k_z}{\mu} \left(\frac{\partial p}{\partial z} \pm \rho g\right) \end{cases}$$

对于韵律储层，一个注采单元的形状函数由两个形状函数 $S(x)$ 、$T(x)$ 决定，形状函数的确定依据储层平面和纵向流动的界面特征。

平面流动中，流线经过的是一个长方形截面，如图3-4所示。

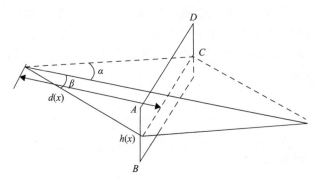

图 3-4　韵律储层平面流动形状函数示意图

$$S_{\square ABCD} = AB \times BC = h(x)\big[d(x)(\tan\alpha + \tan\beta) \big] \tag{3-35}$$

式中，$h(x)$ 为不同 x 时储层的厚度；$d(x)$ 为不同注入点到 x 所在面的距离；α 、β 分别为注采单元边界与主流线的夹角。

因此，平面形状函数可表示为

$$S(x) = h(x)\big[d(x)(\tan\alpha + \tan\beta) \big] \tag{3-36}$$

纵向流动中，相对于均质储层，韵律储层层间存在渗透率的过渡，每一层的流线分布特征随着渗透率的改变而改变，本节依据主渗透率方向来表征韵律性对储层中流体流动的影响，如图 3-5 所示，对于均质储层，主渗透率方向沿着虚线方向，而对于韵律储层，要根据每一层的渗透率来重新定义主渗透率方向，实线为每一层主渗透率方向的重新分布，其中 θ 为每一层渗透率与均质储层分布主渗透率方向（即注采连线方向）的夹角。对于一个注采单元，只要计算出三角形 $\triangle ABC$ 的面积（图3-6），即纵向上流动的截面积。

三角形 $\triangle ABC$ 的面积 $S_{\triangle ABC} = \dfrac{1}{2}\big\{ l_i(x)\big[l_i(x)\tan\alpha + l_i(x)\tan\beta \big] \big\}$，其中 $l_i(x)$ 为某一层主渗透率方向的水平距离，如图3-5所示。

$$l_i(x) = h(z)\tan\eta_i$$
$$\eta_i = \arctan\frac{d(x)}{h(z)} + \theta_i \tag{3-37}$$

因此，

$$l_i(x) = h(z)\tan\left[\arctan\frac{d(x)}{h(z)} + \theta_i\right]$$

式中，$h(z)$ 为不同韵律层的厚度；η_i 为第 i 层新主流线与垂直方向的夹角；θ_i 为第 i 层新主流线与注采单元主流线的夹角，如图 3-7 所示。

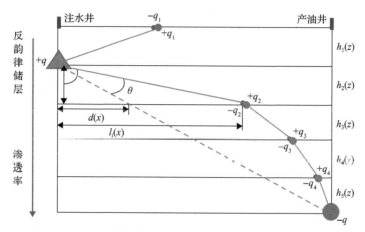

图 3-5　注采完善型韵律储层注采单元主渗透率转换示意图

$q_1 \sim q_4$-每层的注入或采出流量；$h_1 \sim h_5$-每层的厚度

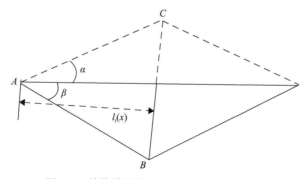

图 3-6　韵律储层纵向上流动截面的示意图

最终可得纵向上的形状函数 $T(x,z)$ 如式(3-38)所示：

$$T(x,z) = \frac{f(z)}{2}\left[l_i^2(x)\left(\tan\alpha + \tan\beta\right)\right] \tag{3-38}$$

式中，$f(z)$ 为纵向上每一个位置的渗透率相关系数，用来约束夹角 θ_i，$f(z) = \dfrac{k_{\text{above}}}{k_{\text{below}}}$（$k_{\text{above}}$、$k_{\text{below}}$ 分别为上下两层的渗透率），如果 $f(z) \neq 1$，韵律层改变位置，是两层的边界。

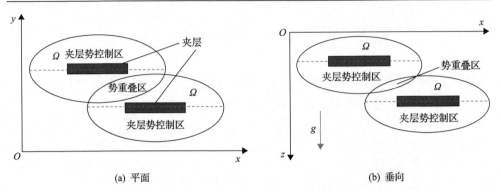

(a) 平面　　　　　　　　　　　　　　　(b) 垂向

图 3-7　夹层存在条件下平面和垂向夹层控制区示意图

$$\begin{cases} l_i(x) = \tan\left[\arctan\dfrac{d(x)}{h(z)} + \theta_i\right]h(z) \\[4mm] \theta_i = \arctan\left(\dfrac{k_i - \dfrac{\sum\limits_i^N k_i}{N}}{\dfrac{\sum\limits_i^N k_i}{N}}\right) \end{cases} \tag{3-39}$$

式中，k_i 为不同层的渗透率；N 为层数。

由此可得储层三维的压力分布如下：

$$\begin{cases} \dfrac{\partial p}{\partial x} = -\dfrac{2\mu q_{\text{total}}}{k_x h(x) d(x)(\tan\alpha + \tan\beta)^2 f(z) l_i^2(x)} \\[4mm] \dfrac{\partial p}{\partial y} = -\dfrac{4\mu l_i'(x) y q_{\text{total}}}{k_y h(x)\left[d(x)(\tan\alpha + \tan\beta)^2\right] f(z) l_i^3(x)} \\[4mm] \dfrac{\partial p}{\partial z} = -\dfrac{2z\mu\lambda q_{\text{total}}\left(h'(x)d(x) + h(x)d'(x)\right)}{h^2(x)\left[d^2(x)(\tan\alpha + \tan\beta)\right]k_z f(z) l_i^2(x)} \pm \rho g \end{cases} \tag{3-40}$$

式中，$l_i'(x)$ 为 $l_i(x)$ 的偏导数；$h'(x)$ 为 $h(x)$ 的偏导数。

3.2.2　夹层条件下储层流线表征模型

水平夹层的生成受多重地质沉积因素的影响，在厚油层中水平夹层是比较常见的沉积类型，水平夹层的存在一定程度上阻隔储层连通，导致储层主渗透率方向发生改变，流程中流线密度和方向也随之改变。基于 3.1.2 节中建立的驱替单元模型，结合夹层特征，表征出针对含夹层储层的模型，然后依据每条流线上流体流速和饱和度计算储层的含水率和采收率。为了表征存在水平夹层条件下的流线分布，结合势叠加原理，对夹层控制区域的势函数进行重新表征，然后通过保角变换的方式和夹层形状函数控制来表征流线分布，夹层控制区域示意图如图 3-7 所示。

1. 夹层控制区的保角变换

在解决弹性力学问题时，对于中心区存在特定形状的非弹性区，采用复变函数的方法来表征弹性区周围的应力和应变分布，因此，对于致密的无流体流动的夹层，本节通过复变函数法表征夹层区控制的势分布，进而通过势叠加原理得到存在夹层条件流动单元的势分布。

定义夹层椭圆区域的映射函数为 $\omega(\xi) = R(\xi + 0.3\xi^3)$，其中，R 为正实数，综合反映夹层的尺寸大小；$\xi$ 为复半面映射边界上任意一点的坐标。

根据穆斯海里什维里（Muskhelishvili）复变函数的弹性力学理论，椭圆区的应力函数可以由复式 z 的两个解 $\phi(z)$ 和 $\psi(z)$ 表示[81,82]，且这两个解满足式（3-41）和式（3-42）：

$$\phi_1(z) = \frac{1}{2\pi i} \int_{-a}^{a} \frac{\Omega(x)}{x-z} \mathrm{d}x + O(1) \tag{3-41}$$

$$\overline{z}\phi_1'(z) + \psi_1(z) = -\frac{1}{2\pi i} \int_{-a}^{a} \frac{\overline{\Omega(x)}}{x-z} \mathrm{d}x - \frac{1}{2\pi i} \int_{-a}^{a} \frac{\Omega(x)}{x-z} \mathrm{d}x + O(1) \tag{3-42}$$

式中，复式 z 为平面夹层上的任一点坐标；$\overline{z}$ 为 z 的共轭复数；i 为虚数单位；$\Omega(x)$ 为夹层椭圆区域应力变换函数；$\overline{\Omega(x)}$ 为 $\Omega(x)$ 的共轭复数；$O(1)$ 为误差项。

按照茹科夫斯基（Joukowsky）变换的原理进行保角变换可得式（3-43）：

$$z_1 = \omega_1(\zeta_1) = -\mathrm{i}h_1 \frac{1-\alpha_1^2}{1+\alpha_1^2} \frac{1+\zeta_1}{1-\zeta_1} \tag{3-43}$$

式中，h_1 为尺度因子。

保角变换后可得复式 z_1 的两个解如下：

$$\begin{aligned}
\varphi_{11}(z_1) = \varphi_{11}(\zeta_1) = \sum_{k=0}^{\infty} a_k^{11}\zeta_1^k + \sum_{k=1}^{\infty} b_k^{11}\zeta_1^{-k} \\
\psi_{11}(z_1) = \psi_{11}(\zeta_1) = \sum_{k=0}^{\infty} c_k^{11}\zeta_1^k + \sum_{k=1}^{\infty} d_k^{11}\zeta_1^{-k}
\end{aligned} \tag{3-44}$$

式中，a_k^1、b_k^1、c_k^{11} 和 d_k^{11} 为级数系数。

则可得应力边界条件为：

$$\varphi_{11}(z_1) + z\overline{\varphi'_{11}(z_1)} + \overline{\psi_{11}(z_1)} = i\int (X_{1n} + iY_{1n})\,ds + C \tag{3-45}$$

式中，横线表示共轭；X_{1n} 和 Y_{1n} 分别为应力的 X 和 Y 分量；ds 为微分元；C 为常数。

从而可得应力的变化函数，结合势函数可得非均质条件下的流函数，其中对于夹层条件下，平面势函数和纵向势函数不同，如式(3-46)和式(3-47)所示。

平面势函数：

$$\sum_{\Omega} \frac{q_h}{4\pi\sqrt{(x-x_\Omega)^2 + (y-y_\Omega)^2 + (z-z_\Omega)^2}} + \frac{q_h}{2\pi}\ln\frac{\sqrt{(x-2d)^2 + y^2 + z^2}}{\sqrt{x^2 + y^2 + z^2}} \tag{3-46}$$

式中，q_h 为源的强度；x_Ω、y_Ω、z_Ω 为源的坐标；d 为镜像源点的位置。

纵向势函数：

$$\sum_{\Omega}\left(\frac{q_A}{\pi R^2} \pm \frac{k}{\mu}\rho g\right)\frac{q_h}{4\pi\sqrt{(x-x_\Omega)^2 + (y-y_\Omega)^2 + (z-z_\Omega)^2}} + \frac{q_h}{2\pi}\ln\frac{\sqrt{(x-2d)^2 + y^2 + z^2}}{\sqrt{x^2 + y^2 + z^2}}$$

$$\tag{3-47}$$

2. 含夹层条件下流函数表征

保角变换后，通过形状函数来表征流函数，夹层存在条件下的形状函数如下：

$$S(x) = \begin{cases} h(x)[d(x)\tan\alpha], & x \notin x_\Omega \\ h(x)\left\{\begin{matrix} R'\arccos\dfrac{D-d(x)}{R'} + \\ \left[d(x)\tan\alpha - R'\sin\left(\arccos\dfrac{D-d(x)}{R'}\right)\right] \end{matrix}\right\}, & x \subset x_\Omega \end{cases} \tag{3-48}$$

$$T(x) = \begin{cases} \dfrac{f(z)}{2}\left[d^2(x)\tan\alpha\right], & x \notin x_\Omega \\ \dfrac{f(z)}{2}\left[d^2(x)\tan\alpha\right] - \dfrac{R'^2\arccos\dfrac{D-d(x)}{R'}}{2} \\ + \dfrac{R'\sin\left[\arccos\dfrac{D-d(x)}{R'}\right](D-d(x))}{2}, & x \subset x_\Omega \end{cases} \tag{3-49}$$

式中，$h(x)$ 为不同 x 时储层的厚度；$d(x)$ 为不同注入点到 x 所在面的距离；α 为注采单元边界与主流线的夹角；$f(z)$ 为厚度条件下椭球边界到注入点的距离；R' 为夹层一半长度；D 为注入点到夹层中心点的距离。

并且形状函数满足如下边界条件：

当 $x \subset x_{\Omega}$，$\dfrac{\partial \psi}{\partial z} = 0$，$\dfrac{\partial \Psi}{\partial y} = 0$；当 $x \notin x_{\Omega}$，$\dfrac{\partial \psi}{\partial z} = \dfrac{q_{\text{total}}}{S(x)}$，$\dfrac{\partial \Psi}{\partial y} = -\dfrac{1}{T(x)}$。

可得储层的压力分布如下：

$$\begin{cases} \dfrac{\partial p}{\partial x} = -\dfrac{2\mu q_{\text{total}}}{f(z)k_x h(x)\big[d(x)\tan\alpha\big]\big[d^2(x)\tan\alpha\big]} \\[4mm] \dfrac{\partial p}{\partial y} = -\dfrac{4yq_{\text{total}}\mu}{f(z)k_y} \cdot \dfrac{1}{h(x)\big[d(x)\tan^2\alpha\big]} \cdot \dfrac{d'(x)}{d^3(x)}, \qquad x \notin x_{\Omega} \\[4mm] \dfrac{\partial p}{\partial z} = \dfrac{\mu 2z\lambda q_{\text{total}}\big[h'(x)d(x)+h(x)d'(x)\big]}{k_z f(z)h^2(x)\big[d^4(x)\tan^2\alpha\big]} \pm \rho g \end{cases} \tag{3-50}$$

3.2.3　注采不完善条件下储层流线表征模型

注采完善程度对储层开发的影响不属于储层本身的非均质性对开发的影响，是开发工程措施因素，但是注采完善程度直接影响了储层注采单元间压力的传播以及注采波及面积，成为影响厚油层剩余油分布的重要因素之一。注采完善程度一方面受储层沉积特征影响，另一方面受开发过程中产能控制及制度调整影响，主要分为注采不完善和井网不完善两类，如图 3-8 所示。

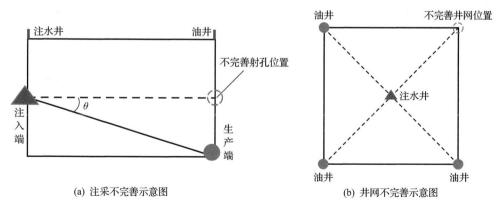

(a) 注采不完善示意图　　　　(b) 井网不完善示意图

图 3-8　储层注采完善程度示意图

由势叠加原理可知，不完善储层的势叠加函数如式(3-51)所示：

$$\sum_N \left(\frac{q_A}{\pi R^2} \pm \frac{k}{\mu} \rho g \right) \ln \frac{\sqrt{\left(x - x_{\text{bef}}\right)^2 + \left(y - y_{\text{bef}}\right)^2 + \left(z - z_{\text{bef}}\right)^2}}{\sqrt{\left(x - x_{\text{aft}}\right)^2 + \left(y - y_{\text{aft}}\right)^2 + \left(z - z_{\text{aft}}\right)^2}} \tag{3-51}$$

式中，下标 bef 表示实际井位；下标 aft 表示理想井位。

由驱替单元理论可知，流动单元的形状函数可表示为式(3-52)：

$$S(x) = \frac{h(x)}{2} \left[\frac{d(x)}{\cos \theta_i} (\tan \alpha + \tan \beta) \right]$$

$$T(x) = \frac{f(z)}{2} [d(x)(\tan \alpha + \tan \beta)] \tag{3-52}$$

得到储层的压力函数如下：

$$\begin{cases} \dfrac{\partial p}{\partial x} = \dfrac{4q_{\text{total}} \mu \cos \theta_i}{k_x h(x) \left[d^2(x)(\tan \alpha + \tan \beta)^2 \right] f(z)} \\[4mm] \dfrac{\partial p}{\partial y} = -y q_{\text{total}} \dfrac{8\mu d'(x) \cos \theta_i}{h(x) k_y \left[d^2(x)(\tan \alpha + \tan \beta)^2 \right] f(z)} \\[4mm] \dfrac{\partial p}{\partial z} = -z \lambda q_{\text{total}} \dfrac{4\mu \cos \theta_i [h'(x)d(x) + h(x)d'(x)]}{h^2(x) \left[d^2(x)(\tan \alpha + \tan \beta) \right] k_z f(z) d(x)} \pm \rho g \end{cases} \tag{3-53}$$

3.3 垂向重力作用对厚油层剩余油和含水率的影响

3.3.1 垂向重力作用对驱油效果影响实验模拟

为了弄清水驱到高含水过程中重力条件对剩余油形成的影响及受控关系，本节通过设计韵律、水平夹层及注采完善程度三类对厚油层剩余油产生影响最大的三个实验因素，研究考虑重力条件下水驱过程含水率和采收率的变化特征，进而得到了三类非均质条件与厚油层剩余油的受控关系。

1. 正韵律非均质模型水驱特征

韵律性是储层表现出纵向非均质性最多的性质，储层表现出规律的沉积特点，导致渗透率在纵向上表现出单向递增、单向递减或者 V 形变化的规律，对于正韵律储层，储层的渗透率自下而上逐渐减小，如图 3-9 所示。

对于孔喉细小的低渗透层，贾敏效应特别突出，卡断的油滴要向前运移需要克服很大的毛细管阻力，从而大大增加了残余油的形成，造成大量油滴被捕集下来，降低了水驱油效率。绕流主要是孔隙结构非均质所致，而高低渗透层之间孔

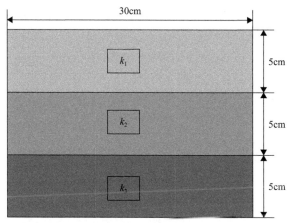

图 3-9　正韵律模型饱和油后剖面图（k_1=40mD, k_2=80mD, k_3-160mD）

1D=0.986923×10^{-12}m²

隙结构非均质并没有必然的差别，所以低渗透油层绕流现象并不比高渗透层突出。从而间接证明，低渗透油层以油滴形式捕集下来的残余油占有更大比例，是驱油效率偏低的重要原因。

如图 3-10 所示，对于正韵律储层，注入量达到 0.81PV（PV 指孔隙体积）时采出液见水，此时采收率为 14.33%。模型的见水时间也由高渗层的见水时间决定。采出液见水后，含水率快速上升，当注入量达到 5.50PV 时，含水率几乎达到 100.00%，采收率为 30.03%。由于重力作用影响和储层的正韵律性，储层下部驱替效果较好，但整体采收率不高。

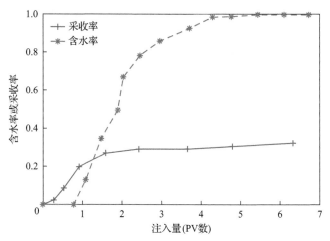

图 3-10　正韵律非均质模型水驱特征曲线

如图 3-11 所示，随着渗透率级差的增大，正韵律层的可采剩余油饱和度逐渐增加，并且增加幅度越来越大，表明渗透率级差越大，渗透率的非均质性对剩余油产生的影响越大，当渗透率级差为 2 时，可采剩余油饱和度为 18.58%；当渗透率级差增加到 14 时，可采剩余油饱和度增加到 29.38%，整体可采剩余油饱和度增加 10.8 个百分点，增加幅度达到 58.13%。

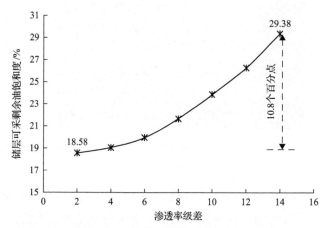

图 3-11　正韵律渗透率级差与储层可采剩余油饱和度的关系

　　如图 3-12 所示，随着储层单层厚度的增加，正韵律储层可采剩余油饱和度呈现 S 形增长，储层单层厚度增加对剩余油饱和度的影响范围在 4.60 个百分点以内。表明随着储层单层厚度的增加储层整体驱替效果变差，首先随着储层单层厚度的增加，水驱整体有效波及面积减小，导致整体采收率下降；另外，对于正韵律储层，重力作用随着储层单层厚度的增加表现得更为明显，下部储层更易形成优势渗流通道，因此厚度越大，整体采收率就会变小，但是在相同储层条件下随着厚度持续增大，采收率会稳定在一定的水平，储层整体的可采剩余油饱和度将保持不变。

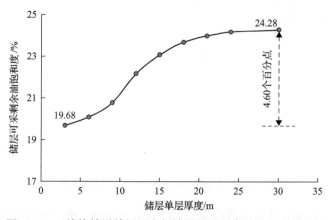

图 3-12　正韵律储层单层厚度与储层可采剩余油饱和度的关系

如图 3-13 所示，随着注入速度的增加，正韵律储层可采剩余油饱和度呈现 V 形增长特征，注入速度增加对剩余油饱和度的影响范围在 4.63 个百分点以内。由图 3-13 可知，在注入速度较小时水驱效果较差，随着注入速度的增加，水驱效果显著提高，当注入速度达到 1.5m/d 时，注采有效率达到最高，此时储层可采剩余油饱和度为 19.96%。

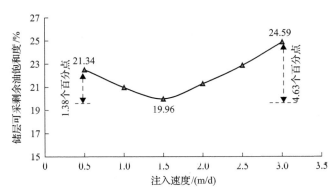

图 3-13　正韵律储层注入速度与储层可采剩余油饱和度的关系

2. 反韵律非均质模型水驱特征

反韵律储层在厚油层型油藏中的分布也比较广泛，该类储层的渗透率自下而上逐渐增大，如图 3-14 所示。

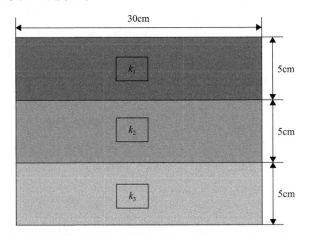

图 3-14　反韵律模型饱和油后剖面图（k_1=160mD, k_2=80mD, k_3=40mD）

实验过程中，注水速度慢，驱替时间长，模型采收率较高。在驱替过程中，注入水逐渐向前推进，在高深层建立水流通道。注水速度快时，大部分注入水沿水流通道流入井底，不能很好地洗刷储层颗粒表面的油膜。注水速度慢时，注入水有较长时间和储层中的束缚水汇合，剥离颗粒表面的油膜，增加采出量，提高采收率。

由图 3-15 可知，反韵律非均质模型中，注入量达到 1PV 时采出液见水，此时采收率为 17.68%。采出液见水层位为最上部的高渗透层，主要由于注入水沿高渗透层推进较快。之后采出液含水率逐渐上升，当含水率达到 85%以后，含水率上升速度趋缓，并维持较长一段时间。当注入量达到 3.85PV 时，含水率从 90%突升至 98%，累计注入量为 5.6PV 时实验结束，此时含水率为 98.8%，最终采收率为 40.5%。反韵律储层受重力和反韵律性同时影响，最终采收率明显好于正韵律储层。

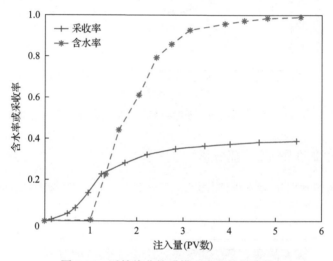

图 3-15 反韵律非均质模型水驱特征曲线

如图 3-16 所示，对于反韵律储层，随着渗透率级差逐渐增加，储层可采剩余油饱和度也表现为逐渐增大的趋势，渗透率级差为 2 时可采剩余油饱和度为 14.42%，明显低于正韵律储层；当渗透率级差为 14 时可采剩余油饱和度为 20.48%，可采剩余油饱和度升高 6.06 个百分点；相对正韵律储层，反韵律储层可采剩余油饱和度随渗透率级差变化的增长梯度减小，表明反韵律储层水驱后整体的可采剩余油饱和度较低。

如图 3-17 所示，随着单层厚度的增加，反韵律储层上部剩余油饱和度呈现先快速增长再缓慢增长最后趋于稳定的趋势，厚度增加对剩余油饱和度的影响范围在 4.18 个百分点以内。相对正韵律储层，厚度对反韵律储层可采剩余油饱和度的影响基本一样。

如图 3-18 所示，随着注入速度的增加，反韵律储层上部剩余油饱和度呈现 V 形增长，注入速度增加对剩余油饱和度的影响范围在 4.80 个百分点以内。相比正

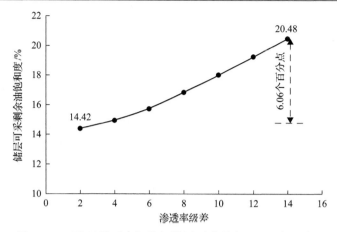

图 3-16　反韵律渗透率级差与储层可采剩余油饱和度的关系

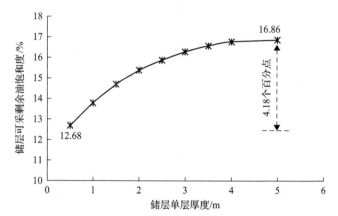

图 3-17　反韵律储层单层厚度与储层可采剩余油饱和度的关系

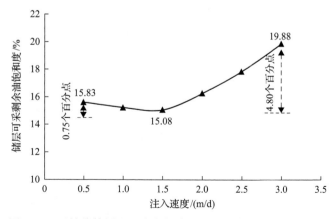

图 3-18　反韵律储层注入速度与储层可采剩余油饱和度的关系

韵律储层，由于重力等因素的影响，小量注入条件下储层整体的采收率变化不大，同样当注入速度达到 1.5m/d 时，水驱的驱油效率最高，此时储层可采剩余油饱和度为 15.08%。

3. 含夹层非均质模型水驱特征

厚油层非均质性是制约高效开发的最重要因素，尤其是纵向上的非均质性。厚油层一般由多层单砂体构成，每一层单砂体的储层特性都不同，导致非均质性较强。含夹层是厚油层中常见的现象，本实验通过设置不同层砂体的胶结程度来研究含夹层条件下剩余油的分布，模型如图 3-19 所示。

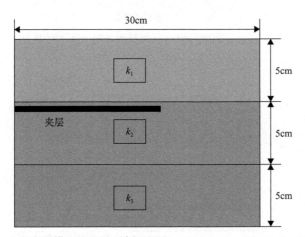

图 3-19　含夹层模型饱和油后剖面图（k_1=105mD, k_2=100mD, k_3=110mD）

由图 3-20 可以看出，对于含夹层非均质模型，注入量达到 1PV 时采出液见水，此时采收率为 19%。采出液见水层位为下层模型，主要由于注入水受重力作用影响，下层储层更易形成优势通道，但和正韵律储层相比，见水更晚，含水率上升较慢，一方面是由于均质储层水驱更加均匀，另一方面，夹层的遮挡作用阻隔了夹层上方水驱的纵向影响。采出液见水后，含水率上升速度相对较慢，当含水率达到 80% 以后，含水率上升速度更加缓慢，并维持较长一段时间，当注入量达到 8PV 时，含水率达到 98% 以上，采收率为 37.6%。

由图 3-21 可知，夹层位于储层中部时，整体的采收率最低，可采剩余油饱和度最高；当夹层位于储层上部时，夹层的遮挡效应较弱，下部大部分储层水驱效率较高；当夹层位于储层下部时，重力对水驱的副作用降到最低，整体水驱效果较好。当夹层位于储层中部时，夹层的存在阻隔上下两部分的连通，导致整个储层处于半连通或不连通状况，因此，水驱效果最差，剩余油饱和度最高。

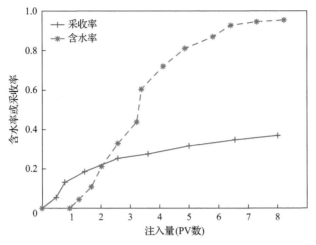

图 3-20　含夹层非均质模型水驱特征曲线

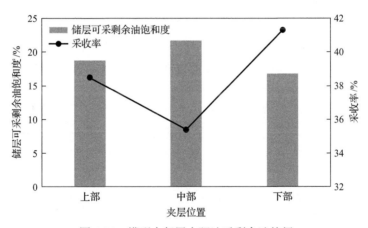

图 3-21　模型中每层水驱油后剩余油特征

4. 夹层和韵律双非均质模型水驱特征

厚油层沉积过程中通常表现出多种非均质性共同存在，这些非均质性成为制约高效开发的最重要因素，在韵律型和含夹层型储层水驱实验的基础上，设计 5 点井网条件下夹层和韵律同时存在条件下的水驱实验，分析两种非均质性共同存在时储层含水率和采收率的情况，模型如图 3-22 所示。

实验结果表明靠近夹层端两口井见水晚于远离夹层端两口井，由于层间夹层存在重力遮挡作用，其见水较晚；并且高渗透层见水后，中高渗透层的含水率上升减缓，关闭高渗透层之后，模型含水率快速下降，接近 0，随着水驱的继续推进，含水率继续快速上升，但上升速度减缓；当关闭中渗透层后，含水率缓慢上升，结果如图 3-23 所示。

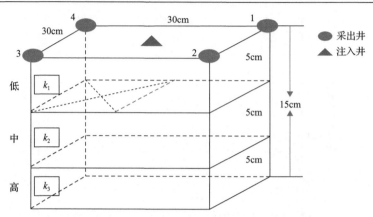

图 3-22　夹层和韵律同时存在的非均质模型饱和油后剖面图（k_1=40mD, k_2=80mD, k_3=160mD）

由图 3-24 可知，水驱计算中高渗透层在靠近夹层的采出程度（15.93%）低于远离采出端采出程度（17.81%），此时模型整体综合采收率为 33.74%。关闭高渗透层后，综合采收率提高 7.55 个百分点，关闭中高渗透层后，综合采收率提高 3.57 个百分点，最终采收率能提高 11.12 个百分点，达到 44.86%。另外，靠近夹层端两口井采出程度（25.05%）低于远离夹层端两口井采出程度（27.7%），这是因为层间夹层存在重力方向上的遮挡作用，使其采出程度降低。

为了进一步分析非均质厚油层剩余油受控因素的特征，搞清影响厚油层剩余油产生的关键非均质条件，在上述实验的基础上，进一步对比了不同非均质模型每一层的波及系数和整体采收率，结果如表 3-1 所示。受韵律和重力共同作用，正韵律下层的水驱波及系数最大，达到 83.6%；相同渗透率级差条件下，反韵律储层的低渗透层（最下层）比正韵律储层的低渗透层（最上层）的水驱波及系数大8.5 个百分点，相对提升 52.15%，表明重力在韵律储层的水驱过程中起到很大的作用。由图 3-25 可知，在相同的储层条件下正韵律储层的采收率最低，只有 30.03% 左右，反韵律储层的采收率最高，达到 40.5%，对比夹层和夹层与正韵律共同存在条件下的采收率可知，非均质性越复杂，储层采收率越低；正韵律储层存在夹层时的采收率比没有夹层的采收率高 3.71 个百分点，表明夹层的遮挡作用减缓了正韵律储层下部优势渗流通道的形成。

3.3.2　基于机器学习方法的重力对厚油层剩余油影响模拟

对于厚油层的水驱开发，重力作用是影响储层砂体内部水驱均衡度的重要静态因素，水驱过程中重力作用使注入水在储层中具有向下运移的趋势，有利于对储层的有效开发。例如，在河流相正韵律厚储层中，重力与渗透率级差产生的叠加影响导致砂体底部严重水淹，砂体上部富余大量剩余油，此时重力对储层的整体开发不利。而在反韵律储层中，重力与渗透率级差的作用效应相互消减，从而

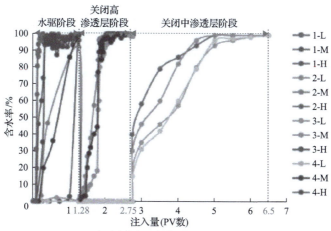

(a) 各采出端含水率随注入量变化曲线

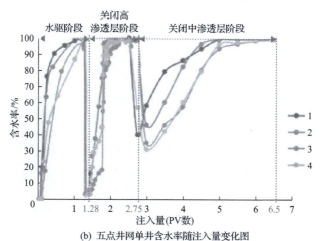

(b) 五点井网单井含水率随注入量变化图

图 3-23 含水率随注入量的变化图

1~4代表井位；L、M、H代表低、中、高三个层位进行采出

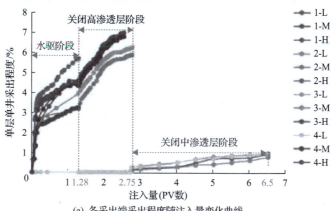

(a) 各采出端采出程度随注入量变化曲线

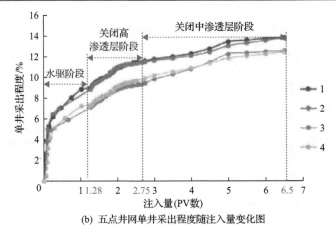

(b) 五点井网单井采出程度随注入量变化图

图 3-24　采出程度随注入量的变化图

1～4 代表井位；L、M、H 代表低、中、高三个层位进行采出

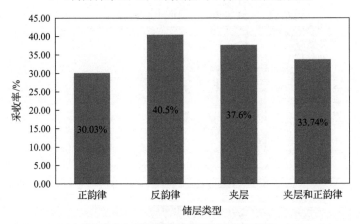

图 3-25　采收率随储层类型的变化图

表 3-1　不同非均质条件水驱波及系数与采收率对比　　（单位：%）

储层类型	水驱波及系数			采收率
	上层	中层	下层	
正韵律	16.3	46.8	83.6	30.03
反韵律	81.9	59.6	24.8	40.5
夹层	33.9	55.1	72.5	37.6
夹层和正韵律	21.5	45.9	79.3	33.74

扩大了水驱波及范围，使水驱过程总体相对均衡，此时重力对储层的整体开发是正效应。

如图 3-26 所示，受重力影响，相同储层物性条件下低侧储层注水前缘更靠前，导致低侧储层水驱程度更大。

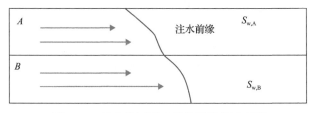

图 3-26　重力作用下水驱前缘形状示意图

$S_{w,A}$、$S_{w,B}$-含水饱和度

为了进一步验证重力作用对流体纵向流动产生的影响，本节利用人工智能的思想通过机器学习方法对油田现场实际生产和测井等数据进行学习分析[62,83-87]，从数据中获取重力作用对纵向流动的实际影响特征知识，进而确定重力对厚油层纵向流动的影响范围。

机器学习的方法不同于理论模型和数值模型，无须事先确定输入、输出之间映射关系的数学方程，仅通过分类数据自身的训练，学习真实数据的某种内在知识关系规则，在给定输入值时得到最接近期望输出值的结果，获取真实条件下参数影响情况，解决了理论模型和数值模型无法对复杂问题进行表征的难点。对大规模无固定关系的数据体，通过循环神经网络(RNN)学习的方法能够针对某一种结果进行关系分析，得出数据内部的关联性。

基于数据的获取方式和数据类型，本节选择循环神经网络的机器学习方法，通过对序列数据的非线性特征递归传输学习，把记忆传输进行串联，实现了数据的关系传输和特征分析。

本节通过对大庆油田南中西二区 10 口取心测试井的数据进行分类处理，按照 4∶1 的比例进行训练集和测试集的分配。

输入不同深度条件下的测井数据，寻找不同层系间的差异性，然后对各个深度小层的测井数据进行循环计算，最后通过输出重力影响系数来确定重力作用对储层含水率的贡献比例。

根据测井数据可知，输入的参数包括以下数据。

(1)物性参数：砂体厚度、渗透率、孔隙度、砂体粒度。

(2)地质参数：地层压力、岩性、小层厚度。

(3)开发参数：水洗程度、水洗厚度、射孔位置。

(4)目标参数：含油饱和度、含水饱和度、重力影响系数。

输出的参数包括以下数据：

(1)目标参数：重力影响系数；

(2)条件参数：小层厚度。

通过模型训练、模型自动数据提取和权重劈分，得出剩余油与非均质条件的受控关系及受控比例，然后通过误差分析，得出重力作用对含水饱和度上升的贡献范围，结果如图3-27所示，进而可以确定重力作用对储层剩余油产生的影响情况。结果显示，储层厚度越大，重力影响的作用越明显和稳定，当储层厚度大于30m时，重力对储层含水率变化的影响范围大致为5.5%左右，该结果与通过有效驱动单元理论计算的结果一致。

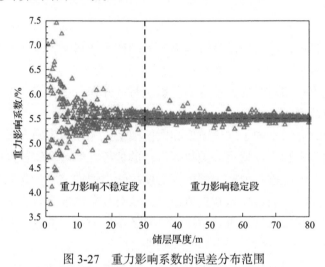

图 3-27 重力影响系数的误差分布范围

3.4 非均质储层剩余油分布表征

3.4.1 韵律条件下储层流线及剩余油饱和度分布

油气储层的宏观非均质性是储层岩石经过漫长的沉积、成岩及地质运动等综合影响形成的。对于厚油层，储层沉积经历不同的时期，储层内部砂体的物性差别较大，进而导致纵向上表现出典型的非均质性，称这种非均质性为韵律性。目前开发过程中常见的韵律性有正韵律、反韵律和复合韵律。储层在开发过程中，尤其是注水开发阶段，韵律性会严重影响注水开发效果，导致单层优势通道的形成，形成注水开发的无效循环，降低储层的采收率。

必须明确韵律性对厚油层开发效果的影响及量化韵律性对高含水储层饱和度的影响程度。为了对储层提供进一步的挖潜指导，基于建立三维有效驱动单元渗流数学模型，结合韵律储层特点，建立针对韵律储层流函数模型，计算分析不同流动单元内流体的流动规律，阐明韵律储层剩余油形成的机理。

3.4.2　单韵律储层流线及剩余油饱和度分布

1. 正韵律储层

厚油层储层的正韵律分布是指储层沉积的岩石颗粒自上而下逐渐变大，渗透率表现为自上而下逐渐变大。韵律性在厚油层类储层中最常见，该类储层由于纵向上渗透率的非均质分布，存在大量剩余油，基于本节建立的针对韵律储层的三维有效驱动单元模型，在注采端定压条件下分析了流体流动过程中流线密度分布与饱和度的变化关系，模型计算的参数如表 3-2 所示。

表 3-2　正韵律储层有效驱动单元模型参数

层数	单层厚度/m	单层渗透率/mD			注入压力/MPa	井底流压/MPa
		上	中	下		
3	5	100	50	25	14	5

孔隙度	井距/m	束缚水饱和度	残余油饱和度	地层压力/MPa		
0.22	200	0.34	0.21	11.4		

由图 3-28 可知，正韵律储层的流线密度呈现自上而下逐渐变大趋势，流线越密表明流场的压力势越大，同时流线上流体的速度越大，因此，正韵律储层主渗流通道在储层下部流线最密的位置。随着水驱过程的推进，Ⅱ类有效驱动单元首先在流线较密的储层下部形成，油井未见水前该区域的流线密度最大，贡献了储层大部分的采收率；Ⅳ类有效驱动单元在储层上部流线较为稀疏的位置形成，并且两者存在较明显的分界线；随着油井开始大面积见水，Ⅰ类有效驱动单元生成，并且范围逐渐扩大覆盖Ⅱ类有效驱动单元的范围，形成了无效水循环，由于单相水的流动阻力更小，流动速度更快，此时储层下部流线密度进一步增加，储层含水率进入快速上升阶段，在靠近井筒和储层中间位置的压力平衡区内会有小片状的剩余油产生；随着Ⅰ类有效驱动单元的进一步形成，原本Ⅱ类有效驱动单元所在的范围的流速降低，流线变稀疏，储层整体的流线密度进一步降低，储层将经历一个长期的产量递减、含水率上升阶段；随着进一步注水开发，上部储层油井见水，Ⅳ类有效驱动单元范围开始逐渐减小，Ⅲ类有效驱动单元开始形成，此时储层进入了一个含水率缓慢增加的高含水阶段，当含水率达到 95%时，储层上部流线未波及区域和流线稀疏区域会形成连片状的大块剩余油。

为了研究渗透率级差对厚油层水驱开发的影响，在表 3-2 参数的基础上，分析渗透率级差分别为 2、4、6、8、10 时储层流线及饱和度分布情况。计算不同级差条件下储层含水率和采收率随时间的变化规律。如图 3-29 所示，不同渗透率级

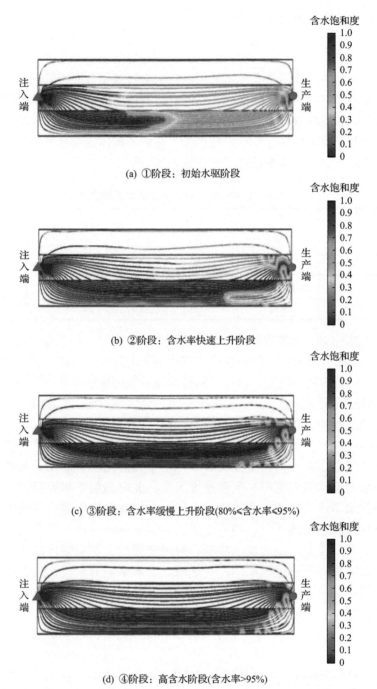

(a) ①阶段：初始水驱阶段

(b) ②阶段：含水率快速上升阶段

(c) ③阶段：含水率缓慢上升阶段(80%<含水率<95%)

(d) ④阶段：高含水阶段(含水率>95%)

图 3-28　正韵律储层流线及饱和度分布(扫封底二维码见彩图)

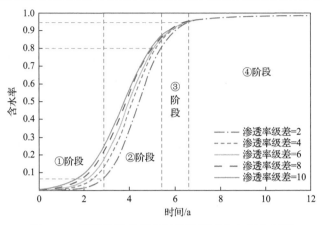

图 3-29　不同渗透率级差正韵律储层含水率分布图

差条件下储层含水率的 4 个阶段，第①阶段结束时，渗透率级差为 10 的储层含水率比渗透率级差为 2 (含水率为 6.2%) 的储层高 20.3 个百分点，第②阶段结束时高 5.4 个百分点左右，第③阶段结束时含水率几乎相等。这是因为当纵向渗透率级差不同时，随着渗透率级差的增加，储层下部流线密度会更大，储层整体的流线密度集中在下部，导致下部储层流体流速较快，Ⅱ类有效驱动单元和Ⅰ类有效驱动单元之间的转换更快，储层下部形成优势渗流通道更快，整体含水率上升的速度更快，但优势渗流通道一旦形成，储层都将快速达到高含水阶段。

图 3-30 表示正韵律储层不同级差条件下采收率的对比情况，结合储层含水率的 4 个阶段可知，第②阶段结束后，储层整体的采出程度占整个开发期的 77%～86%，其中第①阶段占比 58% 左右；渗透率级差为 2 时的最终采收率比渗透率级差为 10 时高 7.8 个百分点左右，提升比例达到 28.6%。

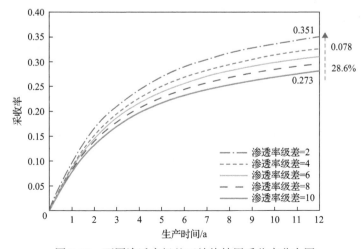

图 3-30　不同渗透率级差正韵律储层采收率分布图

2. 反韵律储层

相比于正韵律储层，反韵律储层的沉积岩石颗粒自上而下逐渐变小，渗透率表现为自上而下逐渐变小。通过有效驱动单元理论计算储层流线及饱和度分布情况。图 3-31 为储层渗透率级差为 4 时注采单元间流线及饱和度分布情况，模型计算的基础参数如表 3-3 所示。

如图 3-31 所示，对于反韵律储层，流线密度呈现自上而下逐渐变小的特征，但和正韵律储层相比，由于重力在反韵律储层中的正效应，储层整体的流线密度分布相对均匀，Ⅱ类有效驱动单元在储层上部分布的范围更广，Ⅰ类有效驱动单元产生后Ⅳ类有效驱动单元分布范围内的流线密度降低较小，储层有效驱替的时

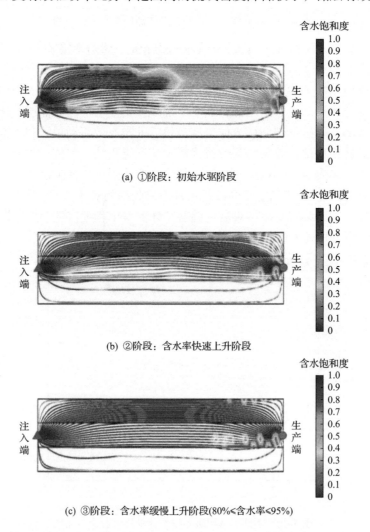

(a) ①阶段：初始水驱阶段

(b) ②阶段：含水率快速上升阶段

(c) ③阶段：含水率缓慢上升阶段(80%<含水率<95%)

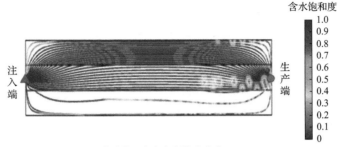

(d) ④阶段：高含水阶段(含水率>95%)

图 3-31 反韵律储层流线及饱和度分布(扫封底二维码见彩图)

表 3-3 反韵律储层有效驱动单元模型参数

层数	单层厚度/m	单层渗透率/mD			注入压力/MPa	井底流压/MPa
		上	中	下		
3	5	25	50	100	14	5

孔隙度	井距/m	束缚水饱和度	残余油饱和度	地层压力/MPa	
0.22	200	0.34	0.21	11.4	

间和范围更大。在储层达到高含水阶段之前，反韵律储层的整体含水率上升较慢，含水率都达到 95%时储层整体的采收率比正韵律储层大 5.36 个百分点(图 3-32 和图 3-33)，储层下部有小片状剩余油产生，上部靠近井筒区域内的压力平衡区会有零星状剩余油产生。

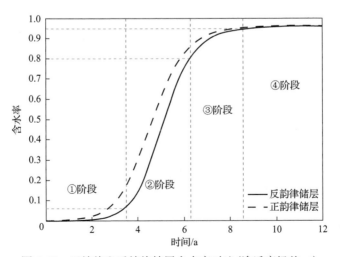

图 3-32 正韵律和反韵律储层含水率对比(渗透率级差=4)

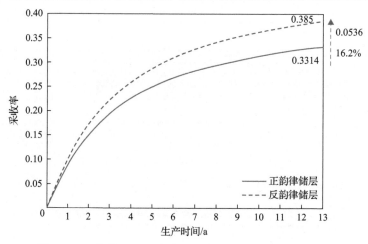

图 3-33　正韵律和反韵律储层采收率对比(渗透率级差=4)

3.4.3　复合韵律流线及剩余油饱和度分布

在实际的厚油层储层中,单个砂体内部纵向的非均质性往往不会表现为单个韵律性的特征,大多数以复合的交叉形式存在,为了能够表征不同复合韵律条件下的流动情况,本节简化出两类储层复合韵律分布情况:中间低、两侧高和中间高、两侧低,具体的计算参数如表 3-4 所示。在此基础上分别计算储层流线及饱和度分布情况,进而对比计算不同韵律分布条件下储层含水率和采出程度的变化规律。

表 3-4　复合韵律储层有效驱动单元模型参数

储层类型	层数	单层厚度/m	孔隙度	井距/m	注入压力/MPa	井底流压/MPa
中间高、两侧低	5	5	0.23	200	14	5
中间低、两侧高	5	5	0.23	200	14	5

储层类型	单层渗透率/mD					束缚水饱和度	残余油饱和度	地层压力/MPa
	1	2	3	4	5			
中间高、两侧低	25	0.34	100	50	25	0.34	0.21	11.4
中间低、两侧高	100	0.34	25	50	100	0.34	0.21	11.4

1. 渗透率中间低、两侧高

如图 3-34(a) 所示,对于中间低、两侧高的储层,储层的高速流动有效驱在中间低渗透区域和两侧高渗透区域中间,低速流动有效驱在两侧的高渗透区域。从

图 3-34(b)和(c)可以看出，随着注水的不断推进，原本的高速流动有效驱注水贯穿，变成高速流动无效驱，并且区域面积逐渐向外侧扩展，最终原本的低速流动有效驱也变成注水无效驱，此时储层达到高含水阶段，中间的低渗透区域处于低速流动有效驱，从流线分布可以看出，该区域流体流动的速度和流量很少，中间存在大量剩余油，是未来开发的重点。

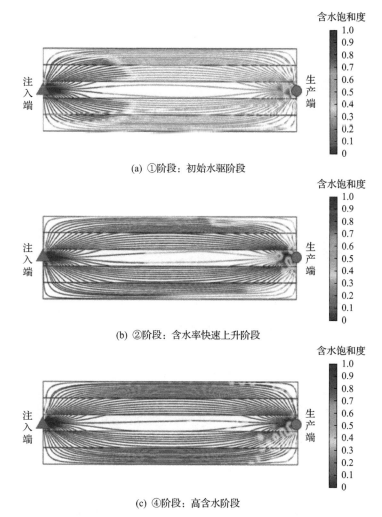

(a) ①阶段：初始水驱阶段

(b) ②阶段：含水率快速上升阶段

(c) ④阶段：高含水阶段

图 3-34 复合韵律条件下储层流线及含水饱和度分布(中间低、两侧高)(扫封底二维码见彩图)

2. 渗透率中间高、两侧低

对于中间高、两侧低的复合韵律储层，如图 3-35(a)所示，储层的高速流动有效驱在储层中间的高渗透区域，并且恰好位于注采连线上，低速流动有效驱在中间高渗透区域和两侧的低渗透区域之间，从图 3-35(b)和(c)可以看出，随着注水的不断推进，高速流动有效驱快速见水，形成优势通道，变成高速流动无效驱，该区域不断向两侧扩展，最终形成中间部分的无效循环。相对于中间低、两侧高的复合韵律储层，该类储层的低渗透区域更难有效驱替，储层的整体采收率会大幅下降。

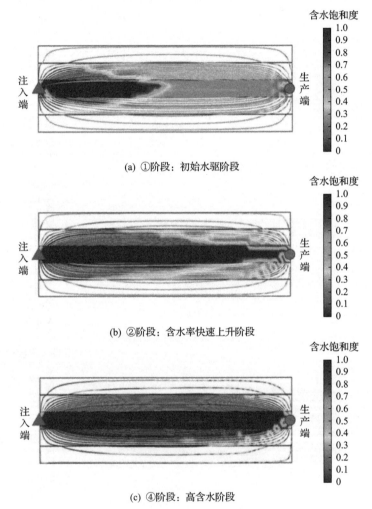

(a) ①阶段：初始水驱阶段

(b) ②阶段：含水率快速上升阶段

(c) ④阶段：高含水阶段

图 3-35　复合韵律条件下储层流线及含水饱和度分布(中间高、两侧低)(扫封底二维码见彩图)

通过复合韵律储层的流线和含水饱和度分布可知，复合韵律储层由于渗透率分布的多重不均匀性，流线密度分布和流线速度分布表现出非均匀分布特征，韵律特性转换区域会形成成片的剩余油。由图 3-36 和图 3-37 储层含水率和采收率对比可知，渗透率中间高、两侧低的储层含水率上升更快，采收率比渗透率中间低、两侧高的储层低 6.7 个百分点左右。

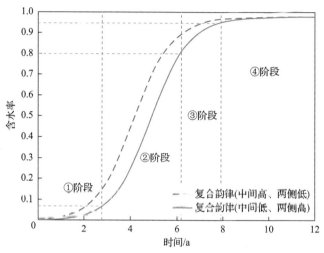

图 3-36　两类复合韵律储层含水率变化对比

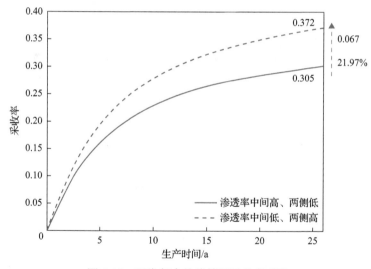

图 3-37　两类复合韵律储层采收率对比

　　结合韵律储层特点，对比了单韵律储层及复合韵律储层的最终采收率，结果如图 3-38 所示，在渗透率级差相同的条件下，反韵律储层的采收率最高，表明反韵律储层内部驱替单元的有效性最高，同时重力作用在反韵律储层的水驱过程中起到正效应；对于复合韵律储层，沉积特征更加复杂，当只形成单一优势通道情况下，储层整体水驱效果最差。

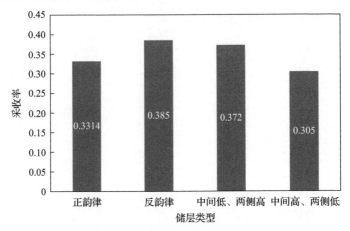

图 3-38　韵律储层采收率对比(渗透率级差=4)

3.4.4　夹层条件下储层流线及剩余油饱和度分布

1. 夹层存在条件下储层有效驱动单元理论模型

通过设计不同的夹层个数和夹层夹角对平面和纵向两个剖面分析注采单元间的流线分布。这些特征的存在都会对驱替单元内的流场产生影响,进而影响流线密度和流线方向,使储层剩余油分布发生改变。含夹层储层有效驱动单元模型计算的基础参数如表 3-5 所示。

表 3-5　含夹层储层有效驱动单元模型参数

夹层尺寸(长×宽×高)/(m×m×m)		渗透率/mD	孔隙度	井距/m	束缚水饱和度
50×10×2		100	0.23	200	0.34
残余油饱和度	地层压力/MPa	注入压力/MPa	井底流压/MPa		
0.21	11.4	14	5		

图 3-39 是不同夹层个数条件下储层平面流线和压力势分布,由图可知,夹层的存在改变了储层压力势的分布特征,进而导致流线分布发生变化:夹层两端会产生流线密集,流线密集区域流体流速较快,导致夹层中部两侧形成压力平衡区;流线稀疏区域流速较慢,形成块状剩余油。由图 3-39(a)可知,流线在层间控制区内重新分布,层间控制区外没有因夹层的存在而发生明显变化。压力分布也随着层间控制面积的变化而变化。图 3-39(b)显示夹层的控制区域将重叠,当存在两个夹层时,储层势分布随着夹层的位置和空间倾斜角度变化而改变,当夹层截面和注采井主渗透率方向垂直时夹层的遮挡效应最大,流线在夹层两侧密度最低,形成了相对稳定的压力平衡区,形成大片剩余油。图 3-40 为不同层间注采单元流线

及压力分布图。由图 3-40 可知,当层间夹角变化时,注采单元间的流线和压力分布也会随着主渗透率方向的变化而变化。

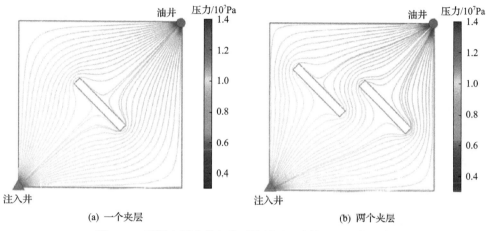

(a) 一个夹层　　　　　　　　　　　　　　　(b) 两个夹层

图 3-39　不同夹层个数条件下储层平面流线和压力势分布

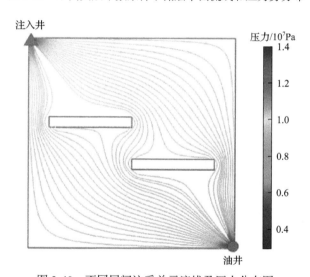

图 3-40　不同层间注采单元流线及压力分布图

图 3-41 为不同夹层个数条件下储层垂向流线和压力势分布曲线。结果表明,当存在夹层时,在注采单元内,主渗透率方向重新分布,导致流线重新分布,储层下部压力扩散缓慢,导致夹层下部成为剩余油富集的潜在区域。当存在两个夹层时,流线和压力沿夹层中部通道收敛,导致储层整体流动阻力增大,单位时间内驱油效率降低。

图 3-42 为五点井网条件下夹层流线与压力分布图。夹层的存在改变了原五点

井网压力和流线的对称分布，进而改变了储层整体的驱替效果。对于靠近夹层的油井，受夹层遮挡，压力势无法波及，导致产量降低。

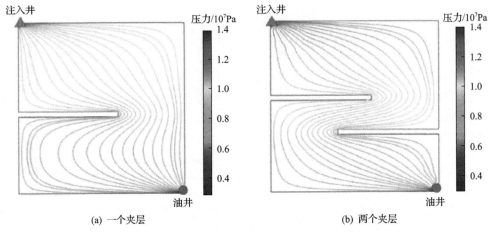

图 3-41　　不同夹层个数条件下储层垂向流线和压力势分布

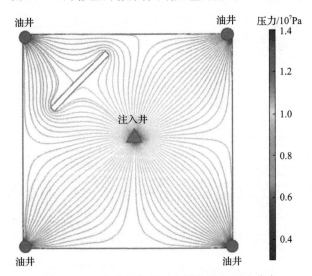

图 3-42　　五点井网条件下夹层流线与压力分布

图 3-43 是不同夹层个数条件下含水率随时间的变化曲线。夹层的存在对厚油层水驱效果产生较大的影响，进而影响储层含水率的变化。一般来说，夹层的存在降低了韵律对储层含水率的影响，对于正韵律来说，夹层起到正向作用，对于反韵律来说，夹层起到反向作用。夹层个数越多，就越容易形成较狭窄的优势通道，导致储层含水率上升较快，储层含一个夹层时的含水率在第①阶段的时间明显较两个夹层时长，含水率达到98%的时间更晚，因此驱替效果相对较好。

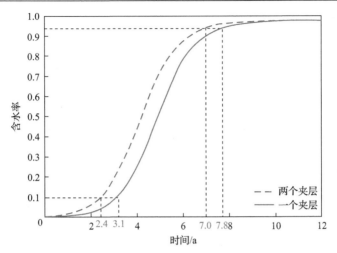

图 3-43　不同夹层个数条件下储层含水率随时间的变化曲线

图 3-44 为不同夹层个数条件下储层的采收率对比,从图中可以看出,相同储层物性参数条件下,一个夹层时储层的采收率比两个夹层时大 2.9 个百分点左右,提升幅度为 9.1%。整体来说,夹层个数越多,储层非均质性越强,水驱的有效程度越低,导致剩余油饱和度越大。

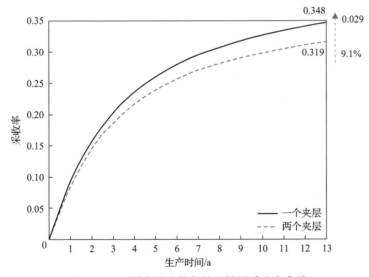

图 3-44　不同夹层个数条件下储层采收率曲线

2. 注水井钻遇夹层时储层流线及饱和度分布

受储层沉积作用的影响,水平夹层会呈现分散的片状分布,并且大部分水平夹层附近也会富集原油，在开采过程中难免会出现注、采井钻遇夹层的情况。本节针对五点井网，研究了注水井钻遇夹层情况下的流线分布及饱和度变化，进而研究了该类型非均质条件下储层的剩余油分布特征。表 3-6 为注水井钻遇夹层储层有效驱动单元模型参数，图 3-45 为注水井钻遇夹层条件下五点井网示意图。

表 3-6　注水井钻遇夹层储层有效驱动单元模型参数

夹层尺寸(长×宽×高)/(m×m×m)		渗透率/mD	孔隙度	井距/m
150×150×2		100	0.23	200
束缚水饱和度	残余油饱和度	地层压力/MPa	注入压力/MPa	井底流压/MPa
0.34	0.21	11.4	14	5

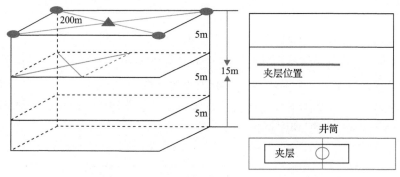

图 3-45　注水井钻遇夹层条件下五点井网示意图

为了进一步研究不同纵向沉积特征条件下夹层的存在对水驱有效流动的影响，在注水井钻遇夹层条件下，分析了均质储层、正韵律储层和反韵律储层的流线分布特征及饱和度变化规律。三类储层的基本物性参数如表 3-7 所示。

表 3-7　注水井钻遇夹层储层有效驱动单元模型参数

储层类型	层数	单层厚度/m	渗透率级差	井网类型
均质储层	3	5	0	五点井网
正韵律储层	3	5	5	五点井网
反韵律储层	3	5	5	五点井网

1) 均质条件下注水井钻遇夹层

均质条件下，影响驱替单元内流动单元的因素主要是夹层和重力。从图 3-46 中可以看出，夹层钻遇储层条件下，含夹层侧夹层上下两部分不连通，贴近夹层处形成片状剩余油，并且靠近夹层位置流线稀疏，可知夹层的存在阻碍了水驱的波及，导致驱油效率降低；不含夹层侧水驱效果比含夹层侧好，并且注入水会绕过夹层向含夹层侧流动,因此可知夹层的存在导致储层压力势重新分布,进而导致剩余油生成。由于储层渗透率在纵向上均匀分布,重力作用受到夹层遮挡的影响,没有明显的优势通道形成,整体驱油效率相对较高,但在夹层控制范围内会有剩余油产生。

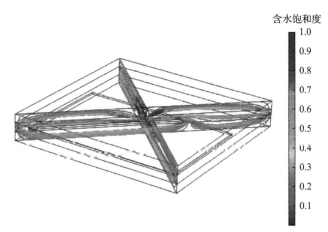

图 3-46　均质条件下五点井网注水井钻遇夹层流线分布图(扫封底二维码见彩图)

2) 正韵律条件下注水井钻遇夹层

正韵律条件下,影响驱替单元内流体流动的因素主要是夹层和韵律。从图 3-47 中可以得出,在注水井钻遇夹层条件下,由于上部储层渗透率较低,流线速度较低,夹层上部流线密度较低,以Ⅳ类有效驱动单元为主,钻遇侧部分流线绕流到夹层下部,使下部储层整体的水驱效果比夹层上部好,但由于夹层大范围的遮挡

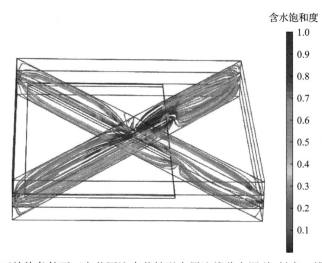

图 3-47　正韵律条件下五点井网注水井钻遇夹层流线分布图(扫封底二维码见彩图)

作用，正韵律储层的特性没有完全展现，夹层下部形成优势渗流通道的时间相比单独的正韵律储层较长，表明夹层的存在一定程度上降低了正韵律性容易形成无效循环的影响。

3）反韵律条件下注水井钻遇夹层

反韵律条件下，储层上部渗透性较好，导致上部储层的驱油效率较高，下部储层因为夹层的遮挡作用，重力对反韵律储层水驱的正效应被截断，使得夹层下部流线速度和流线密度都较低，导致整体的驱油效率降低。从图 3-48 中可以看出，储层上部水淹比较严重，夹层压力势控制区域有片状的剩余油产生。

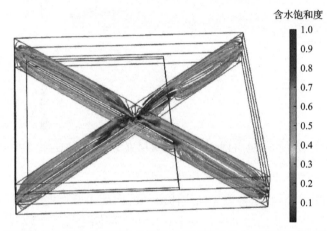

图 3-48　反韵律条件下五点井网注水井钻遇夹层流线分布图（扫封底二维码见彩图）

对比注水井钻遇夹层条件下均质储层、正韵律储层和反韵律储层含水率的最终采收率可知，含水率变化的四个阶段内，反韵律储层的含水率上升速率最慢，整体的采收率最好，达到 36.2%，相比均质储层高 9.37 个百分点；正韵律储层的含水率上升速率最快，储层最终采收率为 30.2%，相比均质储层低 8.76 个百分点，结果如图 3-49 和图 3-50 所示。

3. 注水井未钻遇夹层储层流线及饱和度分布

夹层的分布随着储层沉积年代和沉积特征表现出不规则性，在注水开发中，为了减小水平夹层对开发的影响，钻井过程中通常会远离夹层。模型参数如表 3-8 所示。图 3-45 为注水井未钻遇夹层示意图，基于该模型利用有效驱动单元理论分析了储层流线和含水饱和度分布情况，如图 3-51 所示。

由图 3-51 可知，当注采井未钻遇夹层时，靠近注水井一侧压力势聚集，流线密度最大，该区域最早从 Ⅱ 类有效驱动单元转换成 Ⅰ 类有效驱动单元，在靠近油

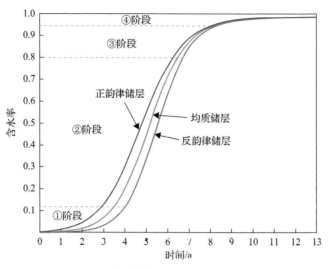

图 3-49　反韵律条件下五点井网含水率对比

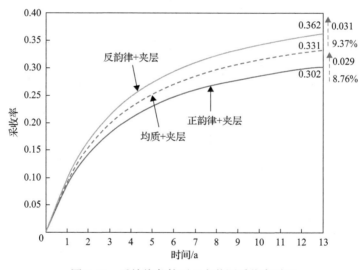

图 3-50　反韵律条件下五点井网采收率对比

表 3-8　注水井未钻遇夹层储层有效驱动单元模型参数

夹层尺寸(长×宽×高)/(m×m×m)	渗透率/mD	孔隙度	井距/m	束缚水饱和度
80×150×2	100	0.23	200	0.34

残余油饱和度	地层压力/MPa	注入压力/MPa	井底流压/MPa	层数
0.21	11.4	14	5	3

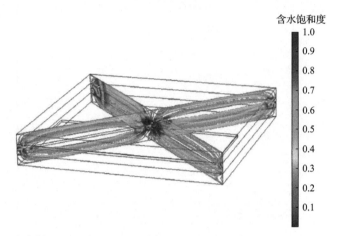

图 3-51　正韵律条件下注水井未钻遇夹层的流线及含水饱和度分布(扫封底二维码见彩图)

井侧流线较稀疏，以Ⅳ类有效驱动单元为主，并且随着Ⅰ类有效驱动单元范围趋于稳定，靠近油井的区域形成块状剩余油；当注采井钻遇夹层时，注采势与夹层控制势发生重叠，流线在夹层两端的密度最高，流线随着压力势的分布在夹层两端发生绕流，导致水驱流线密度较低，夹层控制区内形成大片剩余油，夹层绕流的产生使储层的含水率上升更快，导致注采单元内的有效驱替时间更短，结果如图 3-52 所示。同时由图 3-53 对比可得夹层钻遇条件比夹层未钻遇条件的储层采收率低 4.8 个百分点左右。

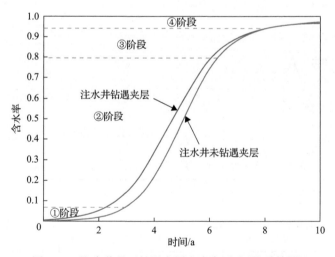

图 3-52　注水井是否钻遇夹层含水率对比(均质储层)

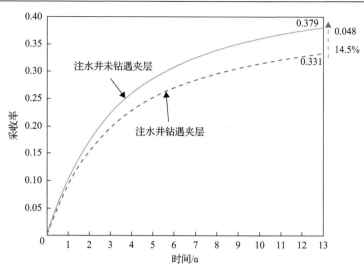

图 3-53　注水井是否钻遇夹层采收率对比(均质储层)

第4章　均质储层驱替单元与油水分布规律

4.1　均质储层水驱驱替单元的划分

4.1.1　水驱模拟参数及方法

通过对北三西区块 S_{II}^{1-2} 小层不同沉积相(图 4-1)平均渗透率的统计(表 4-1)，河道相占比大、物性好，具有代表性，因此，以河道相孔隙度、渗透率、饱和度及相对渗透率曲线为基础进行模拟。

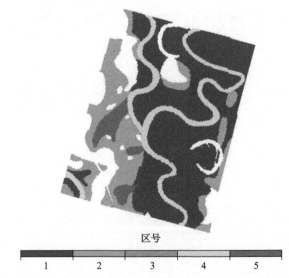

区号

1	2	3	4	5

图 4-1　北三西区块 S_{II}^{1-2} 小层不同沉积相(扫封底二维码见彩图)

表 4-1　不同沉积相所占比例

	区号				
	1	2	3	4	5
沉积相	河道	河间砂	岸后沼泽	末期河道	决口扇
平均渗透率/mD	690.93	225.79	0	374.41	465.85
网格数	175316	72330	91788	24240	13126
比例/%	46.53	19.20	24.36	6.43	3.48

抽提出典型井组 B3-D5 中的一个注采单元 B3-D5-38/B3-D5-39（图 4-2），对其进行模拟，注采单元间的渗流区域位于河道相，渗透率变化不大，可以近似看作均质储层，研究其水驱过程中有效驱动单元的划分及油水分布规律。

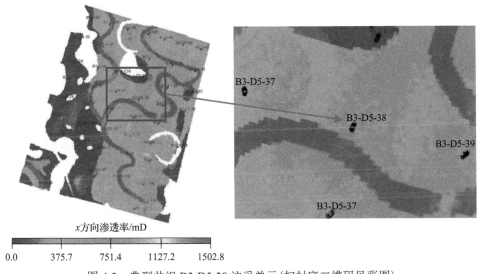

图 4-2　典型井组 B3-D5-38 注采单元(扫封底二维码见彩图)

1. 基本假设

根据两相渗流的特点，模型分为见水前、见水后两个阶段，假设如下：

(1)忽略重力与毛细管力影响；

(2)反五点井网理想模型产量平均劈分,以分流线的位置确定注采单元的控制区域；

(3)注入水通过不同的流管将油驱替出来,流体流动符合达西定律；

(4)流管与流管间没有物质交换；

(5)单根流管中流体的流动符合一维不稳定驱替理论与油水两相渗流理论。

2. 基本参数

生产制度为恒速注水定液生产，注水量与产液量均为 $50m^3/d$，井距 200m，地层渗透率为 690.93mD，孔隙度为 0.3，地层有效厚度为 10m，束缚水饱和度为 0.2，残余油饱和度为 0.32，原油的黏度为 10mPa·s，水的黏度为 1mPa·s。

对相对渗透率曲线[图 4-3(a)]采用多项式拟合。

4.1.2　驱替单元划分结果及油水分布规律

利用流线簇方程对含水饱和度进行表征,不同的颜色表示不同的含水饱和度,

其中蓝色表示 $1–S_{or}$、绿色表示含水饱和度为 0.44、红色表示束缚水饱和度。选取了初始时刻、油井见水时刻(690d 油井见水)、Ⅰ类驱动单元产生时刻(4188d)和含水率达到 98%时刻(5255d)对平面饱和度分布进行表征(图 4-4)。

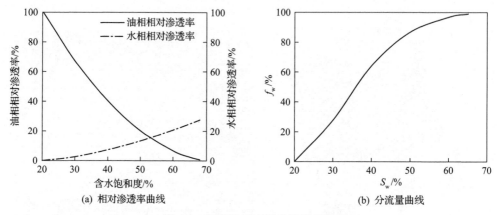

(a) 相对渗透率曲线　　　　　　　(b) 分流量曲线

图 4-3　相对渗透率及分流量曲线

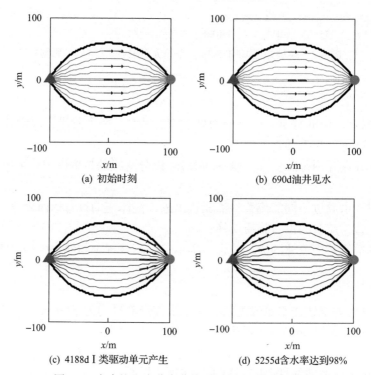

(a) 初始时刻　　　　　　　　　(b) 690d油井见水

(c) 4188dⅠ类驱动单元产生　　　　　　(d) 5255d含水率达到98%

图 4-4　含水饱和度分布曲线(扫封底二维码见彩图)

　　代入反五点井网基本参数计算注水井无效驱半径，设 $d = 100$m(d 为流线上 x_1 与 x_2 之间的距离)、$f_w(S_L) = 0.98$(f_w 为含水率；S_L 为 $x=L$ 处的含水饱和度)、

$f_w(S_{w1})=1$（S_{w1} 为 x_1 处的含水饱和度）、$S_L=0.6$、$\overline{S}_w=0.68$（$\overline{S}_w$ 为流线上任意两点 x_1 与 x_2 之间平均含水饱和度），无效驱半径为 $L=2d\dfrac{f_w(S_L)-f_w(S_{w1})}{S_L-\overline{S}_w}=50$。

模型追踪了四个开发阶段，初始时刻、油井见水时刻、Ⅰ类驱动单元产生时刻、综合含水率达到 98%时有效驱动单元的分布，通过 Matlab 编程，利用流线簇方程进行二维可视化表征(图 4-5)。

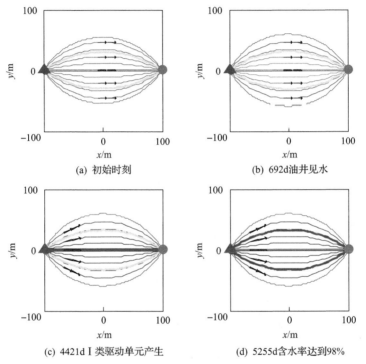

图 4-5　有效驱动单元流线模型平面表征示意图(扫封底二维码见彩图)

蓝色流线内-Ⅰ类驱动单元；黄色流线与蓝色流线间-Ⅱ类驱动单元(有效驱动单元)；边缘红色流线与黄色流线间-Ⅳ类驱动单元(有效驱动单元)

注水 4188d 前，以高速流动无效驱为特点的Ⅰ类驱动单元并未产生，注采单元间流动区域只存在有效驱动单元[Ⅱ类(高速流动有效驱)、Ⅳ类(低速流动有效驱)]；当Ⅰ类驱动单元(高速流动无效驱)产生后，在综合含水率上升到 98%之前，同时存在Ⅰ类(高速流动无效驱)、Ⅱ类(高速流动有效驱)、Ⅳ类(低速流动有效驱)三类驱动单元，Ⅰ类驱动单元会迅速扩大；当综合含水率达到 98%时，Ⅱ类驱动单元(高速流动有效驱)消失，此时储层中只存在第Ⅰ、Ⅳ类驱动单元与死油区(图 4-6)。

根据均质储层水驱过程中有效驱动单元的分布，研究均质储层的油水分布规律：开发后期，剩余油主要富集在Ⅳ类驱动单元(有效驱动单元)中，但此区域驱动能量不足，为低速流动驱(表 4-2)，以反五点井网为例，该区域面积占 46.3%却只贡献了 38.3%的流量；而Ⅰ类驱动单元产生后，油田存在严重的无效注水循环，使水驱波及范围减小。挖潜对策应为Ⅰ类驱动单元控水，扩大波及体积，Ⅳ类驱动单元(有效驱动单元)增油。

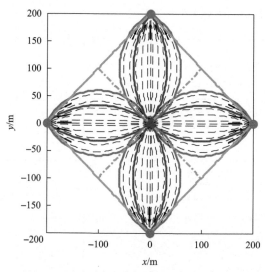

图 4-6　反五点井网综合含水率 98%时刻流线模型平面示意图(扫封底二维码见彩图)

表 4-2　高速流动驱与低速流动驱的划分

驱动单元	位置	与主流线所呈角度/(°)	驱动单元特征
Ⅰ、Ⅱ类	黄色流线内部	0～16.7	高速流动驱
Ⅲ、Ⅳ类	红线与黄色流线间	16.7～31	低速流动驱
死油区	红色流线外	31～45	未波及区

对反五点井网的有效驱动单元进行表征，利用坐标变换将注采单元转换为反五点井网，综合含水率达到 98%的时刻，均质储层水驱后有效驱动单元的平面位置如图 4-7 所示，蓝色流线内部为Ⅰ类驱动单元，蓝色流线与红色流线间为Ⅳ类驱动单元(有效驱动单元)。

模型中的面积波及系数是通过 2.2.2 节的方法求取的，通过理论模型或利用油田经验公式求取面积波及系数，其不能反映水驱过程中波及范围动态变化的过程。因此，将模型计算的流线含水饱和度及不同时刻的流度比赋值于 2.2.2 节，通过修正后的公式求解不同时刻的面积波及系数，研究渗流区域外边界变化。

修正后的平面饱和度分布模型通过坐标变换进行反五点井网流线模型的平面表征，得到反五点井网的流线模型平面示意图。

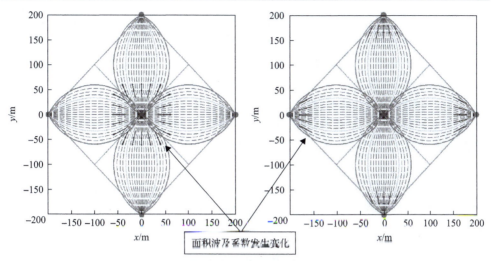

图 4-7　反五点井网流线模型平面示意图(扫封底二维码见彩图)

模拟全过程中,渗流区域外边界(红线)角度变化了 2.04°,平均为 0.002°/d(图 4-7),面积波及系数相应变化了 8.73%,平均每天变化万分之 0.8,故从平面示意图上看这种变化并不明显。

当含水率达到 98%时,反五点井网的有效驱动单元分布如图 4-8 所示,图中蓝色区域为 I 类驱动单元,其特点为区域含水率高于 98%,此时注 50m^3 水仅能采 1m^3 油,为无效驱动;橘黄色区域为 IV 类驱动单元,为低速流动有效驱,一单位驱替面积产量不足一单位流量,为低速流动有效驱;红色区域为未波及区域,此时剩余油主要富集在橘黄色代表的有效驱动单元(IV 类驱动单元)与死油区中。

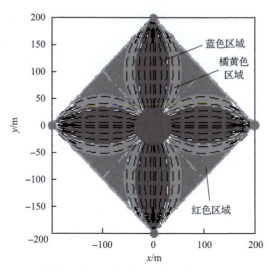

图 4-8　反五点井网有效驱动单元示意图(扫封底二维码见彩图)

　　通过统计不同类型驱动单元存在时期的可动油饱和度(表 4-3),研究油水分布规律。注水 4188d 前,只存在有效驱动单元,即高速流动有效驱与低速流动有效驱(Ⅱ、Ⅲ类驱动单元),此时以高速流动无效驱为特点的Ⅰ类驱动单元并未产生,渗流区域均为有效驱动,可动油饱和度迅速降低至 41.45%,是油井上产阶段;然而,当Ⅰ类驱动单元(高速流动无效驱)产生后至油井报废前,采油速度明显降低,可动油饱和度仅降低了 0.87 个百分点,此时储层中同时存在着Ⅰ类、Ⅱ类与Ⅲ类驱动单元,当综合含水率达到 98% 时,Ⅱ类驱动单元(高速流动有效驱)消失,此时只存在第Ⅰ类驱动单元、Ⅲ类驱动单元(有效驱动单元),注入水大部分从Ⅰ类驱动单元(高速流动无效驱)突进至油井,剩余油主要分布在Ⅳ类驱动单元(低速流动有效驱)中,然而,无效循环的存在与驱动能量的不足决定了剩余油挖潜困难。

表 4-3　驱动单元动态划分结果　　　　　　(单位：%)

阶段	可动油饱和度	驱动单元分类			
		Ⅰ类	Ⅱ类	Ⅲ类	Ⅳ类
油井见水前	50～29.5	N	Y	Y	N
油井见水后至Ⅰ类驱动单元产生前	29.5～8.55	N	Y	Y	N
Ⅰ类驱动单元产生后至全区综合含水率达到 98%	8.55～7.68	Y	Y	Y	N
全区综合含水率达到 98%	7.68	变为Ⅰ类		Y	N
可动油饱和度统计/%		7.17		8.48	0

注：N 表示不存在；Y 表示存在。

　　油田进入高含水阶段后,Ⅰ类(高速流动无效驱)会迅速产生并扩展,当其覆盖整个高速流动驱时,油井必然会报废。因此,Ⅰ类驱动单元产生(4188d)前应及时对主流线方向进行堵水调剖或置胶成坝,防止无效注水循环产生,扩大波及范围,提高采收率。

　　模拟得到油井含水率变化曲线。由图 4-9 可知,注水 692d 油井见水,4188d 主流线无效驱动产生,5255d 反五点井网一个注采单元控制区域的综合含水率达到 98.2%,计算终止。

　　分析不同类别驱动单元含水率变化(图 4-10)。对于均质地层,整个开发过程只存在三类驱动单元,分别为Ⅰ类(高速流动无效驱)、Ⅱ类(高速流动有效驱)和Ⅳ类(低速流动有效驱)。通过不同驱动单元含水率曲线的对比(图 4-10),Ⅱ类驱动单元见水后含水率上升快,4343d 时,Ⅰ类驱动单元(高速流动无效驱)产生后,其含水率上升率明显降低并趋于平稳,最终,Ⅰ类驱动单元覆盖整个高速流动驱,Ⅱ类驱动单元(有效驱动单元)消失;Ⅳ类驱动单元(低速流动有效驱)含水率曲线明显滞后于全区综合含水率曲线，810d 水驱前缘突破，滞后全区综合含水率曲线 118d，当Ⅰ类驱动单元产生后，含水率稳定在 90%左右，由于其属于低速流动驱，对产量贡献不大，是开发后期挖潜的目标区域。

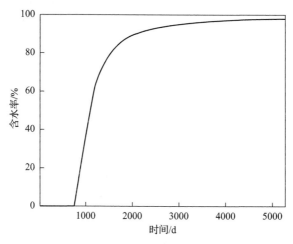

图 4-9　油井含水率变化曲线

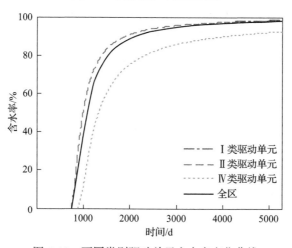

图 4-10　不同类别驱动单元含水率变化曲线

由不同类别驱动单元含水率上升速率变化曲线(图 4-11)可知：Ⅰ类驱动单元(高速流动无效驱)产生后，其含水率上升速率有别于Ⅱ、Ⅳ类驱动单元，值趋近于 0 且基本保持不变，有效驱动单元(Ⅱ、Ⅳ类驱动单元)及全区含水率上升速率呈正态分布，Ⅱ类驱动单元(高速流动有效)含水率上升速率(图 4-11)峰值出现最早，由于其位于主流线附近区域，压力梯度大，能量充足，含水率上升最快，全区综合含水率上升速率位于Ⅱ、Ⅳ类驱动单元之间，Ⅳ类驱动单元含水率上升速率峰值出现最晚，当Ⅰ类驱动单元产生时，含水率上升速率均趋近于 0，表明无效驱动产生后，有效驱动单元的含水率趋于恒定，此时波及范围不再扩大，注入水主要由Ⅰ类驱动单元突进至油井。

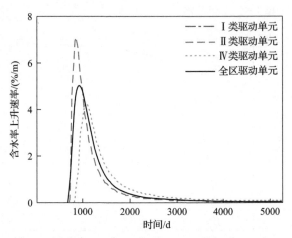

图 4-11　不同类别驱动单元含水率上升速率变化曲线

　　流度比的大小直接影响注入工作剂的波及系数，进而影响原油采收率。不同类别有效驱动单元流度比变化的研究结果表明(图 4-12)，高速流动驱比低速流动驱的平均流度比上升快，当无效驱动产生时，Ⅰ类驱动单元(高速流动无效驱)的平均流度比高于Ⅱ类(高速流动有效驱)，由于Ⅰ类驱动单元逐渐占据Ⅱ类驱动单元，Ⅱ类驱动单元平均流度比上升速度减缓，但Ⅳ类驱动单元(低速流动有效驱)的平均流度比仍最低。因此，有效驱动单元(Ⅳ类驱动单元)中剩余油的产生是由于驱动能量不足，故应采取改变液流方向的方法挖潜Ⅳ类单元剩余油提高采收率。

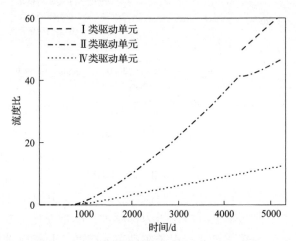

图 4-12　不同类别有效驱动单元流度比变化

4.1.3 均质储层水淹特征及油水分布规律

根据不同水淹级别的识别方法，研究油田开发过程中的水淹特征，结合流线模型，得到反五点井网水淹识别图（图 4-13），选取较强水淹、强水淹、特强水淹三个水淹级别进行表征，模拟结果（表 4-4）表明，999d 主流线较强水淹，1299d 主流线强水淹，1762d 主流线特强水淹，5255d 含水率达到极限含水率 98%，模拟结束，此时整个流动区域水淹程度全部为较强水淹，油井报废。

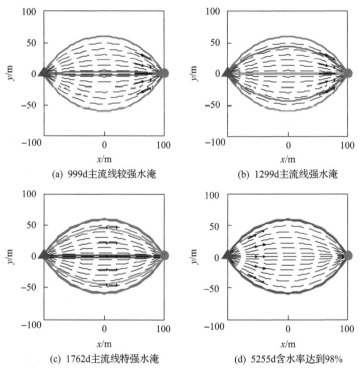

(a) 999d主流线较强水淹   (b) 1299d主流线强水淹

(c) 1762d主流线特强水淹   (d) 5255d含水率达到98%

图 4-13 反五点井网水淹识别图（扫封底二维码见彩图）

表 4-4 水淹级别计算结果

	较强水淹	强水淹	特强水淹
形成时间/d	999	1299	1762
平均含水饱和度/%	38～46	46～52	大于 52
含水率/%	60～80	80～90	大于 90

以不同水淹区域占比为横坐标、含水率为纵坐标，绘制水淹特征曲线（图 4-14），由曲线可知，含水率为 40% 时较强水淹区域形成，随着水淹范围的扩展，综合含

水率迅速上升；含水率为 70% 时，强水淹区域形成；含水率为 85% 时，特强水淹区域形成。模拟结果表明，在含水率并不高的开发中期，强水淹区域就已经形成，随着含水率继续上升，强水淹区域会迅速占据整个流动区，因此在开发中期，全区含水率达到 40% 之前，就应该采取调整措施，防止优势通道形成。

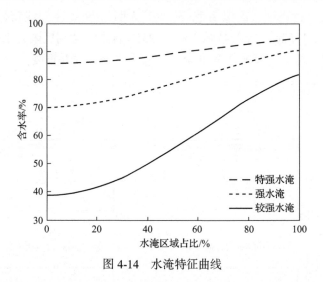

图 4-14　水淹特征曲线

基于平面饱和度分布模型，计算不同水淹级别区域占比，由图 4-15 可知：注水 1299d 较强水淹区域形成；1762d 强水淹区域形成，此时较强水淹区域占比为 78%，由于强水淹区域的发展，较强水淹区域逐渐缩小；2155d 特强水淹区域形成，此时层内同时存在较强水淹（占比 39%）、强水淹（占比 60%）和特强水淹（占比 1%）三个区域；注水 3663d 较强水淹消失，3663d 渗流区域为特强水淹区所占据。

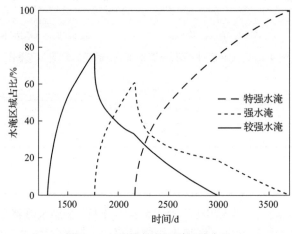

图 4-15　不同水淹级别区域占比

利用流线簇方程对不同水淹级别进行表征，不同的颜色表示不同的含水饱和度，其中蓝色表示 $1-S_{or}$、绿色表示含水饱和度为 0.44、红色表示束缚水饱和度。选取了较强水淹、强水淹、特强水淹形成时刻和含水率达到 98%模拟结束时刻对平面不同水淹级别进行表征(图 4-16)。

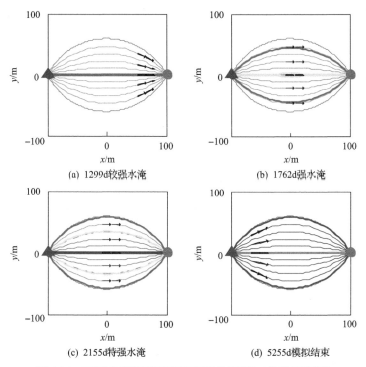

图 4-16　不同水淹级别识别示意图(扫封底二维码见彩图)

蓝色流线内-特强水淹区域；黄色流线内-强水淹区域；玫红色流线内-较强水淹区域；边缘红色流线-流动边界

模拟结果表明，1762d 当注采单元间形成强水淹的时刻，渗流区域大部分为较强水淹占据，2155d 当特强水淹区域形成时，渗流区域大部为强水淹区占据，因此，较强水淹形成前就应该采取必要的调堵措施，防止强水淹区的形成，从而形成严重的低效无效注水循环。

4.2　均质储层聚合物驱驱替单元的划分

4.2.1　聚合物驱模拟参数及方法

对反五点井网中的一注一采单元进行计算，生产制度为恒速注水定液生产，注水量与产液量均为 200m³/d，单井日产液量为 50m³，井距为 200m，地层渗透率为 100mD，孔隙度为 0.3，地层有效厚度为 10m，束缚水饱和度为 0.2，残余油饱和度为 0.215，原油的黏度为 10mPa·s，聚合物浓度为 400mg/L，聚合物溶液黏度为 10mPa·s。

聚合物注入浓度影响聚合物溶液的黏度，进而改变流度比，提高波及范围，最终达到提高采收率的目的。因此，利用现场提供的聚合物黏浓曲线(图 4-17)，作为理想模型聚合物驱有效驱动单元划分的基础参数。

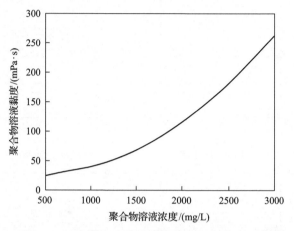

图 4-17　聚合物溶液黏度随聚合物溶液浓度的关系

随着聚合物溶液浓度的增大，聚合物溶液的黏度逐渐增大，当聚合物溶液浓度从 500mg/L 增大到 3000mg/L 时，聚合物溶液的黏度从 24.3mPa·s 增加到 262.8mPa·s。

根据 2.1.3 节将聚合物驱渗流数学模型分为了前期水驱、聚合物驱和后期水驱三个阶段，模拟聚合物驱的相对渗透率曲线(图 4-18)。

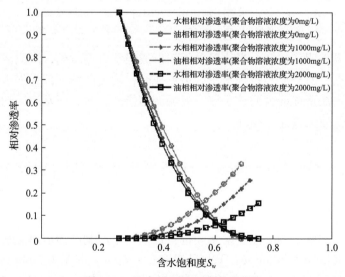

图 4-18　聚合物驱相对渗透率曲线

由图 4-18 相对渗透率曲线可以看出，水驱时残余油饱和度最大，随着聚合物溶液浓度的增大，等渗点右移，两相共流区变大，残余油饱和度减小，水相相对渗透率有所降低，油相相对渗透率有所降低。当聚合物溶液浓度达到 2000mg/L 时，残余油饱和度下降到 19.8%。

4.2.2　驱替单元划分结果及油水分布规律

注聚时机选择为含水率达到 95%、水驱 3155d 时，注聚速度为 0.15PV/a，注聚 PV 数为 0.42PV，含水率达到 98% 时模拟终止；油井含水率变化曲线如图 4-19 所示。注水 690d 油井见水，5671d I 类驱动单元(高速流动无效驱)产生，5943d 注采单元的综合含水率达到 98%，计算终止。

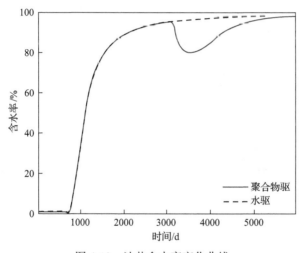

图 4-19　油井含水率变化曲线

从聚合物驱计算模型模拟结果看，聚合物驱后，I 类驱动单元(高速流动无效驱)的形成延后 1483d，开发时间延长了 688d(表 4-5)。

表 4-5　水驱/聚驱驱动单元形成状态　　　　　　(单位：d)

	见水	I 类驱动单元产生	含水率达到 98%
水驱	692	4188	5255
聚合物驱	692	5671	5943

与水驱相比(表 4-5，表 4-6)，聚合物驱 I 类驱动单元存在时间仅是水驱时的 25.5%，范围是水驱的 85.9%(图 4-20)，聚合物驱可以有效抑制无效驱动的产生与发展，扩大波及范围，提高采收率。

表 4-6　水驱/聚驱驱动单元划分状态　　　　　　　　（单位：%）

	波及范围	高速流动驱	Ⅰ类驱动单元(高速流动无效驱)
水驱	59.39	35.04	36
聚合物驱	60.67	35.8	30.93
变化	1.28	0.76	5.07

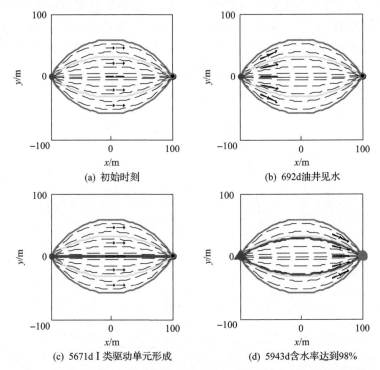

(a) 初始时刻　　　　　　　　　　(b) 692d油井见水

(c) 5671dⅠ类驱动单元形成　　　　　(d) 5943d含水率达到98%

图 4-20　有效驱动单元流线模型平面表征示意图(扫封底二维码见彩图)

蓝色流线内-Ⅰ类驱动单元；黄色流线与蓝色流线间-Ⅱ类驱动单元(有效驱动单元)；边缘红色流线与黄色流线间-
Ⅳ类驱动单元(有效驱动单元)

对厚油层高含水期聚合物驱的模拟(图 4-21)表明，聚合物驱可有效减少死油区的面积，提高面积波及体积1.28%，同时聚合物驱增加了0.76%的流动区范围，减小Ⅰ类驱动单元(高速流动无效驱)范围 5.07%，相比水驱，聚合物驱主要起到了抑制Ⅰ类驱动单元的产生与发展，挖潜Ⅱ类驱动单元(有效驱动单元)中的剩余油的作用。聚合物驱的控水区为Ⅰ类驱动单元，增油区为Ⅱ类与Ⅳ类驱动单元(有效驱动单元)。

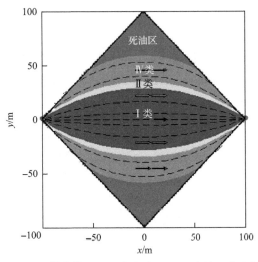

图 4-21　聚合物驱后油藏废弃时的驱动单元分布图

4.3　均质储层聚合物驱浓度对驱动单元的影响

4.3.1　不同浓度聚合物驱驱动单元划分结果

聚合物段塞注入油藏后产生的一个直接结果就是改善了高渗透率水淹层段中的水、油流度比，增加了油流分数，加速了对原油的开采，增加了高渗透率水淹层段中的实际驱油效率。当然，驱油效率的提高将是有限的，因为聚合物不能降低油、水界面张力，它的注入不可能降低残余油饱和度，而只能将驱油效率提高到接近或达到极限驱油效率，绝不可能超过极限驱油效率。聚合物注入的另一个重要结果是随着高渗透率水淹层段中流体总流度的降低，因低渗透率层段中聚合物注入量少，对其中流体总流度不致产生实质性的影响，因而低渗透率层段中的相对吸液量将逐渐增加。特别是在转注清水时，高渗透率层段中流体总流度已下降至最低值，低渗透率层段的相对吸液量也将达到最大值。这时由低渗透率层段中采出的是无水原油，因而将导致油层采出液中含水率大幅度下降，使油层采收率急剧增加。随着清水的不断注入，高渗透率水淹层段中流体总流度又不断升高，低渗透率层段中的采油速度又不断减缓，采出液中含水率重新上升，直至达到采油经济所允许的极限含水率阶段。

通过对不同浓度聚合物驱油四类驱动单元的划分，研究聚合物浓度对有效驱动单元产生及演变的影响，分析 I 类驱动单元(高速流动无效驱)的产生及分布，研究开发矛盾产生的原因，揭示油水分布规律，为后期调整提供理论依据[86-88]。

1. 计算参数选取

根据大庆油田现场聚合物驱实践，模型选择的聚合物浓度为 1000mg/L、1500mg/L、2000mg/L，根据实验室测得的聚合物黏浓曲线(图 4-17)、后期水驱相对渗透率曲线(图 4-3)对模型参数进行赋值。

水驱相对渗透率曲线如图 4-22 所示，为了计算方便，采用多项式拟合。

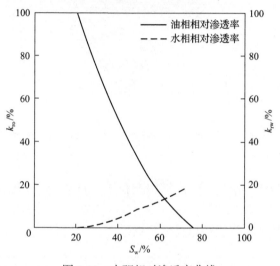

图 4-22　水驱相对渗透率曲线

2. 计算结果及油水分布规律

通过不同浓度聚合物驱含水率曲线的对比(图 4-23)，注水 692d 油井见水，采用 1000mg/L 聚合物驱，5272d Ⅰ类驱动单元产生，267d 后含水率达到 98%，计算终止；采用 1500mg/L 聚合物驱，5165d Ⅰ类驱动单元产生，715d 后含水率达到 98%，计算终止；采用 2000mg/L 聚合物驱，5163d Ⅰ类驱动单元产生，789d 后含水率达到 98%，计算终止。

通过对不同浓度聚合物驱含水率曲线的对比(表 4-7)，随着聚合物浓度的升高，含水率降低幅度增大，见效期增长，1000mg/L 聚合物驱含水率下降了 12.38 个百分点，1500mg/L 聚合物驱含水率下降了 16.33 个百分点，2000mg/L 聚合物驱含水率下降了 19.33 个百分点，含水率达到 98%的时间分别为 5539d、5880d、5952d。

1)聚合物浓度 1000mg/L

1000mg/L 聚合物驱与水驱相比Ⅰ类驱动单元(高速流动无效驱)产生时间延后了 1084d，高速流动无效驱存在时间仅是水驱时的 25.0%，范围是水驱的 72%(图 4-24)。

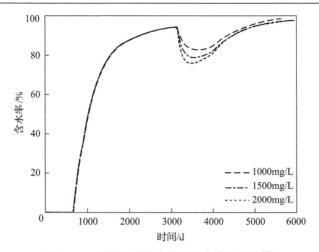

图 4-23 不同浓度聚合物驱含水率变化曲线

表 4-7 不同聚合物浓度下驱动单元划分对比

阶段	见水/d	Ⅰ类驱动单元产生/d	油井报废时无效驱动控制范围/%	含水率达到 98%/d
水驱	692	4188	59.39	5255
1000mg/L 聚合物驱	692	5272	42.7	5539
1500mg/L 聚合物驱	692	5165	40.9	5880
2000mg/L 聚合物驱	692	5163	27.9	5952

2) 聚合物浓度 1500mg/L

1500mg/L 聚合物驱油与水驱相比Ⅰ类驱动单元 (高速流动无效驱) 产生时间延后了 977d, 高速流动无效驱存在时间仅是水驱时的 67%, 范围是水驱的 69%, 与浓度 1000mg/L 聚合物驱相比, Ⅰ类驱动单元产生更晚, 范围更小, 存在时间更短 (图 4-25)。

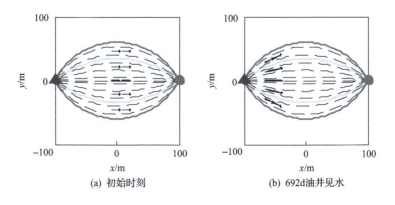

(a) 初始时刻　　　　　　　(b) 692d油井见水

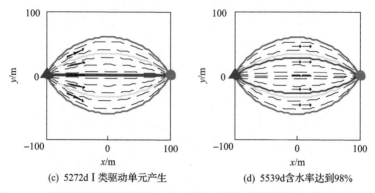

(c) 5272d Ⅰ类驱动单元产生　　　　　　(d) 5539d含水率达到98%

图 4-24　有效驱动单元流线模型平面表征示意图（聚合物浓度为 1000mg/L）

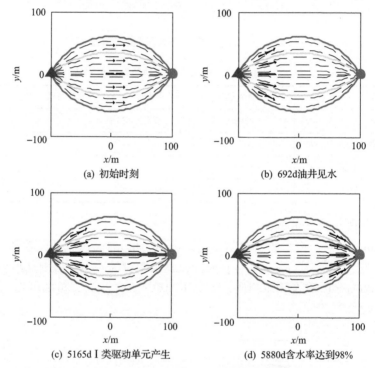

(a) 初始时刻　　　　　　　　　　(b) 692d油井见水

(c) 5165d Ⅰ类驱动单元产生　　　　　　(d) 5880d含水率达到98%

图 4-25　有效驱动单元流线模型平面表征示意图（聚合物浓度为 15000mg/L）

（扫封底二维码见彩图）

3）聚合物浓度 2000mg/L

与水驱和其他浓度聚合物驱相比，2000mg/L 聚合物驱与水驱相比Ⅰ类驱动单元（高速流动无效驱）产生时间延后了 975d，高速流动无效驱存在时间仅是水驱时的 73.9%，范围是水驱的 47%，其存在时间及影响范围虽然继续减小，但降低幅度减小（图 4-26）。因此，高含水期厚油层聚合物浓度是影响有效驱动单元分布的重要因素，决定了 4 类驱动单元的范围及大小，聚合物驱抑制了Ⅰ类驱动单元高速流动无效驱的产生，扩大了有效驱动单元（Ⅱ类高速流动有效驱）的范围，提高了采收率。

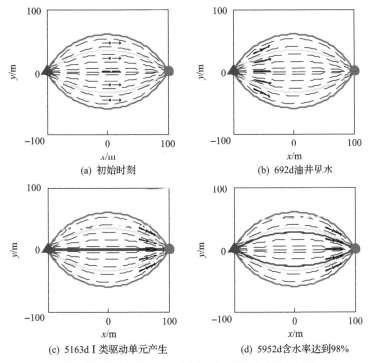

图 4-26 有效驱动单元流线模型平面表征示意图（聚合物浓度为 2000mg/L）

（扫封底二维码见彩图）

4.3.2 不同浓度聚合物驱油水分布规律

本节通过研究不同类别驱动单元的单位面积产油贡献率、含水率及含水上升速度，分析聚合物驱对有效驱动单元的影响，揭示油水分布规律，为开发调整提供依据。

1. 不同注聚浓度下驱动单元单位面积产油贡献率

首先，为表征四类驱动单元驱油效率的高低，定义产油贡献率。

产油贡献率 θ_0 为流线扫过渗流区域内的产油量占总产油量的百分比，其大小反映了不同渗流区域对油井产油量的贡献程度。然而，由于驱替面积的不同，产油贡献率并不能直观地反映四类驱动单元驱油效率的大小及变化，类比流量非均匀分布导函数曲线，通过单位面积产油贡献率来表征研究 4 类流动单元对油井产量的贡献。

计算水驱过程中单位面积产油贡献率的变化（图 4-27）可知，进入高含水期的厚油层，尤其无效驱动产生后，Ⅳ类驱动单元(有效驱动单元)的单位面积产油贡献率大于 1.0，表明此时油井的产量中大部分来自Ⅳ类驱动单元(低速流动有效驱)，Ⅱ类驱动单元(有效驱动单元)的单位面积产油贡献率逐渐变大，但增长速率逐渐减小，在无效循环演变的整个过程中逐渐趋近于 1.0，这是由于Ⅰ类驱动单元(高速流动无效驱)的扩大减小了Ⅱ类驱动单元在驱油中的贡献。虽然Ⅰ类驱动单元面积逐渐增加，但其对驱油的贡献基本保持不变，单位面积产油贡献率小于 1.0，在枯荣线之下，对产量贡献较小，而其控制范围的扩大又使有效驱动单元(Ⅱ类高速流动有效驱)受到了影响。

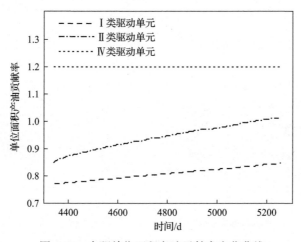

图 4-27　水驱单位面积产油贡献率变化曲线

　　由水驱、聚合物驱Ⅰ类驱动单元产生后的单位面积产油贡献率变化曲线的对比可知(图 4-27～图 4-30)，聚合物驱时，无效驱动产生后，Ⅳ类驱动单元(有效驱动单元)的单位面积产油贡献率在枯荣线 1.0 之上，证明其为开发后期产量的主要贡献单元，水驱时Ⅳ类驱动单元的单位面积产油贡献率值为 1.2，聚合物驱后的Ⅳ类驱动单元的单位面积产油贡献率值在 1.5 之上，逐渐增大，证明聚合物驱对改善低速流动有效驱的驱油效率具有明显的效果，同时防止了Ⅲ类驱动单元(低速流动无效驱)的产生。对于Ⅱ类驱动单元(有效驱动单元)，水驱、聚合物驱的单位面积产油贡献率基本都在 0.8～1.0，低于枯荣线，呈非线性增长，增加速度逐渐减小，聚合物驱较水驱变化更小，对于Ⅰ类驱动单元(高速流动无效驱)，聚合物驱后的单位面积产油贡献率减小，证明了聚合物驱在一定程度上改善了长时间水驱后引发的水窜，随着聚合物浓度升高，Ⅰ类驱动单元(高速流动无效驱)范围减小，驱油的主体由能量充足、渗流阻力小、同为高速流动驱的Ⅰ类、Ⅱ类驱动单元向低速流动驱的Ⅳ类扩展。综上，注聚的作用在Ⅰ类驱动单元起到了控水的作用，在Ⅱ类与Ⅳ类驱动单元起到了增油的作用，最终达到了提高采收率的目的。

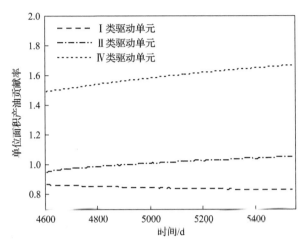

图 4-28　1000mg/L 聚合物驱单位面积产油贡献率变化曲线

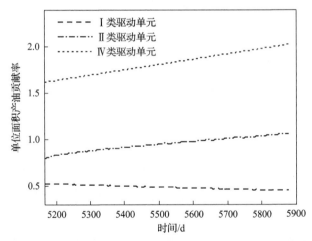

图 4-29　1500mg/L 聚合物驱单位面积产油贡献率变化曲线

不同浓度聚合物(1000mg/L、1500mg/L、2000mg/L)驱油模拟结果(图 4-28、图 4-29、图 4-30)表明，Ⅳ类驱动单元(有效驱动单元)的单位面积产油贡献率的值均在 1.0(枯荣线)之上，随聚合物浓度的增加而增加，最终分别为 1.66、2.02、2.2，证明其是开发后期油井产量主力贡献区，Ⅱ类驱动单元(有效驱动单元)单位面积产油贡献率变化曲线形态均呈非线性增加，增幅逐渐减小，值均在 1.0(枯荣线)以下，表明其在开发后期油井产量中的贡献小于Ⅳ类驱动单元，为非主力贡献区。随着聚合物驱浓度的增加减小了Ⅰ类驱动单元(高速流动无效驱)的面积，同时增加了Ⅳ类驱动单元(低速流动有效驱)对产油的贡献。

因此，聚合物驱过程中，聚合物浓度与地层的配伍性决定了聚合物驱效果的

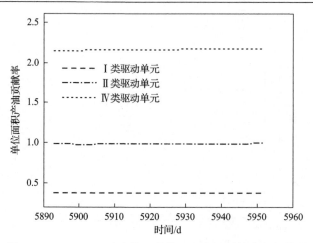

图 4-30　2000mg/L 聚合物驱单位面积产油贡献率变化曲线

好坏，如果剩余油多富集在 Ⅱ 类驱动单元中，采用高浓度聚合物驱较适宜，如果剩余油多富集在 Ⅳ 类驱动单元中，采用低浓度聚合物驱较适宜，曲线斜率随聚合物驱浓度增加而减小，表明聚合物浓度越大越能改善非均质矛盾。对于 Ⅰ 类驱动单元(高速流动无效驱)，单位面积产油贡献率的值均稳定在 0.8、0.5、0.3 左右，均在枯荣线 1.0 以下，随着聚合物浓度的升高其单位面积产油贡献率值降低，证明高浓度聚合物更能抑制 Ⅰ 类驱动单元(无效注水循环驱)的产生与发展，是解决高含水厚油层开发矛盾的有效手段与途径。

2. 不同注聚浓度下驱动单元含水率变化

注聚时机选择在注水开发 3155d，油井的含水率为 95%的时刻，通过模拟注聚 1000mg/L 的聚合物驱过程，整个开发过程只存在三类驱动单元，分别为 Ⅰ 类(高速流动无效驱)、Ⅱ 类(高速流动有效驱)和 Ⅳ 类(低速流动有效驱)。计算不同驱动单元的含水率(图 4-31)，结果表明，Ⅱ 类驱动单元(有效驱动单元)见水后含水率上升快，此时 Ⅰ 类驱动单元(高速流动无效驱)尚未产生。注聚后，Ⅳ 类驱动单元(有效驱动单元)的含水率下降最慢，降幅最小，由 93.6%降低至 84.37%，降幅为 9.23 个百分点；全区综合含水率下降速度次之，由 95%降低至 82.62%，降幅为 12.38 个百分点；Ⅱ 类驱动单元的含水率下降最快，降幅最大，由 95.14%降低至 80.71%，降幅为 14.43 个百分点，后期水驱 4607d 后，Ⅰ 类驱动单元(高速流动无效驱)产生后，Ⅱ 类驱动单元含水率迅速上升，而总体上含水率趋于平稳；Ⅳ 类驱动单元含水率曲线明显滞后于全区综合含水率曲线，914d 水驱前缘突破，滞后全区含水率曲线 224d。

通过分析注聚过程中的驱动单元含水率上升速率(图 4-32)，注聚浓度为 1000mg/L 时，有效驱动单元(Ⅱ 类、Ⅳ 类)及全区综合含水率均会显著降

低，Ⅳ类驱动单元(有效驱动单元)的含水率降低最慢，转入后期水驱后，含水率
均会显著上升。Ⅱ类驱动单元(有效驱动单元)的含水率降低最快，控水效果最好，
在不考虑无效驱动对其影响的前提下，其属于高速流动驱，对产量影响最大，因
此，是聚合物驱挖潜的主要区域。

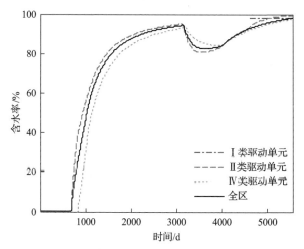

图 4-31　不同类别驱动单元含水率变化曲线(聚合物浓度为 1000mg/L)

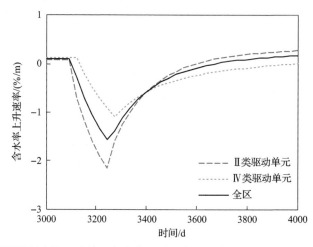

图 4-32　不同类别有效驱动单元含水率上升速率变化曲线(聚合物浓度为 1000mg/L)

注聚时机选择在注水开发 3155d 后，此时油井的含水率为 95%，通过模拟注
聚 1500mg/L 的聚合物驱过程，整个开发过程同样只存在三类驱动单元，分别为
Ⅰ类(高速流动无效驱)、Ⅱ类(高速流动有效驱)和Ⅳ类(低速流动有效驱)。计算
不同驱动单元的含水率(图 4-33)，结果表明，Ⅱ类驱动单元(有效驱动单元)的含
水率下降最快，降幅最大，由 95.14%降低至 76.34%，降幅为 18.8 个百分点，全

区综合含水率下降速度次之，由 95%降低至 78.67%，降幅为 16.33%；Ⅳ类驱动单元的含水率下降最慢，降幅最小，由 93.65%降低至 80.63%，降幅为 13.02%；后期水驱 5165d 后，Ⅰ类驱动单元(无效注水循环)产生后，Ⅱ类驱动单元含水率迅速上升，而总体上含水率趋于平稳；Ⅳ类驱动单元含水率曲线明显滞后于全区综合含水率曲线。

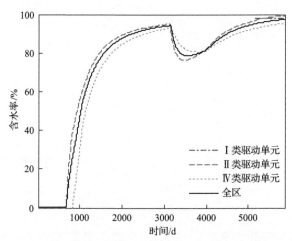

图 4-33　不同类别驱动单元含水率变化曲线(聚合物浓度为 1500mg/L)

通过分析注聚过程中的有效驱动单元含水率上升速率(图 4-34)，注聚浓度为1500mg/L 时，有效驱动单元(Ⅱ类、Ⅳ类驱动单元)及综合含水率均会显著降低，降幅大于注聚浓度为 1000mg/L 的情况，说明高浓度聚合物驱对Ⅱ类驱动单元(有效驱动单元)的控水效果更好。由于Ⅱ类驱动单元属于高速流动驱，对产量影响最大，是聚合物驱挖潜的主要区域。

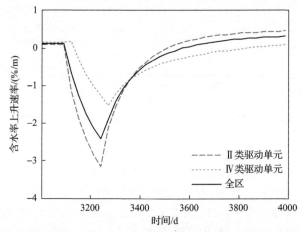

图 4-34　不同类别有效驱动单元含水率上升速率变化曲线(聚合物浓度为 1500mg/L)

　　注聚时机选择在注水开发 3155d 后，此时油井的含水率为 95%，通过模拟注
聚 2000mg/L 的聚合物驱过程，整个开发过程同样只存在三类驱动单元，分别为
Ⅰ类（高速流动无效驱）、Ⅱ类（高速流动有效驱）和Ⅳ类（低速流动有效驱）。计算
不同类别驱动单元的含水率（图 4-35），结果表明，高浓度的聚合物驱主要的降水
作用区域为Ⅱ类驱动单元（有效驱动单元），其含水率下降最快，降幅最大，由
95.14% 降低至 72.92%，降幅为 22.22 个百分点；全区综合含水率下降速度次之，
由 95% 降低至 75.67%，降幅为 19.33 个百分点；Ⅳ类驱动单元（有效驱动单元）的
含水率下降最慢，降幅最小，由 89.75% 降低至 78.17%，降幅为 11.58 个百分点，
后期水驱，Ⅱ类驱动单元含水率迅速上升，5893d 后，Ⅰ类驱动单元（高速流动无
效驱）产生，含水率趋于平稳；Ⅳ类驱动单元含水率曲线明显滞后于全区综合含水
率曲线。

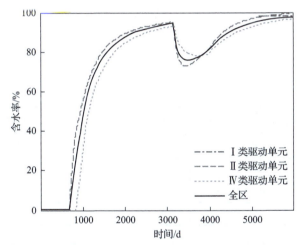

图 4-35　不同类别驱动单元含水率变化曲线（聚合物浓度为 2000mg/L）

　　计算注聚过程中的含水率上升速率（图 4-36），结果表明，聚合物浓度对聚合
物驱的效果影响较大，聚合物主要作用于Ⅱ类驱动单元（有效驱动单元），其含水
率下降也最快。聚合物驱后，Ⅱ类、Ⅳ类驱动单元的含水率及全区综合含水率均
会显著降低（表 4-8），转入后期水驱后，含水率会显著上升，当Ⅰ类驱动单元产生
时，含水率上升速率均趋近于 0 并基本保持不变。

　　通过对不同浓度聚合物驱降水效果进行比较（图 4-37），聚合物驱主要起到了
抑制Ⅰ类驱动单元（高速流动无效驱）产生与发展的作用，聚合物浓度越高，聚合
物驱效果越好（表 4-9），因此聚合物浓度为 2000mg/L 时的聚合物驱效果最好，注
聚后,对Ⅰ类驱动单元（高速流动无效驱）主要起到控水作用,对有效驱动单元（Ⅱ、
Ⅳ类驱动单元）主要起到增油作用。聚合物注入地层后主要进入高速流动驱，浓度
过大虽然有效抑制了Ⅰ类驱动单元的产生与发展，但进入高速流动驱的聚合物溶

液也会减少，因此，高浓度的聚合物对低速流动驱的降水增油作用反而没有中低浓度的聚合物好。

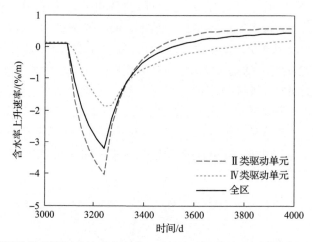

图 4-36　不同类别有效驱动单元含水率上升速率变化曲线（聚合物浓度为 2000mg/L）

表 4-8　注聚前后不同有效驱动单元含水率变化

注聚浓度/(mg/L)	综合含水率/%		Ⅱ类驱动单元含水率/%		Ⅳ类驱动单元含水率/%	
	注聚前	注聚后	注聚前	注聚后	注聚前	注聚后
1000	95	82.62	95.14	80.71	93.6	84.37
1500	95	78.67	95.14	76.34	93.65	80.63
2000	95	75.67	95.14	72.92	89.75	78.17

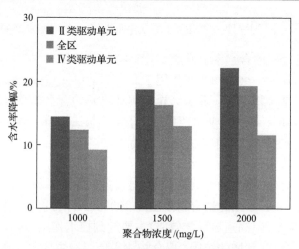

图 4-37　不同浓度聚合物驱降水效果

表 4-9　注聚前后不同类别驱动单元含水率降幅

注聚浓度 /(mg/L)	注聚时机/%	I 类驱动单元 形成时间/d	II 类驱动单元 含水率降幅（百分点）	IV 类驱动单元 含水率降幅（百分点）	全区含水率降幅 （百分点）
1000	95	4607	14.43	9.23	12.38
1500	95	5165	18.8	13.02	16.33
2000	95	5893	22.22	11.58	19.33

第5章 非均质储层驱替单元与油水分布规律

5.1 储层平面非均质性

5.1.1 平面渗透率非均质性

储层平面非均质性即储层特征在平面上的变化情况，它取决于储层砂体在平面的几何形态、规模、连续性、连通性及平面上孔隙度和渗透率的非均质程度与方向性。平面非均质性研究直接影响注入水的波及面积和驱油效率，从而控制油水在平面上的分布。本节主要研究的是渗透率非均质性[89,90]。

实际储层渗透率变化非常复杂，本节分析两种极端模式下的平面非均质情况，分别为渗透率中低边高、渗透率中高边低，数学上以正弦函数、余弦函数进行描述，研究均质地层、渗透率中低边高、渗透率中高边低三种分布模式下有效驱动单元的演化过程，揭示油水分布规律。

1. 基本假设

(1)忽略重力与毛细管力影响。
(2)反五点井网理想模型产量平均劈分，以分流线的位置确定研究区域。
(3)不同渗透率下面积波及系数不变。
(4)恒速注水时水驱动态预测模型适用于单个流线中的两相流。

2. 基本参数

基本参数参照 4.2 节反五点井网注采单元算例中的动态与静态参数，其中反五点井网的注水量为 200m³/d，单井日产液量为 50m³，由于模拟区域具有对称性，研究区域的总流量为 25m³/d，渗透率分布分别符合正弦定理、余弦定理与积分中值定理。

1)均质地层

为了研究不同渗透率分布模式，要保证储层平均渗透率相同，因此，根据积分中值定理求解均质油藏的渗透率：

$$k_f = \frac{4k}{\pi} \int_0^{\frac{\pi}{4}} \cos(2\phi) \, \mathrm{d}\phi = \frac{\sqrt{2}k}{\pi} \tag{5-1}$$

式中，k_f 为不同角度流线的平均渗透率；ϕ 为流线位置，即任意流线与主流线所呈角度；k 为储层渗透率，mD。

2）渗透率分布模式为中高边低

渗透率分布模式为

$$k_f = k \cdot \cos(2\phi) \tag{5-2}$$

从北三西 S_{II}^{1-2} 小层中提取出渗透率中高边低模式下的注采单元（B2-1-38、B2-D1-37）进行数值模拟，渗透率分布近似采用余弦函数，研究极端情况下有效驱动单元的分布（图 5-1）。

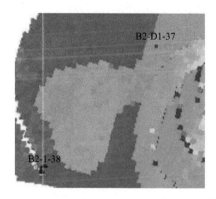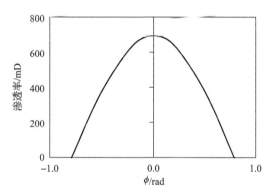

图 5-1　渗透率中高边低（注采单元 B2-1-38、B2-D1-37）数值模拟

3）渗透率分布模式为中低边高

$$k_f = k \cdot [1 - \cos(2\phi)] \tag{5-3}$$

3. 流量贡献率及流量非均匀分布曲线

求不同渗透率分布模式下的流量贡献率曲线及流量非均匀分布曲线方程，根据划分准则，划分流动单元中的高速与低速流动驱。

1）渗透率中低边高

流量贡献率曲线解析公式为

$$\theta = \frac{2\sin^3\phi}{3a} \tag{5-4}$$

式中，$\phi \in \left[0, \dfrac{\pi}{4}\right]$；$a = \sqrt{2}/6$。

流线包裹范围内的纺锤形区域近似为菱形区域，将流量贡献率曲线横坐标转化为反五点井网驱替面积百分数，得到流量非均匀分布曲线的解析公式(5-5)：

$$S = 1 - \tan\phi \tag{5-5}$$

将式(5-5)代入式(5-4)得到渗透率中低边高储层的流量非均匀分布曲线：

$$\theta = f(S) \tag{5-6}$$

式中，θ 为流量贡献率，$\theta \in [0,1]$；S 为驱替面积百分数，$S \in [0,1]$。

与均质地层、渗透率中高边低储层的流量贡献率曲线及流量非均匀分布曲线相比，当储层平面渗透率非均质性为中低边高，数学描述为公式(5-4)这种极端形式的时候，主流线为低渗带，分流线为高渗带，级差很大的极端情况下，从分流线向主流线积分，得到的流量贡献率曲线(图 5-2)与流量非均匀分布曲线(图 5-3)的形态发生了反转，这时候实际的流量非均匀分布曲线在流量均匀分布曲线之上，水从注水井注入地层，首先从外侧高渗带突进入油井，优势流动区域在分流线附近而非主流线上，主流线由于渗透率太低，不再是对产量做出主要贡献的区域。

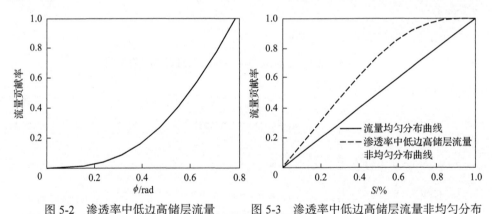

图 5-2　渗透率中低边高储层流量　　　　图 5-3　渗透率中低边高储层流量非均匀分布
　　　　贡献率曲线　　　　　　　　　　　　　　与流量均匀分布的流量贡献率曲线

对流量非均匀曲线求导，得到导数为 1 的点，大于 1 的区域为高速流动驱，小于 1 的区域为低速流动驱，渗透率中低边高非均质储层流量分布为余弦函数，流量非均匀分布曲线导数为 1 的点是(0.6，0.85)，即流动单元内的高速流动驱占驱替面积的 60%，却贡献了油井产量的 85%。

通过模拟，注水 765d 油井见水，4076d I 类驱动单元(高速流动无效驱)产生，7323d 注采单元的综合含水率达到 98%(图 5-4)，计算终止。

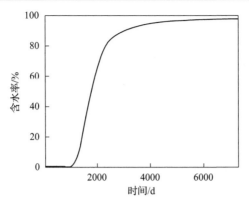

图 5-4　油井含水率变化曲线(渗透率中低边高)

　　利用流线簇方程对含水饱和度进行表征，不同的颜色表示不同的含水饱和度，其中蓝色表示 $1-S_{or}$、绿色表示含水饱和度为 0.44、红色表示束缚水饱和度。选取了初始时刻、油井见水时刻、Ⅰ类驱动单元(高速流动无效驱)产生时刻及模拟终止时刻(含水率达到 98%)对注采单元间的饱和度分布进行表征(图 5-5)。

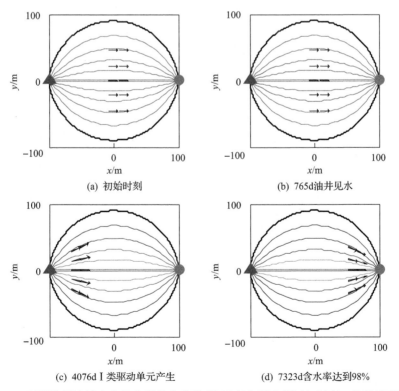

图 5-5　不同位置流线含水饱和度分布曲线(渗透率中低边高)(扫封底二维码见彩图)

图中黑色曲线表示边缘流线

　　初始时刻平面饱和度为束缚水饱和度，由于主流线渗透率很低，边缘渗透率高，水首先从分流线方向突进至油井，曲线形态发生反转，油井见水时，分流线的饱和度为前缘饱和度，前缘突破位置逐渐由分流线向主流线扩展，当Ⅰ类驱动单元(高速流动无效驱)产生时，高速流动驱的含水饱和度为60%左右，从高速流动无效驱产生到油井含水率达到98%为止，低速流动驱的含水饱和度基本没有发生改变，这是由于渗透率低、驱动能量不足双重因素作用的结果。

　　由于流量非均匀分布曲线形态反转，表征后的高速流动驱位于分流线附近的红线与黄线之间；而低速流动驱位于主流线附近的黄线内部，Ⅰ类驱动单元(高速流动无效驱)位于蓝线与红线之间(图 5-6)。

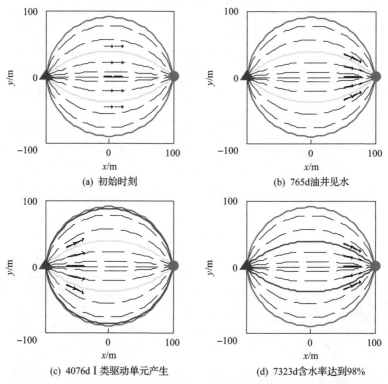

(a) 初始时刻　　　　　　　　　　(b) 765d油井见水

(c) 4076dⅠ类驱动单元产生　　　　　　(d) 7323d含水率达到98%

图 5-6　有效驱动单元流线模型平面表征示意图(渗透率中低边高)(扫封底二维码见彩图)
蓝色流线内-Ⅳ类驱动单元(有效驱动单元)；黄色流线与蓝色流线间-Ⅱ类驱动单元(有效驱动单元)；
边缘红色流线与蓝色流线之间-Ⅰ类驱动单元

　　通过流线模型表征了初始时刻、油井见水时刻、Ⅰ类驱动单元产生时刻、油井模拟终止时刻四个典型时刻平面有效驱动单元位置。初始时刻至 765d 油井见水时刻与其他两种渗透率分布模式相比，见水时间滞后，由于Ⅰ类驱动单元即高速流动无效驱尚未出现，平面上只存在有效驱动单元(Ⅱ类与Ⅳ类驱动单元)，即此时平面上只存在高速流动有效驱、低速流动有效驱和死油区，4076dⅠ类驱动单元在分流线产生，比渗透率中高边低的情况晚了近 2000d，对于渗透率中低边高的地层，平面非均质导致流量非均匀分布曲线形态发生反转，原主流线方向转变为低速流动驱(黄色边界内部渗流区)，原分流线方向转变为高速流动驱(黄色流线外红色流线内)，注入水先从外侧流线突进到油井，Ⅰ类驱动单元(高速流动无效驱)的产生成为影响产量的主要矛盾，至 7323d，这个阶段可动油饱和度仅降低了 2 个百分点左右(表 5-1)，Ⅱ类驱动单元(高速有效驱)消失，综合含水率达到 98%，油井废弃，此时平面上存在Ⅰ类高速流动无效驱与Ⅳ类低速流动有效驱，主流线方向渗透率低，增加了面积波及系数，剩余油主要分布于有效驱动单元(Ⅳ类低速流动有效驱)中，非均质矛盾导致无法有效动用这部分储量。整个过程中四类驱动单元动态变化见表 5-1，从可动油饱和度的统计结果看，Ⅰ类驱动单元(高速流动无效驱)产生后产油速度明显降低，此时，影响开发的主要矛盾是主流线方向的低渗带与分流线方向的无效驱动，注入水无效循环严重，通过压裂、酸化压裂等措施改变主流线附近低渗带的渗透率是解决这个矛盾的主要方法。

表 5-1　驱动单元动态划分示意表(渗透率中低边高)　　　(单位：%)

阶段	可动油饱和度	驱动单元分类			
		Ⅰ类	Ⅱ类	Ⅲ类	Ⅳ类
油井见水前	50～32.17	N	Y	N	Y
油井见水后至主流线水淹前	32.17～21.65	N	Y	N	Y
Ⅰ类高速流动无效驱产生至全区综合含水率达到 98%	21.65～19.64	Y	Y	N	Y
全区综合含水率达到 98%	19.64	⊃		N	Y
可动油饱和度统计/%		6.22		28.96	50

注：N 表示不存在；Y 表示存在。

2)渗透率中高边低

流量贡献率曲线解析式为

$$\theta = \left(\sin\phi - \frac{2\sin^3\phi}{3} \right) \bigg/ b \tag{5-7}$$

式中，$\phi \in \left[0, \dfrac{\pi}{4} \right]$；$b = 0.4714$。

由式(5-7)计算得到渗透率中高边低储层流量贡献率曲线，如图 5-7 所示。

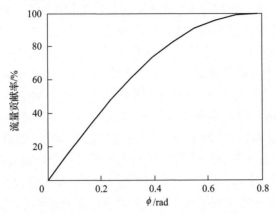

图 5-7　渗透率中高边低储层流量贡献率曲线

　　流线包裹范围内的纺锤形区域近似为菱形区域，将流量贡献率曲线横坐标转化为反五点井网驱替面积百分数，得到的流量非均匀分布曲线的解析公式及渗透率中高边低储层的流量非均匀曲线同式(5-5)及式(5-6)。渗透率中高边低储层流量非均匀分布曲线如图 5-8 所示。

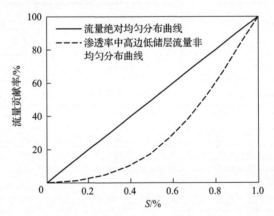

图 5-8　渗透率中高边低储层流量非均匀分布与流量绝对均匀分布流量贡献率曲线

　　对流量非均匀曲线求导，得到导数为 1 的点，大于 1 的渗流区域为高速流动驱，小于 1 的渗流区域为低速流动驱。渗透率中高边低的非均质储层分布为余弦函数，根据划分准则，流量非均匀分布曲线上(0.5，0.2)划分出了高速流动驱与低速流动驱，即流动单元内的高速流动驱占驱替面积的 50%，却贡献了油井产量的 80%。

　　注水 690d 油井见水，2038d Ⅰ类驱动单元(高速流动无效驱)出现，4278d 注采单元的综合含水率达到 98%(图 5-9)，计算终止。

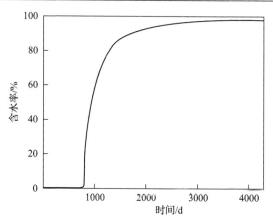

图 5-9　油井含水率变化曲线(渗透率中高边低)

　　模拟得到综合含水率曲线(图 5-9),并与均质地层综合含水率曲线进行对比。储层渗透率为中高边低分布模式下的余弦函数分布时,渗透率级差很大,非均质性造成油井见水后含水率迅速上升达到 98%,油井会更快废弃,比均质地层早了 1000d,波及范围减小了 6.6%,注入水通过Ⅰ类驱动单元(高速流动无效驱)窜流到油井(图 5-10),形成了严重的无效循环,减小了波及范围,降低了采收率。

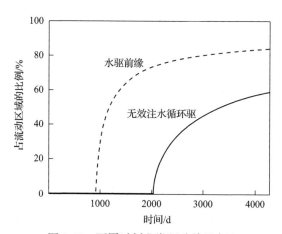

图 5-10　不同时刻Ⅰ类驱动单元占比

　　利用流线簇方程对含水饱和度进行表征,不同的颜色表示不同的含水饱和度,其中蓝色表示 $1-S_{or}$、绿色表示含水饱和度为 0.44、红色表示束缚水饱和度,选取了初始时刻、油井见水时刻、Ⅰ类驱动单元(高速流动无效驱)产生时刻及模拟终止时刻对注采单元间的饱和度分布进行表征(图 5-11)。初始时刻含水饱和度均为束缚水饱和度,油井见水时,主流线的饱和度为前缘饱和度,前缘突破位置逐渐由主流线向分流线扩展(图 5-10),当Ⅰ类高速流动无效驱产生时,高速流动驱的含水饱和度为 60%左右,从Ⅰ类驱动单元产生到综合含水率达到 98%为止,低速流动驱的含水饱和度基本没有发生改变,这是渗透率低、驱动能量不足双重因素引起的结果。

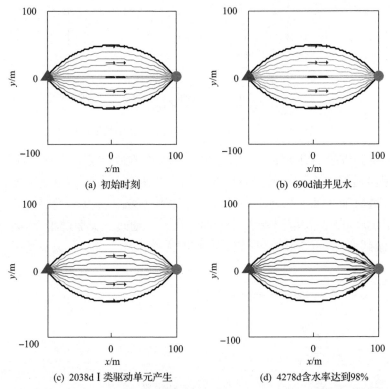

图 5-11　不同位置流线含水饱和度分布曲线(渗透率中高边低)(扫封底二维码见彩图)

通过流线模型表征了初始时刻、油井见水时刻、Ⅰ类驱动单元产生时刻、模拟终止时刻四个典型时刻平面驱动单元位置。初始时刻至 690d 油井见水时刻,由于Ⅰ类驱动单元即高速流动无效驱尚未出现,平面上只存在有效驱动单元(Ⅱ类与Ⅳ类驱动单元),即此时只存在高速流动有效驱、低速流动有效驱和死油区;2038dⅠ类驱动单元在主流线产生,此时高速流动驱内的所有流线水驱前缘均已到达油井(图 5-12),由于渗流阻力的变化,含水饱和度分布曲线形态与油井见水前发生巨大的变化(图 5-11),从此时开始,Ⅰ类驱动单元(高速流动无效驱)产生并成为影响产油量的主要矛盾;3178dⅡ类驱动单元(高速流动有效驱)消失、Ⅲ类驱动单元(低速流动无效驱)产生;至 4278d,综合含水率达到 98%,平面上存在Ⅰ类、Ⅲ类与Ⅳ类驱动单元,此时剩余油主要分布于有效驱动单元(Ⅳ类驱动单元)

与死油区中，产生的原因分别为驱动压力不足和储层非均质性。

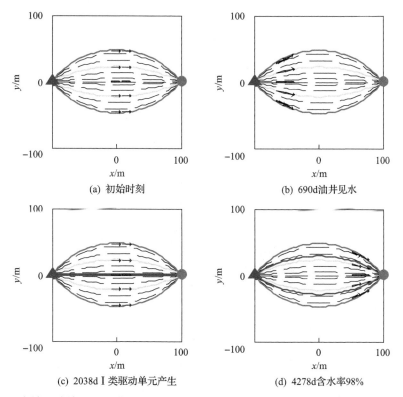

(a) 初始时刻　　　　　　　　　　　(b) 690d油井见水

(c) 2038d I 类驱动单元产生　　　　(d) 4278d含水率98%

图 5-12　有效驱动单元流线模型平面表征示意图(渗透率中高边低)(扫封底二维码见彩图)
蓝色流线内-I 类驱动单元；黄色流线内与蓝色流线外-II类驱动单元(有效驱动单元)；黄色流线外与
蓝色流线内-III类驱动单元；边缘红色流线与黄色流线间-IV类驱动单元(有效驱动单元)

　　渗透率从主流线向分流线方向呈中高边低分布时，当含水率达到 98%，反五点井网的有效驱动单元分布图(图 5-13)中蓝色区域为 I 类驱动单元，其特点为区域含水率高于 98%，为无效驱动；绿色区域为III类驱动单元，其特点为流量非均匀曲线导数小于 1，区域含水率高于 98%，为低速流动无效驱；红色区域为IV类驱动单元，为有效驱动单元，其特点为流量非均匀曲线导数小于 1，为低速流动有效驱，此时剩余油主要富集在IV类驱动单元与死油区中。

　　在 I 类驱动单元(高速流动无效驱)产生前，波及范围内只存在有效驱动单元(II、IV类驱动单元)，即高速流动有效驱、低速流动有效驱。由于渗透率平面非均质性的影响，中高边低的渗透率分布模式下，油井见水时间和主流线水淹时间均大幅提前，面积波及系数随流度比的变化而变化，但变化不明显，整个水驱过程边界只变化了 0.94°；当 2038d 高速流动无效驱产生时，I 类驱动单元(高速流动无效驱)产生，3178d，II 类驱动单元(高速流动有效驱)消失，III类驱动单元(低速流动无效驱)产生,在综合含水率上升到98%之前,同时存在Ⅰ类、Ⅲ类、Ⅳ类驱动单元且特征明显(表5-2),当综合含水率达到98%时,储层中第Ⅰ、Ⅲ、Ⅳ类驱动单元的剩余油主要分布在以低速流动有效驱为特点的有效驱动单元和死油区中,非均质性导致更为严重的无效循环,波及范围减小,死油区扩大,因此,挖潜的主要目标是有效驱动单元中的低速流动有效驱,即Ⅳ类驱动单元,应着力解决Ⅰ类驱动单元(高速流动无效驱)中严重的无效循环问题,让注入水进入挖潜目标区域,驱替出这个区域的剩余油,扩大波及范围,提高采收率。

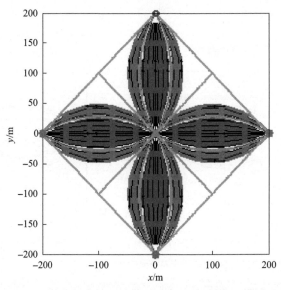

图5-13　反五点井网有效驱动单元示意图(扫封底二维码见彩图)

表5-2　驱动单元动态划分示意表(渗透率中高边低)　　　(单位:%)

阶段	可动油饱和度	驱动单元分类			
		Ⅰ类	Ⅱ类	Ⅲ类	Ⅳ类
油井见水前	50~28.48	N	Y	N	Y
油井见水后至无效循环产生前	28.48~16.63	N	Y	N	Y
Ⅰ类高速流动无效驱产生至含水率达到98%	16.63~14.39	Y	Y	N	Y
全区综合含水率达到98%	14.39	Y	Y	Y	Y
可动油饱和度统计/%			6.08	23.03	50

注:N表示不存在;Y表示存在。

4. 油水分布规律

利用三种平面渗透率分布模式的流量非均匀分布曲线，通过积分求解流量强度差异系数（表 5-3）。

表 5-3　不同渗透率分布模式下流量强度差异系数（G）

均质储层	渗透率中高边低	渗透率中低边高
0.17	0.41	0.31

通过有效驱动单元研究方法分析得到渗透率均质、渗透率中高边低、渗透率中低边高三种模式下的流量强度差异系数 $G_{zg}>G_{zd}>G_j$（G_{zg}、G_{zd}、G_j 分别为渗透率中高边低、渗透率中低边高、渗透率均质模式下的流量强度差异系数），渗透率非均质的存在使水驱效果变差，中低边高的渗透率分布模式与其他渗透率分布模式相比，高速流动驱（Ⅰ、Ⅱ类驱动单元）与低速流动驱（Ⅲ、Ⅳ类驱动单元）位置发生了反转，波及范围比其他的渗透率分布模式大，水驱效果比渗透率中高边低的情况好，高含水期的剩余油主要富集在由于主流线附近低渗带而产生的有效驱动单元（Ⅳ类低速流动有效驱）中；渗透率中高边低的水驱效果最不好，Ⅰ类驱动单元（高速流动无效驱）产生早，无效循环矛盾严重，注入水沿Ⅰ类驱动单元快速流入生产井，导致波及范围很小，死油区中的剩余油最为富集，进入高含水期后，剩余油主要滞留在有效驱动单元（Ⅳ类低速流动有效驱）中，其Ⅳ类驱动单元中可动油饱和度高，是挖潜的主要区域。

5.1.2　地层中存在断层、夹层遮挡

断层是构造运动中广泛发育的构造形态。它大小不一、规模不等，小的不足一米，大的可至数百、上千千米。物性较好的油层具有连续性，封闭性断层可以遮挡油水流动，影响平面上的连通面积，从而影响开发效果，是控制开发中后期剩余油分布的重要因素。断层与夹层的横向遮挡作用会导致油藏油水分布更为复杂，是剩余油挖潜的重要研究课题。因此，需要研究断层、夹层遮挡的影响。

1. 基本假设

根据井组 B3-D6-36 与井组 B3-5-34 的特点（图 5-14）模拟中间遮挡、两侧遮挡的情况，选取模拟参数（表 5-4），模拟对象为河道相，基本参数参照 4.2 节五点井网注采单元算例中的动态与静态参数，其中五点井网的注水量为 $200\text{m}^3/\text{d}$，单井日产液量为 50m^3，由于模拟区域具有对称性，研究区域的总流量为 $25\text{m}^3/\text{d}$，渗透率分布分别符合正弦定理、余弦定理与积分中值定理。

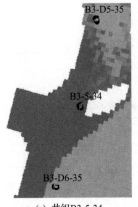
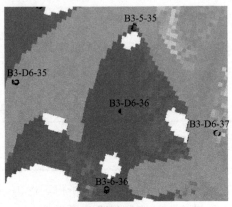

(a) 井组B3-5-34　　　　　　　　(b) 井组B3-D6-36

图 5-14　平面遮挡典型井组

表 5-4　相态渗透率分布与数模参数选取　　　　（单位：mD）

沉积相	渗透率	模拟参数
河道	200～600	500
主体	100～300	200
非主体	70	70

2. 数学模型

假设平面上均质，只考虑存在断层时有效驱动单元划分方法的适用性，建立了理想地层模型，如图 5-15 所示。

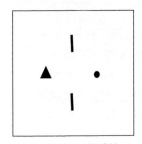

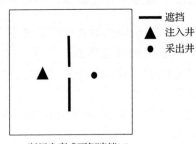

━━ 遮挡
▲ 注入井
● 采出井

(a) 断层发育或两侧遮挡1/3　　(b) 断层发育或两侧遮挡1/2　　(c) 断层发育或两侧遮挡2/3

图 5-15　断层发育两侧遮挡示意图

则在断层处的边界条件为

$$\left.\frac{\partial p}{\partial \boldsymbol{n}}\right|_L = 0 \tag{5-8}$$

式中，$\boldsymbol{n}$ 为垂直于边界的法线向量；L 为断层的位置。

在外边界有

$$\left.\frac{\partial p}{\partial \boldsymbol{n}}\right|_{\Omega} = 0 \tag{5-9}$$

式中，Ω 为边界位置。

在内边界有

$$Q_{\mathrm{v}}(x,y,z,t) = Q_{\mathrm{v}}(t)\delta(x,y,z) \tag{5-10}$$

式中，$\delta(x,y,z)$ 为点源函数，有井存在时为 1，没有井存在时为 0；Q_{v} 为流量。

利用有效驱动单元研究方法研究断层中间或两侧遮挡情况的影响（图 5-16、图 5-17），每种情况分析了三种典型模式，分析油水分布规律。

1）断层发育或两侧遮挡 1/3、1/2、2/3

断层发育或两侧遮挡 1/3、1/2、2/3 如图 5-15 所示。

2）断层中间发育遮挡 1/3、1/2、2/3

断层中间发育遮挡 1/3、1/2、2/3 如图 5-16 所示。

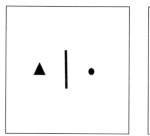 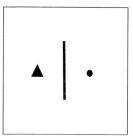 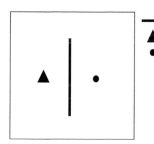

——　遮挡
▲　注入井
●　采出井

(a) 断层中间发育遮挡1/3　　　　(b) 断层中间发育遮挡1/2　　　　(c) 断层中间发育遮挡2/3

图 5-16　断层中间发育遮挡示意图

3. 两侧遮挡 1/3、1/2、2/3

1）两侧遮挡 1/3

油井在 692d 见水，4421d 油井主流线水淹，5255d 时综合含水率达到 98%，模拟终止。

两侧遮挡 1/3 时的综合含水率曲线如图 5-17 所示。利用流线簇方程对含水饱和度进行表征，不同的颜色表示不同的含水饱和度，其中蓝色表示 $1-S_{\mathrm{or}}$、绿色表示含水饱和度为 0.44、红色表示束缚水饱和度。选取了初始时刻、油井见水时刻、Ⅰ类驱动单元（高速流动无效驱）产生时刻及模拟终止时刻对注采单元间的含水饱和度分布进行表征（图 5-18）。

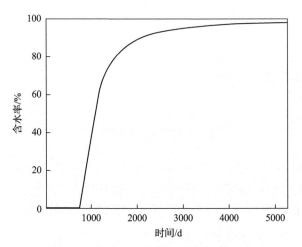

图 5-17　综合含水率曲线（两侧遮挡 1/3）

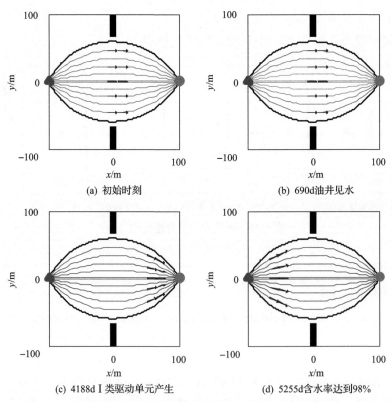

(a) 初始时刻

(b) 690d油井见水

(c) 4188d I 类驱动单元产生

(d) 5255d含水率达到98%

图 5-18　含水饱和度分布曲线（两侧遮挡 1/3）（扫封底二维码见彩图）

通过有效驱动单元的划分，研究断层、隔层发育，两侧遮挡 1/3 对有效驱动单元分布的影响(图 5-19)。在遮挡区域未影响到水驱波及区域的情况下，流量强度差异系数与无断层遮挡的情况相同，表明只有大断层、断层的遮挡区域明显影响到流动区域时，流动单元才会发生变化，液量在平面上才会重新分配。

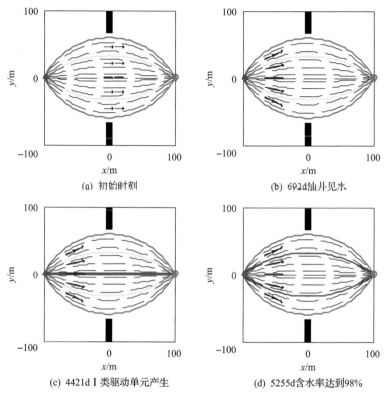

图 5-19　有效驱动单元流线模型平面表征示意图(两侧遮挡 1/3)

蓝色流线内-Ⅰ类驱动单元；黄色流线内与蓝色流线外-Ⅱ类驱动单元(有效驱动单元)；黄色流线外与
蓝色流线内-Ⅲ类驱动单元；边缘红色流线与黄色流线间-Ⅳ类驱动单元(有效驱动单元)

2) 两侧遮挡 1/2

流量贡献率 θ 解析公式为

$$\theta = \frac{\int_0^x \mathrm{d}Q}{\int_0^{\arctan\frac{1}{2}} \mathrm{d}Q} = 2.236 \cdot \sin x \tag{5-11}$$

式中，Q 为流量；x 为分流线与主流线的夹角。

断层、夹层发育，两侧遮挡 1/2 时，流量贡献率曲线如图 5-20 所示。

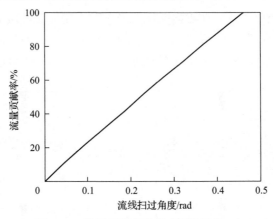

图 5-20　流量贡献率曲线(两侧遮挡 1/2)

　　流线包裹范围内的纺锤形区域近似为菱形区域，将流量贡献率曲线横坐标转化为反五点井网驱替面积百分数，得到流量非均匀分布曲线的解析公式：

$$S = 1 - 2\tan x \tag{5-12}$$

$$\theta = 1 - 2.236 \cdot \sin\left(\arctan\frac{1-S}{2}\right) \tag{5-13}$$

式中，$S \in (0,1)$；$x \in \left(0, \arctan\frac{1}{2}\right)$。

　　油井在 613d 见水(图 5-21)，3751d 油井无效驱动在主流线上产生，流量强度差异系数小于没有断层遮挡的情况，证明在有断层遮挡时，液量在平面上的分布比较均匀，面积百分数 55% 为高速与低速流动驱的分界(图 5-22)。由于是定液生产，当平面存在断层遮挡时，注采压差相应增大，因此，见水时间与无效驱动产生时间均提前。

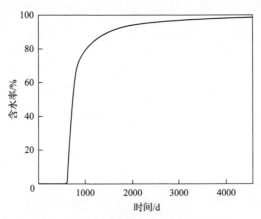

图 5-21　综合含水率曲线(两侧遮挡 1/2)

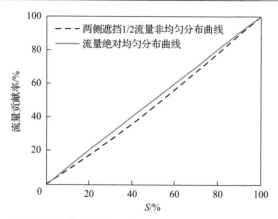

图 5-22　流量非均匀分布曲线(两侧遮挡 1/2)与流量绝对均匀分布曲线

利用流线簇方程对含水饱和度进行表征，不同的颜色表示不同的含水饱和度，其中蓝色表示 $1-S_{or}$、绿色表示含水饱和度为 0.44、红色表示束缚水饱和度。选取了初始时刻、油井见水时刻、Ⅰ类驱动单元(高速流动无效驱)产生时刻及模拟终止时刻对注采单元间的含水饱和度分布进行表征(图 5-23)。

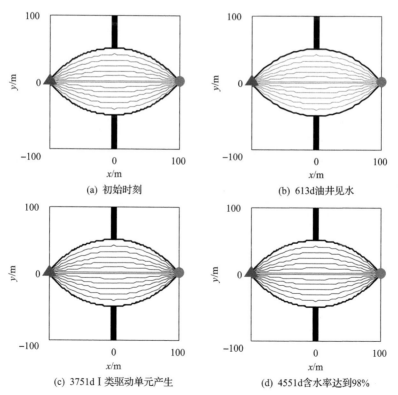

图 5-23　含水饱和度分布曲线(两侧遮挡 1/2)(扫封底二维码见彩图)

通过流线模型表征四个时刻有效驱动单元的分布(图 5-24)。断层、夹层发育，两侧遮挡会产生严重的无效驱动（Ⅰ、Ⅲ类驱动单元），剩余油主要富集在由于遮挡而形成的死油区中。

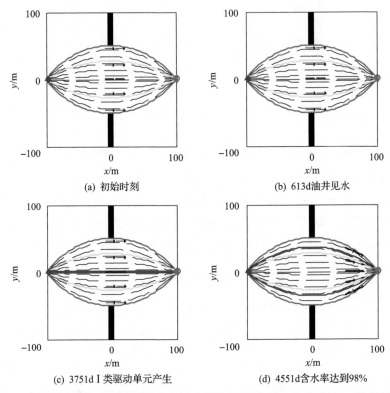

(a) 初始时刻　　　　　　　　　　　　　(b) 613d油井见水

(c) 3751d Ⅰ类驱动单元产生　　　　　　　(d) 4551d含水率达到98%

图 5-24　有效驱动单元流线模型平面表征示意图(两侧遮挡 1/2)(扫封底二维码见彩图)
蓝色流线内-Ⅰ类驱动单元；黄色流线内与蓝色流线外-Ⅱ类驱动单元(有效驱动单元)；黄色流线外与蓝色流线内-Ⅲ类驱动单元；边缘红色流线与黄色流线间-Ⅳ类驱动单元(有效驱动单元)

3) 两侧遮挡 2/3

流量贡献率 θ 解析公式为

$$\theta = \frac{\int_0^x \mathrm{d}Q}{\int_0^{\arctan\frac{1}{2}} \mathrm{d}Q} = 3.162 \cdot \sin x \tag{5-14}$$

断层、夹层发育，两侧遮挡 2/3 时，流量贡献率曲线如图 5-25 所示。流线包裹范围内的纺锤形区域近似为菱形区域，将流量贡献率曲线横坐标转化为反五点井网驱替面积百分数，得到流量非均匀分布曲线(图 5-26)的解析公式：

$$S = 1 - 3\tan x \tag{5-15}$$

$$\theta = 1 - 3.162 \cdot \sin\left(\arctan\frac{1-S}{3}\right) \tag{5-16}$$

式中，$S \in (0,1)$；$x \in \left(0, \arctan\frac{1}{3}\right)$。

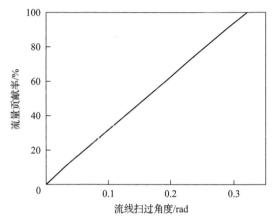

图 5-25　流量贡献率曲线（两侧遮挡 2/3）

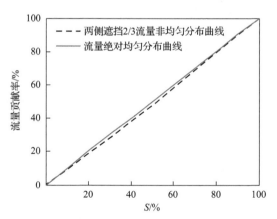

图 5-26　流量非均匀分布曲线（两侧遮挡 2/3）及流量绝对均匀分布曲线

油井在 426d 见水（图 5-27），2655d 油井 I 类驱动单元（高速流动无效驱）产生，流量强度差异系数最小，表明流动单元中断层遮挡越大，液量在平面上的分布越均匀，面积百分数 50% 为高速与低速流动驱的分界（图 5-26）。由于是定液生产，当平面存在断层遮挡时，注采压差相应增大，遮挡越大，见水时间与水淹时间提前越多。

利用流线簇方程对含水饱和度进行表征，不同的颜色表示不同的含水饱和度，其中蓝色表示 $1-S_{or}$、绿色表示含水饱和度 0.44、红色表示束缚水饱和度。选取了初始时刻、油井见水时刻、Ⅰ类驱动单元(高速流动无效驱)产生时刻及模拟终止时刻对注采单元间的饱和度分布进行表征(图 5-28)。

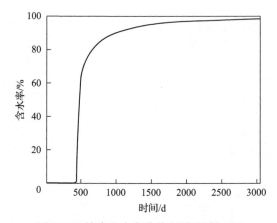

图 5-27　综合含水率曲线(两侧遮挡 2/3)

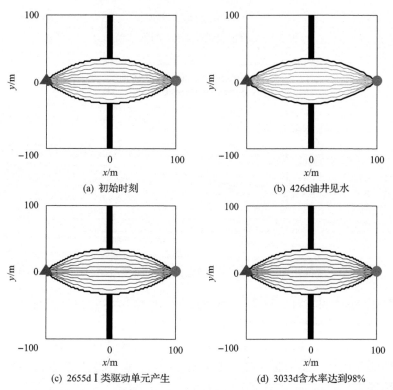

(a) 初始时刻　　　　　　　　　　　　　(b) 426d油井见水

(c) 2655dⅠ类驱动单元产生　　　　　　　(d) 3033d含水率达到98%

图 5-28　含水饱和度分布曲线(两侧遮挡 2/3)(扫封底二维码见彩图)

通过流线模型表征 4 个时刻有效驱动单元的分布(图 5-29)。断层、夹层发育,两侧遮挡范围越大，无效驱动（Ⅰ、Ⅲ类驱动单元）产生越早（2655d），控制范围越大，占据全部渗流区域，严重的注水无效循环，加之遮挡而形成的大面积死油区是开发的主要矛盾。

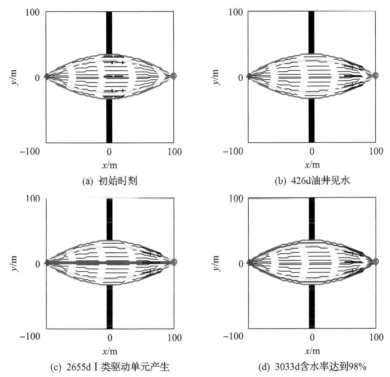

(a) 初始时刻　　　　　　　　　　　　　(b) 426d油井见水

(c) 2655d Ⅰ类驱动单元产生　　　　　　　(d) 3033d含水率达到98%

图 5-29　有效驱动单元流线模型平面表征示意图（两侧遮挡 2/3）（扫封底二维码见彩图）
蓝色流线内-Ⅰ类驱动单元；黄色流线内与蓝色流线外-Ⅱ类驱动单元（有效驱动单元）；黄色流线外与蓝色流线内-Ⅲ类驱动单元；边缘红色流线与黄色流线间-Ⅳ类驱动单元（有效驱动单元）

4. 中间遮挡 1/3、1/2、2/3

1）中间遮挡 1/3

通过流量非均匀分布曲线（图 5-30），求得流量强度差异系数 G 为 0.025，表明流动单元中主流线方向上遮挡，使液量在平面上的分布更均匀，面积百分数 70% 为高速与低速流动驱的分界。

油井在 656d 见水（图 5-31），4561d 油井主流线水淹，模拟到 5705d 油井综合含水率达到 98%。

同样，利用流线簇方程对含水饱和度进行表征，不同的颜色表示不同的含水饱和度（图 5-32）。

断层、夹层发育，中间遮挡时，无效驱动（Ⅰ类驱动单元）产生晚（4561d），开发的主要矛盾是由于遮挡而形成的死油区，通过优化井组，改变液流方向可以挖潜这部分剩余油（图 5-33）。

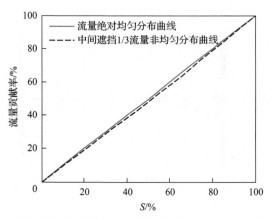

图 5-30　流量非均匀分布曲线（中间遮挡 1/3）及流量绝对均匀分布曲线

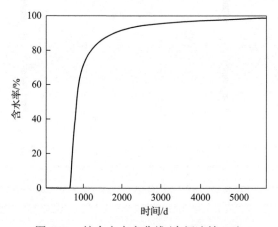

图 5-31　综合含水率曲线（中间遮挡 1/3）

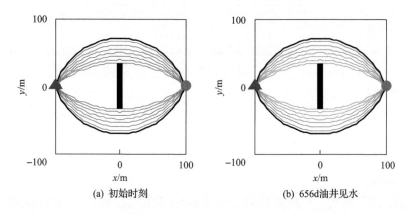

(a) 初始时刻　　　　　　　　　(b) 656d油井见水

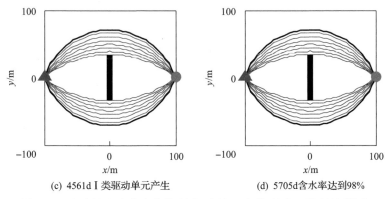

(c) 4561d Ⅰ类驱动单元产生　　　　　　(d) 5705d含水率达到98%

图 5-32　含水饱和度分布曲线(中间遮挡 1/3)(扫封底二维码见彩图)

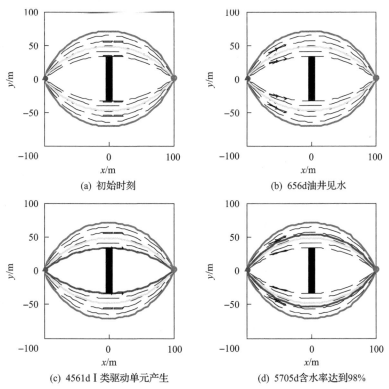

(a) 初始时刻　　　　　　　　　　　(b) 656d油井见水

(c) 4561d Ⅰ类驱动单元产生　　　　　　(d) 5705d含水率达到98%

图 5-33　有效驱动单元流线模型平面表征示意图(中间遮挡 1/3)(扫封底二维码见彩图)
蓝色流线内-Ⅰ类驱动单元；黄色流线内与蓝色流线外-Ⅱ类驱动单元(有效驱动单元)；黄色流线外与
蓝色流线内-Ⅲ类驱动单元；边缘红色流线与黄色流线间-Ⅳ类驱动单元(有效驱动单元)

2)中间遮挡 1/2

通过流量非均匀分布曲线(图 5-34)，求得流量强度差异系数 G 为 0.023，表明流动单元中断层遮挡越大，液量在平面上的分布越均匀，面积百分数 70%为高速与低速流动驱的分界。

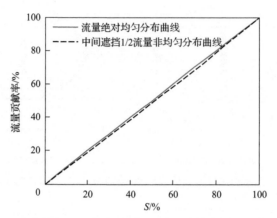

图 5-34　流量非均匀分布曲线(中间遮挡 1/2)及流量绝对均匀分布曲线

油井在 619d 见水(图 5-35)，5033d 油井主流线水淹，模拟到 6285d 油井综合含水率达到 98%。

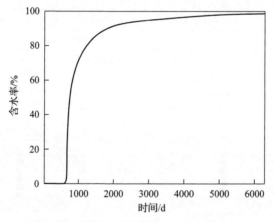

图 5-35　综合含水率曲线(中间遮挡 1/2)

利用流线簇方程对含水饱和度进行表征，不同的颜色表示不同的含水饱和度(图 5-36)。

断层、夹层发育，中间遮挡范围越大，无效驱动(Ⅰ类驱动单元)产生越晚(5033d)，由于遮挡而形成的死油区范围越大，开发初期优化井组，平行断层注水，防止这类遮挡型剩余油产生(图 5-37)。

3) 中间遮挡 2/3

通过流量非均匀分布曲线(图 5-38)，求得流量强度差异系数 G 为 0.019，流量分布最为均匀，面积百分数 70% 为高速与低速流动驱的分界。

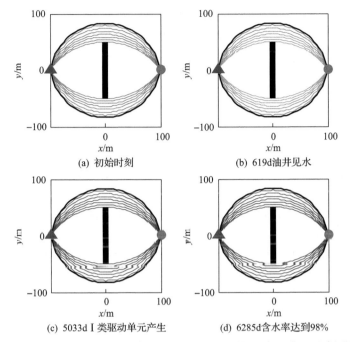

(a) 初始时刻　　　　　　　　　　　(b) 619d油井见水

(c) 5033d Ⅰ类驱动单元产生　　　　　(d) 6285d含水率达到98%

图 5-36　含水饱和度分布曲线(中间遮挡 1/2)(扫封底二维码见彩图)

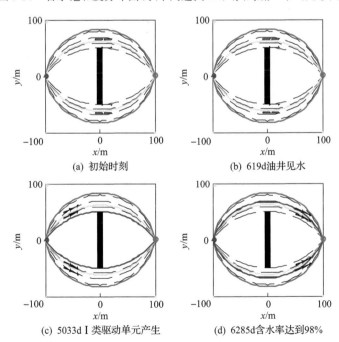

(a) 初始时刻　　　　　　　　　　　(b) 619d油井见水

(c) 5033d Ⅰ类驱动单元产生　　　　　(d) 6285d含水率达到98%

图 5-37　有效驱动单元流线模型平面表征示意图(中间遮挡 1/2)(扫封底二维码见彩图)

蓝色流线内-Ⅰ类驱动单元；黄色流线内与蓝色流线外-Ⅱ类驱动单元(有效驱动单元)；黄色流线外与
蓝色流线内-Ⅲ类驱动单元；边缘红色流线与黄色流线间-Ⅳ类驱动单元(有效驱动单元)

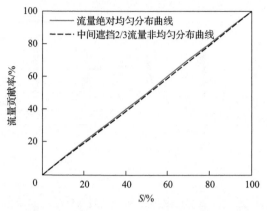

图 5-38　流量非均匀分布曲线（中间遮挡 2/3）及流量绝对均匀分布曲线

油井在 576d 见水（图 5-39），5702d 油井主流线水淹，模拟到 7106d 油井综合含水率达到 98%。

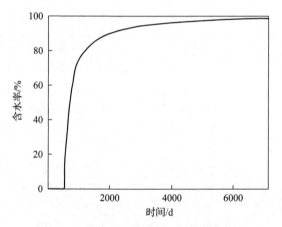

图 5-39　综合含水率曲线（中间遮挡 2/3）

利用流线簇方程对含水饱和度进行表征，不同的颜色表示不同的含水饱和度（图 5-40）。

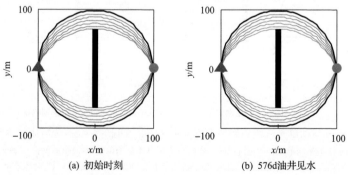

(a) 初始时刻　　　　　　　　(b) 576d 油井见水

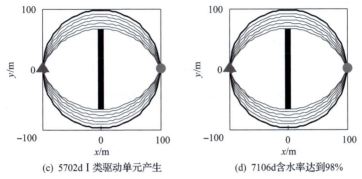

(c) 5702d I 类驱动单元产生　　　　　(d) 7106d含水率达到98%

图 5-40　含水饱和度分布曲线(中间遮挡 2/3)(扫封底二维码见彩图)

　　注采单元间,断层中间发育时,断层发育大小对油井见水时间影响不大,但对 I 类驱动单元(高速流动无效驱)影响较大。由图 5-41 可知,遮挡越大, I 类驱动单元产生得越晚,即形成无效循环的时刻越晚,主流线方向上存在遮挡时,开发的主要矛盾集中在由于断层遮挡而形成的死油区。

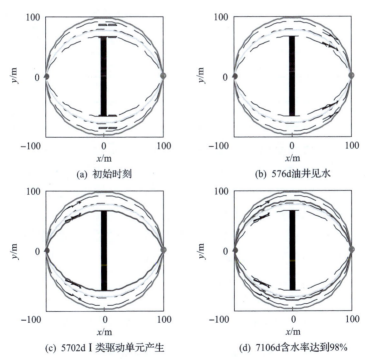

(a) 初始时刻　　　　　　　　　(b) 576d油井见水

(c) 5702d I 类驱动单元产生　　　　　(d) 7106d含水率达到98%

图 5-41　有效驱动单元流线模型平面表征示意图(中间遮挡 2/3)(扫封底二维码见彩图)
蓝色流线内- I 类驱动单元;黄色流线内与蓝色流线外- II 类驱动单元(有效驱动单元);黄色流线外与蓝色流线内- III 类驱动单元;边缘红色流线与黄色流线间- IV 类驱动单元(有效驱动单元)

5. 油水分布规律

利用断层、夹层发育两侧遮挡下的流量非均匀分布曲线，通过积分求解遮挡 1/3、1/2、2/3 时的流量强度差异系数 $G_{1/3}$、$G_{1/2}$、$G_{2/3}$（表 5-5）。

表 5-5　两侧遮挡下流量强度差异系数（G）

$G_{1/3}$	$G_{1/2}$	$G_{2/3}$
0.17	0.056	0.026

由表 5-5 可知，$G_{1/3} > G_{1/2} > G_{2/3}$。断层、夹层发育两侧遮挡的范围越大，流量分布越均匀，高速流动驱占比越大，含水率上升得越快，Ⅰ类驱动单元产生得越早，控制范围越大，开发时间越短，开发效果越差（表 5-6）。此时，剩余油主要存在于由于遮挡流线间断的未波及区，改变液流方向防止Ⅰ类驱动单元（高速流动无效驱）过早产生是挖潜遮挡型剩余油的主要方法，遮挡范围越大，越应尽早调整。

表 5-6　不同分布模式无效注水循环形成时间　　　　　　　　　　（单位：d）

模式	油井见水	Ⅰ类驱动单元产生	含水率达到98%
断层两侧遮挡 1/3	692	4188	5255
断层两侧遮挡 1/2	613	3751	4551
断层两侧遮挡 2/3	426	2855	3033

随断层、夹层遮挡面积的增大，死油区及低速流动驱在整个流动单元间的占比也增大，分别为 46.3%、47%、50%，两侧遮挡会产生Ⅲ类驱动单元，即低速流动无效驱。因此，针对这种构型的储层注水方向应尽量与断层延伸方向相平行，开发后期再对断层间剩余油进行挖潜。

如表 5-7 所示，$G_{1/3} > G_{1/2} > G_{2/3}$，这表明断层发育中间遮挡的范围越大，"流动单元"中的流量分布越均匀，高速流动驱占比越大。流量强度差异系数 G 的计算结果证明，断层发育中间遮挡流量分布更为均匀，中间遮挡范围越大，含水率上升越慢，Ⅰ类驱动单元（高速流动无效驱）产生越晚，开发效果越好，从Ⅰ类驱动单元产生时间上看，中间遮挡的影响没有两侧遮挡明显（表 5-8）。

表 5-7　断层发育中间遮挡下流量强度差异系数（G）

$G_{1/3}$	$G_{1/2}$	$G_{2/3}$
0.025	0.023	0.019

表 5-8　不同分布模式无效驱动形成时间　　　　　　　　（单位：d）

模式	见水时间	Ⅰ类驱动单元产生	含水率达到 98%
断层中间遮挡 1/3	656	4561	5705
断层中间遮挡 1/2	619	5033	6285
断层中间遮挡 2/3	576	5702	7106

断层、夹层发育造成的中间遮挡范围越大，Ⅰ类驱动单元(高速流动无效驱)占比越大，Ⅲ类驱动单元占比越小，断层遮挡时剩余油主要富集在未波及区中，且遮挡范围越大，剩余油越多。因此，布井时，注水方向应尽量与断层延伸方向相同。

5.2　储层纵向非均质性

5.2.1　隔层发育纵向非均质性

研究隔层发育形成纵向非均质时，需要考虑渗透率级差的影响。本节通过 Eclipse 油藏数值模拟软件，研究了正韵律不同渗透率级差对采收率的影响，选择典型韵律分布模式，利用有效驱动单元研究方法，研究油水分布规律，揭示剩余油形成机理。

对渗透率级差分别为 2、5、10、20、50、100 的六个方案进行了模拟研究。储层平均渗透率为 690mD，为正韵律储层，平面上采用反五点井网，井距和排距均为 200m，模型大小为 1400m×1400m。

模拟结果表明：正韵律储层高渗透层很容易形成优势通道，从而导致无效循环，使波及范围减小，采出程度降低(表 5-9)。

表 5-9　不同渗透率级差开发指标对比

渗透率级差	开发年限/a	地质储量/10^4m³	累计产油/10^4m³	采出程度/%	含水率/%
2	58.32	8.16	3.93	48.16	98.00
5	57.21	8.16	3.59	44.00	98.00
10	54.00	8.16	3.36	41.18	98.00
20	52.52	8.16	3.21	39.34	98.00
50	50.88	8.16	3.08	37.75	98.00
100	49.56	8.16	3.01	36.89	98.00

从正韵律不同渗透率级差下剩余油饱和度分布图(图 5-42)可以看出，随着正韵律厚油层渗透率级差的增大，从注水井到油井，油层上部的动用越来越差，底部水洗程度逐步增大。

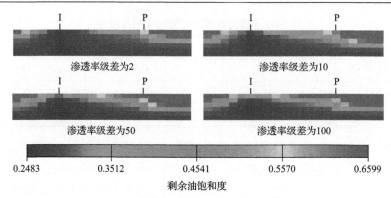

图 5-42 正韵律不同渗透率级差下剩余油饱和度分布图

I-注水井；P-采出井

正韵律厚油层渗透率级差越小，水驱开发效果越好，相同含水率条件下的采出程度越高，采收率也越大。从渗透率级差与采收率关系(图 5-43)可以得到，当正韵律厚油层渗透率级差大于 10 后，在韵律和重力作用下，厚油层底部形成优势渗流通道，注入水由底部大量涌入油井，造成注入水的低效无效循环严重。渗透率级差大于 10 后，采收率接近平稳且整体采收率较低。

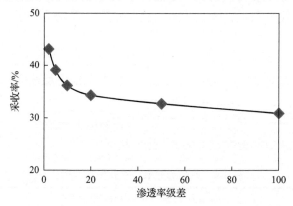

图 5-43 正韵律渗透率级差与采收率关系曲线

因此，根据前期数值模拟概念模型的研究的结果，模型选择渗透率级差为 10 的正韵律储层。通过有效驱动单元划分，研究油水分布规律，揭示剩余油形成机理。

1. 基本假设

(1)忽略重力与毛细管力影响。

(2)单层流量通过产量劈分方法求取。

(3)注入水通过不同的流管将油驱替出来，流体流动符合达西定律。

(4)流管与流管间没有物质交换。

(5)单根流管中流体的流动符合一维不稳定驱替理论与达西定律。

2. 基本参数

对反五点井网中的一注一采单元进行计算，生产制度为恒速注水定液生产，注水量为 100m³/d，单井日产液量为 25m³，井距为 200m，地层纵向上分为两个层，呈正韵律分布，层间发育稳定的隔层(图 5-44)，上部低渗透层渗透率为 100mD，下部高渗透层渗透率为 1250mD，孔隙度为 0.3，高渗透层与低渗透层的有效厚度均为 5m，束缚水饱和度为 0.2，残余油饱和度为 0.32，原油的黏度为 10mPa·s，水的黏度为 1mPa·s。高渗透层注采单元流量为 23m³/d，低渗透层注采单元流量为 2m³/d。模拟从注水到综合含水率达到 98% 的全部过程。

图 5-44　模型剖面示意图

3. 计算结果及油水分布规律

计算结果(图 5-45)表明，注水开发 602d 后，正韵律地层中的注入水首先通过高渗透层突破至油井，低渗透层 992d 见水，油井含水率为 98% 时，高渗透层的含

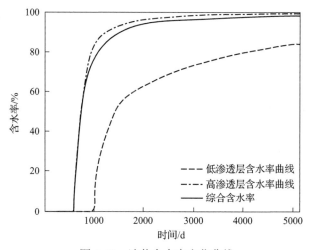

图 5-45　油井含水率变化曲线

水率为 99.25%，低渗透层的含水率为 83.99%。

高渗透层见水时间早，全流线水驱前缘突破时间短。注水开发 602d 后，正韵律地层中的注入水首先通过高渗透层突破至油井，318d 后，全部流线水驱前缘到达油井，低渗透层 992d 见水，525d 后全部流线的水驱前缘到达油井（图 5-46）。

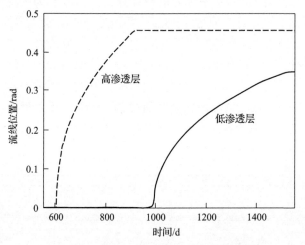

图 5-46　高渗透、低渗透层见水流线位置

模型模拟结果表明，渗透率级差为 10 的正韵律储层，Ⅰ类驱动单元（高速流动无效驱）存在于高渗透层，注水 2488d 后形成并向外扩展（图 5-47），覆盖全部高速流动驱后继续扩大，油井含水率达到 98%的时刻，高渗透层中同时存在Ⅰ类、Ⅲ类、Ⅳ类驱动单元，低渗透层与高渗透层有效驱动单元的分布如图 5-48 所示。

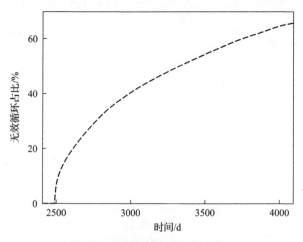

图 5-47　高渗透层Ⅰ类驱动单元

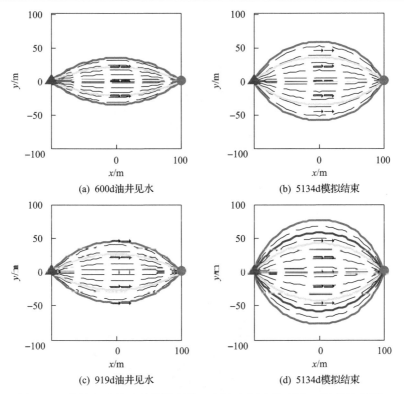

(a) 600d油井见水   (b) 5134d模拟结束

(c) 919d油井见水   (d) 5134d模拟结束

图 5-48　有效驱动单元流线模型平面表征示意图(扫封底二维码见彩图)

蓝色流线内-Ⅰ类驱动单元；黄色流线内与蓝色流线外-Ⅱ类驱动单元(有效驱动单元)；黄色流线外与蓝色流线内-Ⅲ类驱动单元；边缘红色流线与黄色流线间-Ⅳ类驱动单元(有效驱动单元)

　　选取初始时刻(图 5-49)、进入特高含水期后含水率达到 95%时刻(图 5-50)以及模拟结束时刻(图 5-51)，通过 Matlab 编程，利用流线簇方程对反五点井网注采井间有效驱动单元进行三维可视化表征。当油田进入特高含水期后，Ⅰ类驱动单

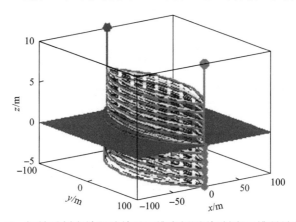

图 5-49　初始时刻有效驱动单元三维表征图(扫封底二维码见彩图)

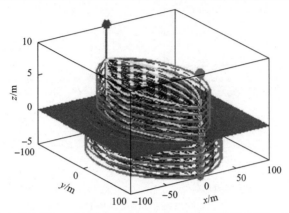

图 5-50　含水率达到 95%时刻有效驱动单元三维表征图(扫封底二维码见彩图)

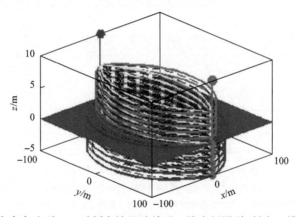

图 5-51　含水率达到 98%时刻有效驱动单元三维表征图(扫封底二维码见彩图)

元(高速流动无效驱)在高渗透层迅速产生,历经 1557d 扩展到高渗透层的全部流动区域,此时高渗透层含水率已达 98%,注入水无效循环的形成导致高渗透层渗流阻力进一步减小,低渗透层波及范围不再变化,导致储层上部剩余油富集。因此,特高含水期前应及时对高渗透层主流线进行堵水调剖或置胶成坝,防止 I 类驱动单元高速流动无效驱的产生,扩大低渗透区波及范围,提高采收率。

5.2.2　夹层发育纵向非均质性

不同成因、不同性质的储层砂体和非储层夹层按一定规律叠置,导致了储层的层间非均质性。层间非均质性的研究是对同一沉积单元沙泥岩间的含油层系的总体研究。具体来说,层间非均质性是指砂体的垂向连通性和侧向连续性、砂体间渗透率的非均质程度、泥岩的分布与厚度及层间裂缝特征等。层间非均质性对油水界面的差异及油水系统的分布产生重要的影响。注水开发过程中,层间非均质性是引起层间干扰、单层突进和水驱差异的内在因素。储层层间非均质性研究的主要内容为砂体连通性及水平夹层遮挡。通过有效驱动单元的划分，分析夹层发育程度对油水分布规律的影响。

1. 层间非均质性影响

1) 夹层影响

夹层在生产层的广泛存在将厚油层划分为数个较薄的"油层"，控制着剩余油在垂向上的分布。在两层之间设置夹层，建立夹层分布模型，注水井和生产井均是全井段射孔。

夹层所在层位相当于无限大地层内距离不渗透夹层边界 L 处有一口生产井，在不考虑垂向流动的情况下，利用镜像反映法计算夹层发育层的产量。利用等值渗流阻力法对厚油层不同层位进行产量劈分。

$$q_J = \frac{2\pi k_j (p_e - p_{wf})}{\mu \ln \dfrac{r_e^2}{2L_a \cdot r_w}} \tag{5-17}$$

$$q_c = q - q_j \tag{5-18}$$

式中，p_e 为边界压力；p_{wf} 为井底流压；μ 为黏度；k_j 为夹层发育储层的渗透率；r_e 为单井控制半径；r_w 为井筒半径；L_a 为夹层距生产井的距离；q_c 除去夹层所在层位的储层产量；q 油井总产量；q_j 夹层所在层位产量。

2) 砂体连通性影响

砂体连通性是指成因单元砂体在垂向上、侧向上相互接触连通的方式及程度。河流相油田横向上砂体变化快，砂体连接关系复杂，纵向上薄层发育，砂体层数多，存在多套油、气、水系统，砂体连通性影响着布井及开发效果。对于注水开发的河流相油田，为了能及时优化和调整注采井网，提高油田采收率，在地层层系、油组、小层的对比关系的基础上，研究注采单元内单砂体的连通状况。

为直观而具体反映注水井与生产井间砂体的连通关系，以注采井组为单元；为定量表示井间砂体的连通状况，引入基于砂体厚度的注水井与生产井砂体连通率 RIT。

$$\text{RIT} = h_{lt} / h \times 100\% \tag{5-19}$$

式中，RIT 为砂体连通率；h_{lt} 为油井完井层段内与注水井砂体连通厚度；h 为油井完井层段内砂体总厚度。

计算注水井各小层周围油井方向的渗流阻力系数：

$$R_{ij} = \mu \frac{l_{ij}}{\text{RIT} \cdot M_{ij} \overline{h_{ij} k_{ij}}} \tag{5-20}$$

式中，l_{ij} 为与油井的距离；M_{ij} 为流体重度；h_{ij} 为砂体厚度。

2. 计算结果及油水分布规律

假设平面上均质，只考虑油层中部发育单个夹层，夹层分布位置存在三种情况：夹层位于注水井一侧[图 5-52(a)]、夹层位于油水井之间[图 5-52(b)]、夹层位于生产井一侧[图 5-52(c)]。

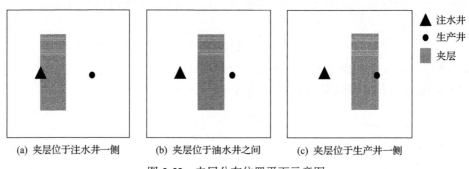

(a) 夹层位于注水井一侧　　　(b) 夹层位于油水井之间　　　(c) 夹层位于生产井一侧

▲ 注水井　　● 生产井　　■ 夹层

图 5-52　夹层分布位置平面示意图

通过 Eclipse 建立起概念模型，研究夹层分布及射孔方式对储层剩余油的影响，结果表明，储层全部射开，注水井钻遇夹层[图 5-52(a)]，夹层延伸长度长时，开发效果最好。因此，层间非均质性主要分析了注水井钻遇夹层、夹层延伸长度为注采井距的 1/3，以及注水井钻遇夹层、夹层延伸长度是注采井距的 1/2 这两种模式，利用有效驱动单元研究方法，研究夹层不同延伸长度时的油水分布规律。

1) 模式一：注水井钻遇夹层，夹层延伸长度为 100m（为注采井距的 1/2）

计算结果（图 5-53）表明，正韵律地层中，注采井间注水井一侧有夹层发育时，注入水首先通过高渗透层突破至油井，注水 4813d 后，油井综合含水率为 98%时，

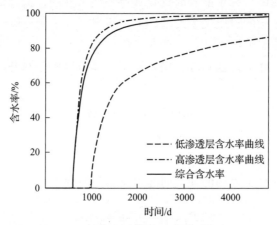

图 5-53　油井含水率变化曲线（模式一）

高渗透层的含水率为99.24%，低渗透层的含水率为86.13%。

正韵律储层水驱开发过程中存在四类驱动单元(图5-54、图5-55)：Ⅰ类高速流动无效驱产生前，储层中存在Ⅱ类(高速流动有效驱)与Ⅳ类(低速流动有效驱)两类有效驱动单元，当Ⅰ类高速流动无效驱产生后，即2361d，Ⅱ类高速流动有效驱受到影响，Ⅱ类驱动单元(有效驱动单元)面积逐渐减小，并最终于3012d为Ⅰ类高速流动无效驱所占据，流度比增长速度因此变慢，此过程中Ⅰ类驱动单元的流度比大于Ⅱ类驱动单元，Ⅳ类驱动单元的流度比最小。低速流动驱产生无效驱后，高渗透层同时存在Ⅰ类、Ⅲ类、Ⅳ类驱动单元，Ⅳ类驱动单元(低速流动有效驱)面积逐渐减小，并最终于3757d为Ⅰ类驱动单元所占据，流度比增长速度因此变慢，此过程中Ⅰ类驱动单元流度比大于Ⅲ类驱动单元，而Ⅳ类驱动单元流度比最小。3757d后高渗透层形成高速流动无效驱(图5-55)，油井报废时刻高渗透层只存在以Ⅰ类、Ⅲ类为代表的无效驱，开发的主要问题是如何使注入水向低渗透层波及，提高采收率。

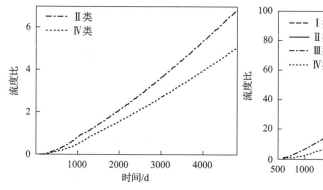

图5-54　低渗透层有效驱动单元流度比变化　　图5-55　高渗透层驱动单元流度比变化
　　　　　　　(模式一)　　　　　　　　　　　　　　　(模式一)

模型模拟结果表明(图5-56)，正韵律储层，注水井钻遇夹层，夹层延伸长度为注采井距一半时(100m)，Ⅰ类驱动单元(高速流动无效驱)存在于高渗透层，注水3012d后，高渗透层全部高速流动驱均为无效驱动，形成严重的低效、无效循环。高渗透层中同时存在Ⅰ类、Ⅲ类、Ⅳ类驱动单元，低渗透层中存在Ⅱ类、Ⅳ类驱动单元(有效驱动单元)。

当油田进入特高含水期后，Ⅰ类驱动单元(高速流动无效驱)在高渗透层迅速产生(图5-57)，历经1453d扩展到高渗透层的全部流动区域，此时高渗透层含水率已达98%，比隔层存在的情况缩短了104d，夹层的存在使得垂向遮挡作用减弱，导致正韵律储层高渗透层中Ⅰ类驱动单元(高速流动无效驱)更早产生，更快发展，储层上部剩余油更为富集。因此,在Ⅰ类驱动单元产生前,即注水 2341d 前,应采取调整措施,提高油田的采收率。

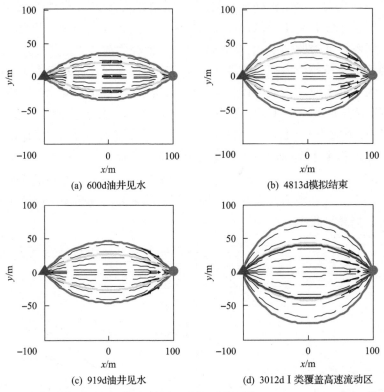

(a) 600d油井见水

(b) 4813d模拟结束

(c) 919d油井见水

(d) 3012dⅠ类覆盖高速流动区

图 5-56　有效驱动单元流线模型平面表征示意图(模式一)(扫封底二维码见彩图)
蓝色流线内-Ⅰ类驱动单元;黄色流线内与蓝色流线外-Ⅱ类驱动单元(有效驱动单元);黄色流线外与蓝色流线内-Ⅲ类驱动单元;边缘红色流线与黄色流线间-Ⅳ类驱动单元(有效驱动单元)

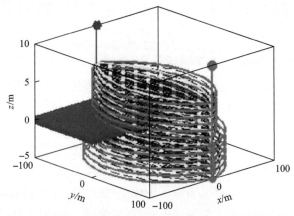

图 5-57　Ⅰ类驱动单元产生时刻三维表征图(模式一)(扫封底二维码见彩图)

2)模式二：注水井钻遇夹层，夹层延伸长度为70m(为注采井距 1/3)

计算结果(图 5-58)表明，正韵律地层中，注水井钻遇夹层，夹层延伸长度为注采井距的 1/3 时，注入水首先通过高渗透层突破至油井，注水 4885d 后，油井综合含水率为 98%时，高渗透层的含水率为 99.26%，低渗透层的含水率为 86%。

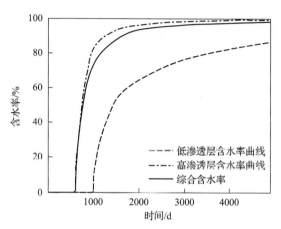

图 5-58　油井含水率变化曲线(模式二)

与夹层延伸长度为 100m 的正韵律储层对比，该模式下的流度比变化规律基本相同，整个水驱过程就是 I 类、III 类"无效驱动"的产生，以及 II 类、IV 类"有效驱"消亡的过程。计算结果表明，夹层延伸长度为 70m 较夹层延伸长度为 100m 的正韵律储层流度比上升更快，流度比更大(图 5-59，图 5-60)，因此，更易形成优势通道，导致无效注水循环，高含水前应及时对高渗透层采取封堵措施，高含水期后应对 I 类驱动单元采取调控措施，稳油控水，提高采收率。

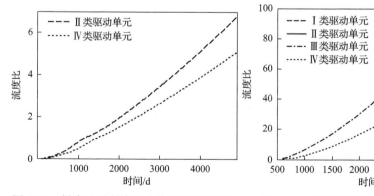

图 5-59　低渗透层有效驱动单元流度比变化　　　图 5-60　高渗透层驱动单元流度比变化
　　　　　　　(模式二)　　　　　　　　　　　　　　　　　(模式二)

模型模拟结果表明(图 5-61)，正韵律储层，注水井一侧夹层发育，延伸长度为注采井距 1/3 时（70m），Ⅰ类驱动单元（高速流动无效驱）存在于高渗透层，注水开发 2984d 后，Ⅰ类驱动单元（高速流动无效驱）覆盖高渗透层全部高速流动驱（图 5-62），至油井报废前，高渗透层中同时存在Ⅰ类、Ⅲ类、Ⅳ类驱动单元，

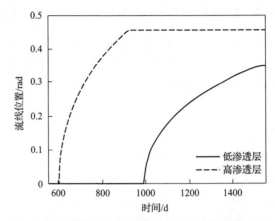

图 5-61　高渗透、低渗透层见水流线位置（模式二）

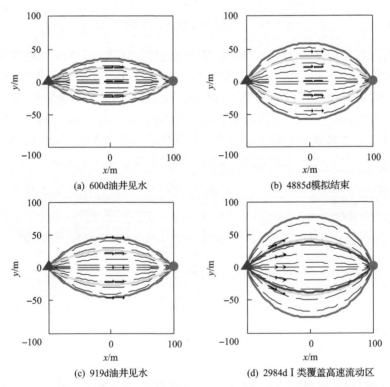

(a) 600d油井见水　　　　　　　　(b) 4885d模拟结束

(c) 919d油井见水　　　　　　　　(d) 2984d Ⅰ类覆盖高速流动区

图 5-62　有效驱动单元流线模型平面表征示意图（模式二）（扫封底二维码见彩图）

蓝色流线内-Ⅰ类驱动单元；黄色流线内与蓝色流线外-Ⅱ类驱动单元（有效驱动单元）；黄色流线外与蓝色流线内-Ⅲ类驱动单元；边缘红色流线与黄色流线间-Ⅳ类驱动单元（有效驱动单元）

低渗透层中存在Ⅱ类、Ⅳ类驱动单元(有效驱动单元)。

夹层的存在起到了垂向遮挡。夹层延伸长度越短,高渗透层中Ⅰ类驱动单元(高速流动无效驱)存在时间越长,发展越快,剩余油主要富集在储层上部,注水 3806d 时,即高渗透层含水率达到 98%时,高渗透层流动区域均是无效驱动(图 5-63)。因此,夹层延伸长度越长,正韵律储层开发效果越好,对于注水井钻遇夹层,且夹层延伸长度为注采井距 1/3 时,在Ⅰ类驱动单元产生前,即注水 2341d 前,采取调整措施,防止高渗透层无效注水循环的产生,扩大低渗透层波及体积,提高油田的采收率。

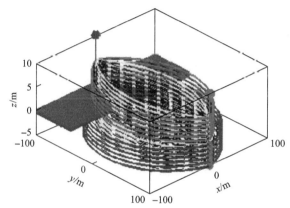

图 5-63　3806d 三维表征图(模式二)(扫封底二维码见彩图)
蓝色流线内-Ⅰ类驱动单元;黄色流线内与蓝色流线外-Ⅱ类驱动单元;黄色流线外与
蓝色流线内-Ⅲ类驱动单元;边缘红色流线与黄色流线间-Ⅳ类驱动单元

5.3　地层中存在遮挡

5.3.1　断层发育或两侧遮挡 1/3、1/2、2/3

1. 断层发育或两侧遮挡 1/3

油井在 692d 见水,4421d 油井主流线水淹,5255d 时综合含水率达到 98%。

利用流线簇方程对含水饱和度进行表征,不同的颜色表示不同的含水饱和度,其中蓝色表示 $1-S_{or}$、绿色表示含水饱和度为 0.44、红色表示束缚水饱和度。选取了初始时刻、油井见水时刻、Ⅰ类驱动单元(高速流动无效驱)产生时刻及模拟终止时刻对注采单元间的饱和度分布进行表征(图 5-64)。

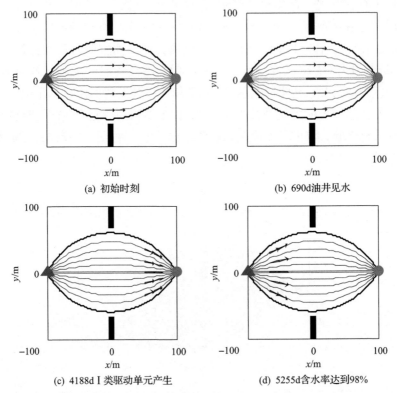

(a) 初始时刻　　　　　　　　　　　(b) 690d油井见水

(c) 4188d Ⅰ类驱动单元产生　　　　　(d) 5255d含水率达到98%

图 5-64　含水饱和度分布曲线(断层发育或两侧遮挡 1/3)(扫封底二维码见彩图)

利用有效驱动单元研究方法分析断层发育或两侧遮挡 1/3 对流线分布的影响(图 5-65)。由于断层遮挡区域并未影响到水驱波及区域,流量强度差异系数与无断层遮挡的情况相同,表明只有大断层、断层的遮挡区域明显影响到流动区域时,流动单元才会发生变化,液量在平面上才会重新分配。

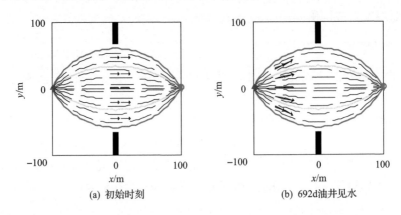

(a) 初始时刻　　　　　　　　　　　(b) 692d油井见水

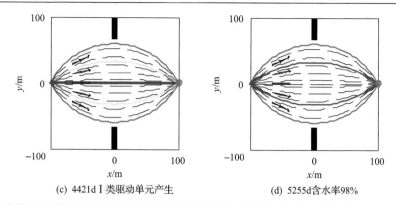

(c) 4421d Ⅰ类驱动单元产生　　　　　(d) 5255d含水率98%

图5-65　有效驱动单元流线模型平面表征示意图(断层发育或两侧遮挡1/3)(扫封底二维码见彩图)
蓝色流线内-Ⅰ类驱动单元；黄色流线内与蓝色流线外-Ⅱ类驱动单元；黄色流线外与
蓝色流线内-Ⅲ类驱动单元；边缘红色流线与黄色流线间-Ⅳ类驱动单元

2. 断层发育或两侧遮挡 1/2

油井在 613d 见水(图 5-66)，3751d 油井主流线水淹，流量强度差异系数小于没有断层遮挡的情况，证明在有断层遮挡时，液量在平面上的分布比较均匀，面积百分数 55% 为高速与低速流动驱的分界(图 5-67)。由于是定液生产，当平面存在断层遮挡时，注采压差相应增大，见水时间与水淹时间均提前。

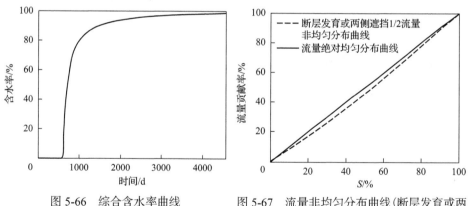

图 5-66　综合含水率曲线
(断层发育或两侧遮挡 1/2)

图 5-67　流量非均匀分布曲线(断层发育或两
侧遮挡 1/2)及流量绝对均匀分布曲线

3. 断层发育或两侧遮挡 2/3

油井在 426d 见水(图 5-68)，2655d 油井主流线水淹，流量强度差异系数最小，表明流动单元中断层遮挡越大，液量在平面上的分布越均匀，面积百分数 50% 为高速与低速流动驱的分界(图 5-69)。由于是定液生产，当平面存在断层遮挡时，注采压差相应增大，遮挡越大，见水时间与水淹时间提前得越多。

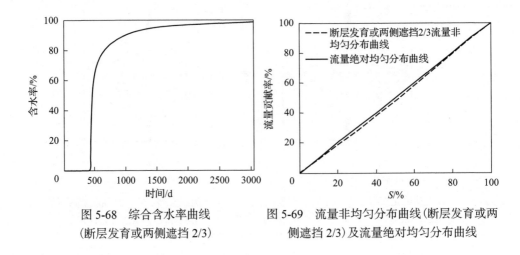

图 5-68　综合含水率曲线　　　图 5-69　流量非均匀分布曲线(断层发育或两
(断层发育或两侧遮挡 2/3)　　　　　侧遮挡 2/3)及流量绝对均匀分布曲线

5.3.2　断层发育或中间遮挡 1/3、1/2、2/3

1. 断层发育或中间遮挡 1/3

通过流量非均匀分布曲线(图 5-70),求得流量强度差异系数 G 为 0.025,表明流动单元中主流线方向上遮挡,使液量在平面上的分布更均匀,面积百分数 70%为高速与低速流动驱的分界。

油井在 656d 见水(图 5-71),4561d 油井主流线水淹,模拟到 5705d 油井综合含水率达到 98%。

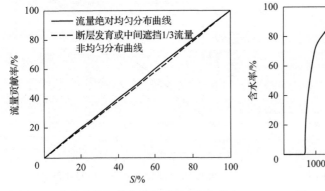

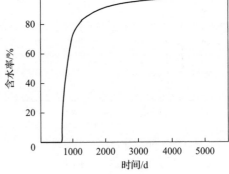

图 5-70　流量非均匀分布曲线(断层发育或中　　　图 5-71　综合含水率曲线
间遮挡 1/3)及流量绝对均匀分布曲线　　　　　　(断层发育或中间遮挡 1/3)

2. 断层发育或中间遮挡 1/2

通过流量非均匀分布曲线(图 5-72),求得流量强度差异系数 G 为 0.023,表明流动单元中断层遮挡越大,液量在平面上的分布越均匀,面积百分数 70%为高速与低速流动驱的分界。油井在 619d 见水(图 5-73),5033d 油井主流线水淹,模拟到 6285d 油井综合含水率达到 98%。

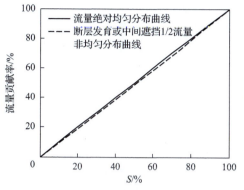

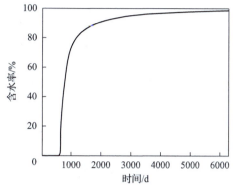

图 5-72 流量非均匀分布曲线(断层发育或中间遮挡 1/2)及流量绝对均匀分布曲线

图 5-73 综合含水率曲线(断层发育或中间遮挡 1/2)

3. 断层发育或中间遮挡 2/3

通过流量非均匀分布曲线(图 5-74),求得流量强度差异系数 G 为 0.019,流量分布最为均匀,面积百分数 70%为高速与低速流动驱的分界。

油井在 576d 见水(图 5-75),5702d 油井主流线水淹,模拟到 7106d 油井综合含水率达到 98%。

注采单元间,断层中间发育时,断层发育大小对油井见水时间影响不大,但对 I 类有效驱动单元(高速流动无效驱)影响较大。由图 5-76 可知,遮挡越大,I 类有效驱动单元产生得越晚,即形成无效循环的时刻越晚,主流线方向上存在遮挡时,开发的主要矛盾集中在由断层遮挡而形成的死油区。

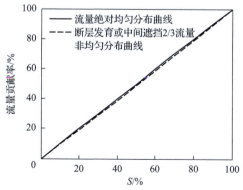

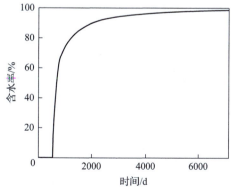

图 5-74 流量非均匀分布曲线(断层发育或中间遮挡 2/3)及流量绝对均匀分布曲线

图 5-75 综合含水率曲线(断层发育或中间遮挡 2/3)

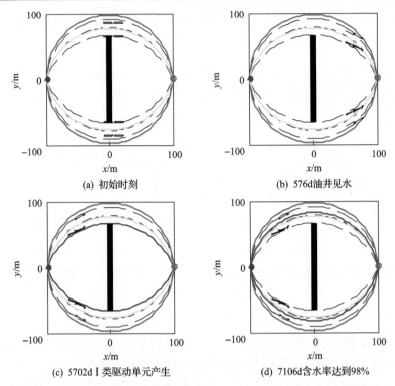

(a) 初始时刻　　　　　　　　　　　　　(b) 576d油井见水

(c) 5702d Ⅰ类驱动单元产生　　　　　　(d) 7106d含水率达到98%

图 5-76　有效驱动单元流线模型平面表征示意图(扫封底二维码见彩图)

蓝色流线内-Ⅰ类驱动单元；黄色流线内与蓝色流线外-Ⅱ类驱动单元；黄色流线外与
蓝色流线内-Ⅲ类驱动单元；边缘红色流线与黄色流线间-Ⅳ类驱动单元

第二篇　储层特征与流体分布规律及模式

第6章 油气储层构型模式

6.1 曲流河厚油层构型模式

6.1.1 废弃河道

废弃河道环绕曲流河点坝，是点坝侧向加积的终点，也是识别点坝的确定性标志。识别出了废弃河道，即确定了点坝的边界，同时也就判别出点坝侧积体的侧积方向。因此，曲流河砂体中，尤其是连片发育的曲流河沉积环境河道砂体中，对点坝描述的关键是对废弃河道的识别[48,53,91-96]。

1. 废弃河道特征

废弃河道在平面上似高弯曲河道，呈弯月状分布于河道凹岸边部或大型河道砂体之中。废弃河道砂沉积物粒度细，主要为黏土、粉砂、泥炭、有机残余等，整体物性差，废弃河道砂上部以泥质充填为主或为砂泥薄互层；下部沉积粒度相对较粗，物性相对较好，故通常下部连通而上部不连通。底部河道滞留沉积之上，有较厚的泥质或细粒沉积，这是废弃河道与点坝的主要区别。

2. 废弃河道类型

河道在演变过程中，河道或河道的某一段水流路径被阻挡时，原来河道的弯曲部分就会被截弯取直而削截为废弃河道。研究区内废弃河道按照成因可以分为渐弃型废弃河道和突弃型废弃河道。

渐弃型废弃河道：废弃河道上端或两端与原河道连通，处于弱活动水体环境或静水环境中。废弃河道接受原河道推移来的悬浮细粒物质沉积，使河道整体变窄并逐渐废弃。由于废弃河道底部为河道沉积，微电极测井曲线下部偏离幅度较大；而上部为泥质或细粒沉积，微电极曲线上部呈锯齿状或直线状，偏离幅度小。

突弃型废弃河道：河道废弃后，与原河道隔绝，处于封闭的静水环境中，形成牛轭湖，只有在洪水期才会接收来自原河道的河漫细粒沉积。由于其岩性与渐弃型废弃河道类似，测井曲线底部的偏离幅度大，近似箱形或钟形；上部偏离幅度小，接近直线形。

6.1.2　点坝构型模式

点坝是曲流河沉积中最重要的微相类型，也是曲流河单砂体的基本成因单元。本节在现代沉积和露头研究的基础上，在密井网条件下，综合利用测井、岩心等资料对点坝进行解剖。

1. 点坝构成要素

曲流河点坝由侧积面、侧积层和侧积体三要素构成。侧积面是侧积层与侧积体接触的界面，后期侧积面上会发生沉积补偿，多呈倾斜的楔状倾向于河道凹岸，其角度一般变化较大，多在 5°～20°，取决于河道侧移规模和河床地貌。侧积层是侧积面上沉积的泥质层，是点坝砂体中最重要的因素。岩性主要是有机质淤泥、黏土质或粉砂质泥岩，多呈斜插的泥质楔；其厚度在 0.2～3m；平面上呈弧形条带状，剖面上呈枝状排列。侧积体是点坝中的等时储集空间，是河流周期性洪水泛滥作用的结果；其在平面上呈新月形，剖面上呈楔状，三维空间上则呈规则叠瓦状。

2. 点坝内部侧积层特征

自 Miall 提出构型要素分析法之后，国内外众多学者以露头和现代沉积为指导，进一步发展了曲流河点坝内部侧积层的沉积理论及识别方法，并建立了曲流河点坝的水平斜列式、阶梯斜列式和波浪式三种构型模式[97-99]。

侧积层以简单的相似角度向凹岸缓缓倾斜，在空间上为一倾斜的微微上凸的新月形曲面体。水平斜列式点坝一般是潮湿型小河流或潮湿环境下水位变化不大的河流沉积形成的[100]。内部侧积层发育两种类型，即"半连通"模式（图 6-1）和"不连通"模式（图 6-2）。"半连通"模式中侧积层纵向上充填点坝约 2/3 厚度或更小，"不连通"模式侧积层纵向上完全充填点坝空间。

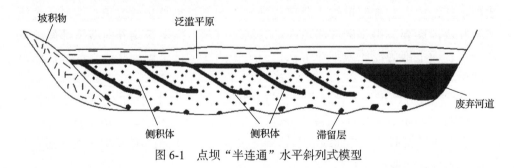

图 6-1　点坝"半连通"水平斜列式模型

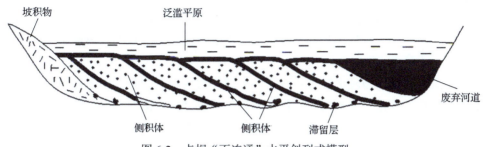

图 6-2　点坝"不连通"水平斜列式模型

　　阶梯斜列式点坝是大型河流或干旱—半干旱地区水位季节性变化的河流沉积形成的，侧积层倾角发生阶梯式变化，反映出河滩地形的台阶起伏[100,101]。薛培华[102]根据拒马河阶梯斜列式点坝提出"点坝侧积体沉积叠式"的概念。阶梯斜列式点坝也可分为"半许通"模式及"不连通"模式(图 6-3)。

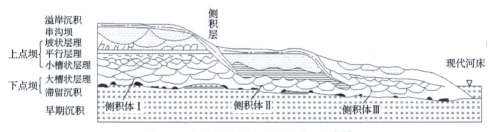

图 6-3　阶梯斜列式-点坝侧积体沉积[103]

　　波浪式点坝侧积体之间呈不规则接触，侧积层变化不定，没有明显的趋势，呈波状排布。形成波浪式侧积体组合的河流类型介于水平斜列式和阶梯斜列式侧积体组合的河流类型之间[100](图 6-4)。

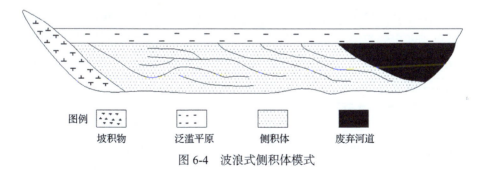

图 6-4　波浪式侧积体模式

3. 点坝内部构型表征

1) 点坝内部构型理论模式

曲流河蚀凹增凸，凹岸物质逐渐在凸岸侧积，之后河流的侧向迁移更厉害，后期沉积物侧积在侧积面上，形成一个个侧积体，多个侧积体叠置在一起，就形成了一个点坝。点坝侧积体个数取决于洪水泛滥次数，点坝规模取决于河流的规模。

曲流河点坝构型理论模式：以废弃河道拐点为轨迹交点，向废弃河道方向曲率逐渐减小，终止于废弃河道。每个侧积体内部砂体呈渐变接触。侧积体在剖面上呈"S"形的叠瓦状倾向于侧积面和废弃河道，在平面上表现为新月形近同心环状排列，侧积体之间略显突变接触。

中外学者对现代沉积和古代露头的研究很多，并且根据丰富的露头信息建立了经典的曲流河点坝构型理论模式。但是，就某个研究区来说，由于其地形、河流规模和形态等不同，侧向加积的轨迹呈现出不同的特征，所以具体的点坝构型模式比理论构型模式复杂，因此，需针对研究区的实际情况，对具体的点坝内部构型模式展开研究。

2) 点坝砂体内部构型表征

(1) 侧积层的测井响应。

侧积层是点坝内部最重要的构成要素，是研究点坝构型的重要部分。研究区内岩心和测井曲线资料较齐全，在现代沉积和野外露头已有研究成果的指导下，对研究区点坝内部侧积层进行识别。

研究区侧积层的岩性主要为泥岩和泥质粉砂岩，极少数为粉砂质泥岩。测井曲线和岩心显示，研究区内侧积层较薄，多数在 0.2～1m。自然伽马测井曲线在侧积层处回返明显；自然电位曲线呈直线状，回返不明显；声波时差曲线呈现高值；微电极测井曲线也见回返。

(2) 侧积层的倾向判断。

本节将废弃河道作为识别点坝的标志，并以废弃河道作为侧积过程的判断依据，就可判断出侧积层的倾向，即侧积层总是向废弃河道方向倾斜。以中国东北部松花江曲流河点坝现代沉积模式图为例，废弃河道、点坝内部侧积层的倾向依据上述原则即可判断，如图 6-5 所示。

(3) 点坝内部构型参数提取。

对于高弯度曲流河，特别是河道弯度指数大于 1.7 的曲流河，Leeder 根据河道满岸宽度和满岸深度的关系，得到二者之间的双对数关系式，见式(6-1)；曲流河点坝沉积内部呈现简单的正韵律特点，韵律厚度一般与河流的满岸深度大致相等；单一侧积体的宽度在河曲处最大，约为河流满岸宽度的 2/3，如式(6-2)所示；同时，Leeder 根据点坝内部的几何关系，推导出侧积层倾角的计算公式，见式(6-3)[104]，点坝内部各参数示意图见图 6-6。

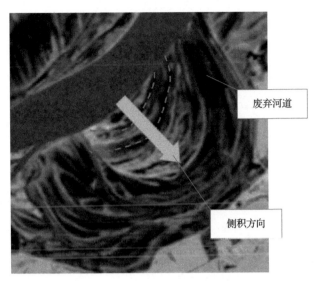

图 6-5 松花江曲流河点坝与废弃河道组合模式(来自 Google Earth)

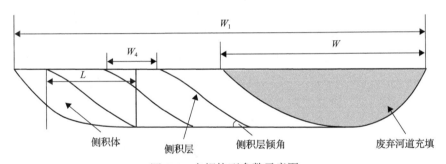

图 6-6 点坝构型参数示意图

W_1-包括点坝的单一河道宽度；W-河道满岸宽度；W_4-侧积体视宽度；L-侧积体宽度

$$\lg W = 1.54 \lg h + 0.83 \qquad (6\text{-}1)$$

$$L = 2/3W \qquad (6\text{-}2)$$

$$W = 1.5h / \tan \beta \qquad (6\text{-}3)$$

式中，h 为河道满岸深度，m；β 为侧积层倾角，rad。

　　根据研究区 S_{II}^{1-2} 小层测井资料，统计出小层砂体平均厚度为 3.2m；根据研究区已有的岩心统计结果和露头研究成果，得到研究区侧积层倾角一般在 5°～30°。因此，研究区河道满岸深度平均为 3.2m，根据式(6-1)可以计算得到其河流满岸宽度为 40.5m，根据式(6-2)可以得到侧积体宽度约为 27m，接着根据式(6-3)可以计算得到侧积层倾角平均为 6.8°，大多数在 5°～10°。

在上述统计结果和计算结果的基础上，计算出研究区侧积体厚度在 1.1～4.38m，平均厚度为 2.5m。

根据几何关系可知：

$$W_4 = 2/3h/\sin\beta \tag{6-4}$$

$$\rho = d/\tan\beta \tag{6-5}$$

式中，ρ 为侧积层密度，m/个；d 为侧积体平均厚度，m。

将河道砂平均厚度与侧积层的平均倾角代入式(6-4)和式(6-5)中得到 S_{II}^{1-2} 小层侧积体的平均视宽度为 18m，平均密度为 21m/个。

(4)研究区点坝内部构型表征。

确定小层沉积微相后，精确识别出废弃河道、曲流河点坝，进一步在点坝内利用测井资料对侧积层进行识别，再依据点坝内部构型参数确定出侧积层的各项参数，如倾向、倾角、密度等。在点坝理论构型模式的指导下，组合点坝各构型参数，建立研究区点坝三维空间构型模式(图 6-7)，得到研究区侧积层平面(图 6-8)及剖面侧积轨迹(图 6-9)。

整体规模：研究区 S_{II}^{1-2} 小层河道砂体连片分布，属高弯度曲流河沉积，内部发育短期曲流河道；研究区内河道砂宽度约为 1250m，厚度在 1.4～5.8m，平均为 3.5m。以研究区北部 B3-341-P51_B3-340-P51_B3-334-P51 井区点坝为例(图 6-9)，废弃河道为突弃型，发育在末期河道以西，宽度约为 48m；点坝宽度约为 201m，长度约为 300m，厚度平均约为 4.1m。

侧积体及侧积层：根据点坝内部各构型参数的求取公式，计算得到侧积体厚度平均为 2.5m；侧积层平面密度约为 5 个/100m，平面延伸距离约为 18m，倾角平均为 6.8°。侧积面为上缓中陡下缓的 S 形曲面(图 6-9)。

侧积层平面轨迹：在求取出上述侧积层的构型参数后，按照构型模式的概念，绘制出侧积层的平面轨迹，如图 6-8 所示。侧积层在平面上与废弃河道形态类似，为一簇以废弃河道为外界的向环心渐近的曲线，曲线法线指向废弃河道。

曲流河点坝内部构型三维模式：在上述侧积体和侧积层表征的基础上，以概念模式为蓝本，得到研究区北部 B3-340-P51_B3-334-P51 井区点坝内部构型的三维模式(图 6-7)。从构型模式图可以看出，研究区点坝侧积层在平面上呈新月形；在剖面上呈 S 形排列；侧积体以侧积层为界逐个叠加，与废弃河道和末期河道共同形成一个完整的点坝。

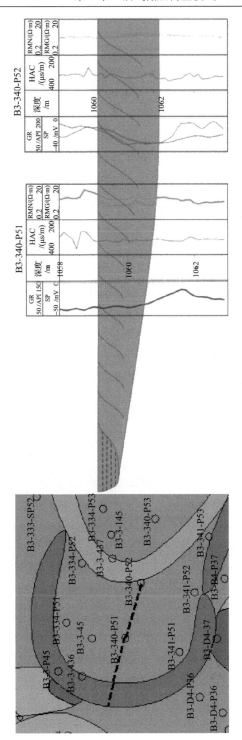

图6-7　S_{II}^{1-2} 小层侧积层井间分布剖面示意图

GR-自然伽马；SP-自然电位；RMN-微电位；RMG-微电极；HAC-高分辨率声波时差

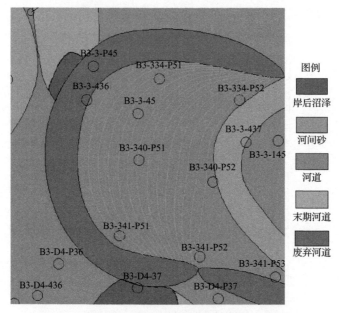

图 6-8　侧积层平面分布预测图

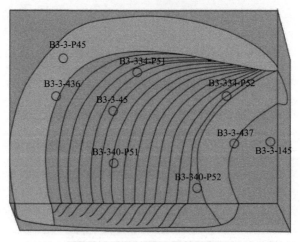

图 6-9　点坝三维空间构型模式

6.1.3　溢岸构型表征

　　研究区曲流河沉积发育规模不一的各种溢岸沉积砂体,如决口扇、废弃河道和河间砂等。溢岸沉积砂体和泛滥平原砂体沉积于河道砂体之上,三者构成曲流河典型的"二元结构"沉积特征,形成了曲流河典型的正韵律储层特征。这些砂体是沟通河道砂体的纽带,造成了曲流河沉积的平面差异[102]。

　　研究区内发育的典型溢岸砂体主要有决口扇和河间砂。决口扇在平面上呈扇状，类似于三角洲沉积。研究区内决口扇规模不大，长宽都在几百米内，厚度约为 2.6m，被末期河道或废弃河道切割，边缘与河间砂沉积指状交互(图 6-10)。

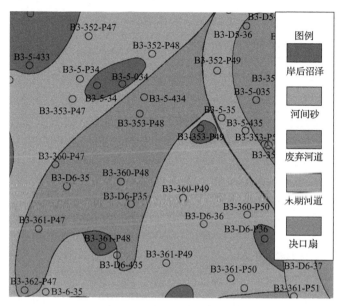

图 6-10　决口扇平面分布图

6.2　三角洲前缘厚油层构型模式

6.2.1　内部构型分析

1. 厚油层内部结构层次分析

采用余成林[105]储层构型划分方案(九级方案)(表 6-1)来指导 P_{II}^3 小层构型分析。该方案既与研究区地层及砂体划分方案相适应，又符合日常应用习惯。

表 6-1　P_{II}^3 厚油层构型层次划分方案

级次	一级	二级	三级	四级	五级	六级	七级	八级	九级
对象	P_{II} 油层组	砂岩组	亚砂组	小层	沉积单元	单砂体	加积体	层系组	交错层系

前人对 P_{II} 油层组的精细地质研究已经达到五级构型层次，但是建立在五级构型层次上的储层地质模型已经不能刻画特高含水期厚油层层内储层特征对注采矛盾的影响。特高含水期厚油层注入水整体波及效率低、油水分布复杂等问题突出。因此，本节在更加精细的分级层次的指导下(图 6-11)，基于高密度的井网条件和丰富的测井、钻井资料，对厚油层内部构型进行了精细刻画，为高含水期剩

余油研究、后续的开发调整，以及建立更为精准的储层构型模型提供了地质基础。

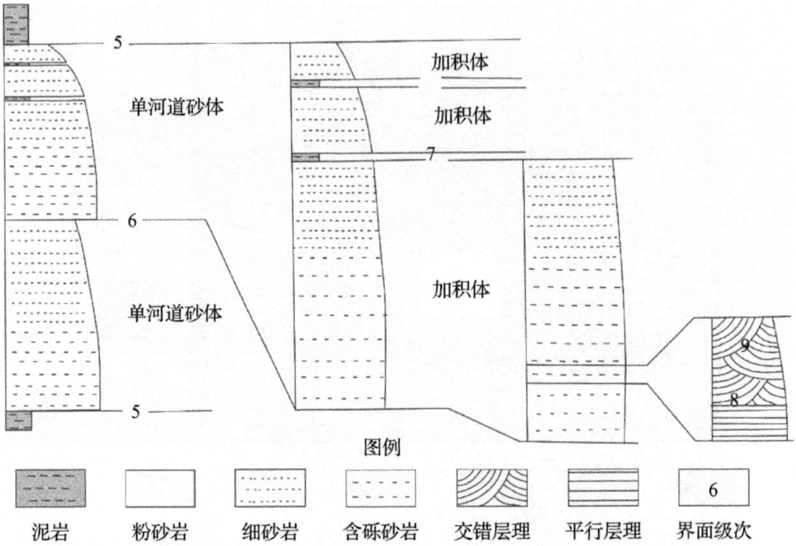

图 6-11　P_{II} 油组厚油层层次结构划分图解[105]

2. 厚油层内部结构面类型及特征

X6 区 P_{II}^3 小层厚油层，大部分河道砂体呈窄条带状展布，少数呈枝状展布。原因是研究区河道横向迁移能力弱，河道基本为单河道或分支河道。厚油层内部结构面形成于砂体内部两期稳定沉积之间，在岩性特征和测井曲线特征上，与上下两期沉积有较大区别。根据岩心资料和测井解释结果，P_{II}^3 小层内的结构面主要有三种：泥质层、物性差的含砾砂岩层和钙质层。

6.2.2　单砂体识别标志

目前针对三角洲前缘厚油层构型的研究少，对水下分流河道砂体构型的研究处于起步阶段。为了研究三角洲前缘厚油层砂体的内部构型模式，需先对单砂体进行识别，而单砂体的识别依赖于单砂体识别标志。因此，本节借鉴曲流河构型研究方面的成果，结合研究区的地质情况，确定了研究区三角洲前缘水下分流河道单一河道的识别标志。

1. 水下分流河间砂和河间泥

连片分布的水下分流河道砂体，由于河道分叉，水下分流河道之间出现不连续的河间砂(图 6-12)或河间泥(图 6-13)。连片分布的河道砂之间如果出现不连续分布的薄层砂或河间泥，就表明河间砂为多个单河道砂体。

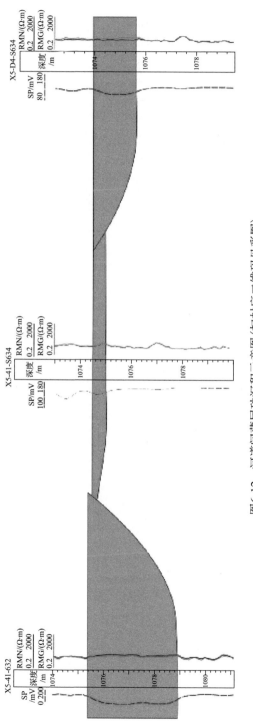

图6-12　河道间薄层砂沉积示意图(扫封底二维码见彩图)

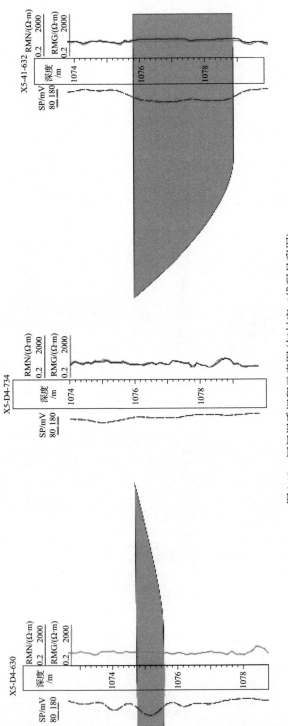

图6-13　河间泥质沉积示意图(扫封底二维码见彩图)

2. 同时期水下分流河道砂体顶底面高程差异

同一地质时期沉积形成的水下分流河道，由于沉积期间占地形的变化、河流能量的差异或河流改道等，河道砂体在高程上出现差异从而出现异位或断开（图 6-14），根据连通性差异将其分成不同的单砂体。因此，可将这种高差作为两条水下分流河道砂体的分界标志。

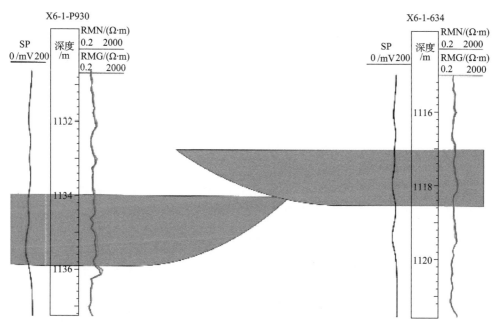

图 6-14　同时期水下分流河道砂体顶底面高程差异沉积示意图

3. 水下分流河道砂体厚度差异

如果水下分流河道砂体的厚度出现差异（图 6-15），并且这种差异边界在较大范围内存在，可以认为这种水下分流河道砂体为个同的单河道砂体。

6.2.3　水下分流河道砂体构型模式

P_{II}^3 小层共发育了 10 期次水下分流河道，方向为南北向延伸。中部 X6-10-624_X6-10-625_X6-10-626 井区三条河道侧向切叠比较严重，但是仍有未切净的残留岛存在（X5-D4-624_X5-D4-P922 井区），河道宽度为 121～345m。东、西边部河道大多呈孤立条带状南北向延展，河道宽度为 101～263m。

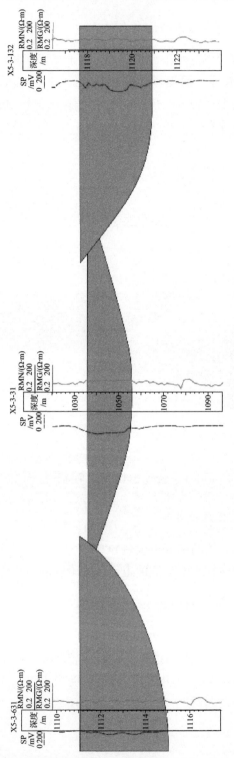

图6-15　水下分流河道砂体厚度差异沉积示意图

1. 垂向叠加样式

纵向上，水下分流河道砂体一般由两期或多期河道砂体叠加而成。研究区水下分流河道砂体主要有两种叠加方式：削截式水下分流河道叠加[图 6-16(a)]和完整式水下分流河道叠加[图 6-16(b)]。受连续性水下分流河道的冲刷作用，早期水下分流河道砂体的部分或全部被晚期的水下分流河道侵蚀，造成早期河道砂体被切削，则这些砂体为削截式水下分流河道叠加，其测井曲线为多个连续分布的波峰；受水下分流河道的间歇性沉积作用，两期分流河道砂体之间被河流间湾充填，造成两期河道砂体的不连续沉积，这些砂体的组合则为完整式水下分流河道叠加，其测井曲线为多个不连续的钟形分布。

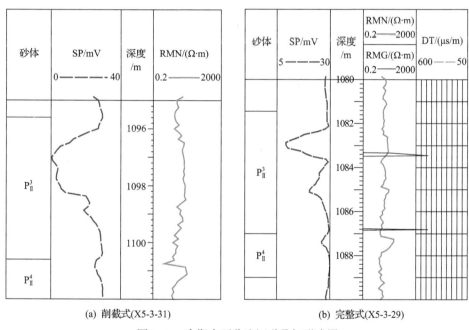

(a) 削截式(X5-3-31)　　　　　　　　　　　　(b) 完整式(X5-3-29)

图 6-16　多期水下分流河道叠加形式图

DT-声波时差

完整式水下分流河道砂体叠加组合又可称为相隔式水下分流河道砂体叠加组合；截削式水下分流河道叠加组合又可分为浅切式、深切式。完整式两期河道砂体上下为较好的河道沉积，中间为物性较差的河道间湾沉积。浅切式组合后期河道砂体以"半削截"方式切割前期河道砂体，一般切割厚度小于前期砂体厚度的一半；若后期砂体切割前期河道砂体大于前期河道砂体的一半或以上，则为深切式。

三角洲外前缘沉积时期，一般湖平面较高、水体较深，河流对三角洲形成的

建设性不强，河流的下切能力有限，不易形成对前期河道砂体的侵蚀切割，多形
成完整式砂体组合，如图 6-17 中 X5-3-31 井的砂体 1 与砂体 2。三角洲内前缘
沉积时期，湖平面有所下降，河流的能量相对湖水有所增强，具有一定的下切
能力，但是下切能力有限，后期河道难以形成深切式，易形成浅切式河道砂体
组合，如图 6-18 中 X5-3-127 井的砂体 1 和砂体 2；当湖平面进一步下降后，河
流能量相对于湖水较强，河流的下切能力较强，加之物源供应充足，后期河流
严重切割前期河道砂体，形成深切式砂体组合，如图 6-19 中 X5-3-29 井的砂体
1 和砂体 2。

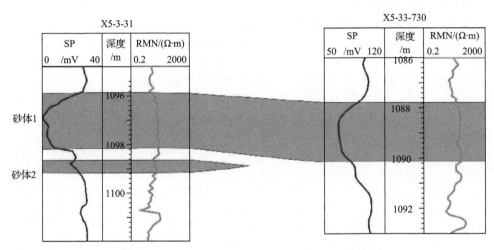

图 6-17　单一水下分流河道砂体接触样式——相隔式

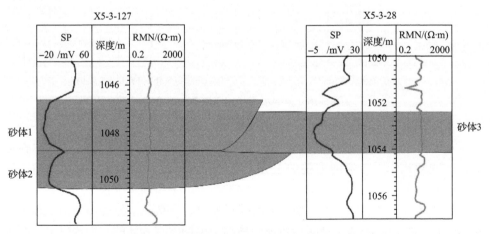

图 6-18　单一水下分流河道砂体接触样式——浅切式

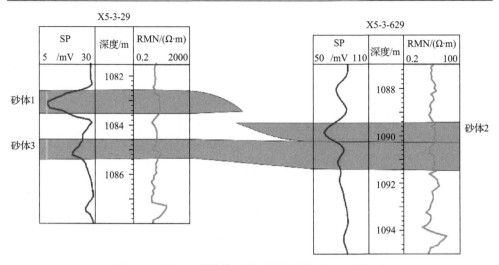

图 6-19 单一水下分流河道砂体接触样式——深切式

2. 平面展布样式

平面展布样式反映砂体平面的组合分布特征，是砂体平面差异性的反映，也是表征砂体平面非均质性的重要方面。以长宽比、宽厚比和分布范围等参数，对研究区厚油层单砂体的平面展布样式进行研究，将研究区单砂体平面展布样式分为三种类型。

1) 条带状单砂体

长宽比大于 3∶1，宽厚比大于 30。此类形态的单砂体是 P_{II}^3 小层内最常见也最发育的，如图 6-20 中 X5-34-S722_X5-3-126 井区发育条带状单砂体。

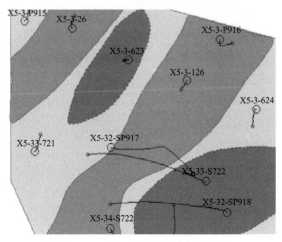

图 6-20 平面条带状单砂体示意图

2）枝状单砂体

这类单砂体在弯曲河道的基础上，常伴有分岔现象，形成次级河道单砂体，平面形态就像树枝分叉一样。此类砂体在研究区内不甚发育，仅在研究区东部的 X6-D3-134_X6-D2-634_X6-1-F31 井区发育（图 6-21）。

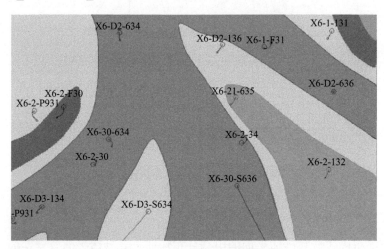

图 6-21　枝状单砂体示意图

3）横向叠置连片状单砂体

指由于多期水下分流河道纵向切叠、横向连片形成的一种平面砂体形态，与席状单砂体所不同的是它属于水下分流河道成因，研究区内发育该类砂体的有 X6-12-SP922_X6-10-727_X6-10-P923 井区（图 6-22）。

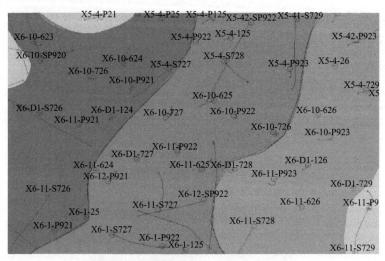

图 6-22　横向叠置连片状单砂体示意图

3. 单一分流河道内部夹层形态

在水下分流河道不同的区域，其砂体内部夹层不同，主要发育垂积层、侧积层和前积层三种类型。垂积层一般平行于砂体顶面，为水平夹层，主要发育在顺直型水下分流河道中；侧积层与曲流河沉积中的侧积层类似，一般发育于弯曲的水下分流河道的凸岸；前积层倾向湖心，倾角受前缘斜坡坡角控制，二者近似相等，发育在前缘斜坡区。

研究区内三角洲前缘亚相地形比较平坦，地层倾角 1°～3°，未见斜坡区，所以前积层不发育；研究区内河道都为顺直型河道，没有弯度较大的河段，所以也无侧积层发育。研究区内仅在顺直型河道砂体内发育垂积层(图 6-23)。

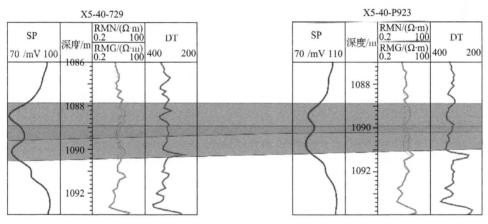

图 6-23　单一水下分流河道砂体内部垂积层特征示意图

6.2.4　席状砂内部构型模式

三角洲前缘席状砂发育在三角洲前缘水下分流河道的旁侧或末端，是水下分流河道砂和河口坝砂被湖浪与沿岸流改造的产物，呈叠加的板状或者席状，即"千层饼式"结构。席状砂内部在沉积间歇期发育连续性好的泥岩，将各期席状砂分开，构成席状砂内部的层次界面。

研究区内发育的席状砂有主体席状砂和非主体席状砂两种微相，分布于水下分流河道间。主体席状砂主要分布于水下分流河道间，而非主体席状砂镶嵌于主体席状砂之间，增加了储层的纵向和平面非均质性。

1. 透镜状单砂体

透镜状砂体分布范围小，一般横向延续一个井距左右，呈透镜状，长宽比等于或小于 3∶1，宽厚比大于 100，研究区内此类砂体分布面积小，不甚发育，主要以非主体席状砂体形式零星分布于主体席状砂内（图 6-20 中 X5-3-623 井区）。

2. 席状单砂体

平面上呈等轴状，分布面积大，宽厚比大于 1000，均为席状砂沉积，研究区内不甚发育，仅在研究区北东部的 X5-D4-134_X5-40-635 井区发育（图 6-24）。

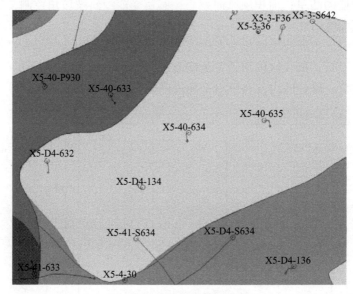

图 6-24　席状单砂体示意图

第7章　水驱油藏剩余油形成机理

7.1　油水两相渗流数学模型

7.1.1　运动方程

根据达西定律，油水两相渗流运动方程为

$$v_{\mathrm{w}} = -\frac{k k_{\mathrm{rw}}\left(S_{\mathrm{w}}\right)}{\mu_{\mathrm{w}}} \nabla\left(p_{\mathrm{w}} \quad \rho_{\mathrm{w}} g z\right) \tag{7-1}$$

$$v_{\mathrm{o}} = -\frac{k k_{\mathrm{ro}}\left(S_{\mathrm{w}}\right)}{\mu_{\mathrm{o}}} \nabla\left(p_{\mathrm{o}} - \rho_{\mathrm{o}} g z\right) \tag{7-2}$$

式(7-1)和式(7-2)中，v_{w} 为水相的渗流速度，m/s；k 为绝对渗透率，$10^{-3} \mu \mathrm{m}^2$；k_{rw} 为水相相对渗透率；S_{w} 为含水饱和度；μ_{w} 为水相黏度，$\mathrm{mPa \cdot s}$；p_{w} 为水相压力，MPa；ρ_{w} 为水相密度，$\mathrm{g/cm}^3$；g 为重力加速的，$\mathrm{m/s}^2$；z 为研究点距离油水界面高度，m；v_{o} 为油相的渗流速度，m/s；k_{ro} 为油相相对渗透率，f；μ_{o} 为油相黏度，$\mathrm{mPa \cdot s}$；p_{o} 为油相压力，MPa；ρ_{o} 为油相密度，$\mathrm{g/cm}^3$。

7.1.2　连续性方程

连续性方程是研究单元体中质量变化的方程，油水两相的连续性方程为

$$\nabla\left(\rho_{\mathrm{w}} v_{\mathrm{w}}\right) = -\frac{\partial\left(\phi S_{\mathrm{w}}\right)}{\partial t} \tag{7-3}$$

$$\nabla\left(\rho_{\mathrm{o}} v_{\mathrm{o}}\right) = -\frac{\partial\left(\phi S_{\mathrm{o}}\right)}{\partial t} \tag{7-4}$$

式(7-3)和式(7-4)中，ϕ 为孔隙度；S_{o} 为含油饱和度。

7.1.3　状态方程

$$\phi = \phi_{\mathrm{l}} + C_{\mathrm{r}} p \tag{7-5}$$

$$\rho_{\mathrm{w}} = \rho_{\mathrm{wi}} C_{\mathrm{w}}\left(\rho - \rho_{\mathrm{i}}\right) \tag{7-6}$$

$$\rho_o = \rho_{oi} C_o \left(\rho - \rho_i \right) \tag{7-7}$$

$$S_o = 1 - S_w \tag{7-8}$$

$$p_c = p_o - p_w = \left(\rho_o - \rho_w \right) gz \tag{7-9}$$

式(7-5)～式(7-9)中，下标 i 为初始状态；C_r 为岩石压缩系数，$10^{-4} \mathrm{MPa}^{-1}$；$C_w$ 为水相压缩系数，$10^{-4} \mathrm{MPa}^{-1}$；$C_o$ 为油相压缩系数，$10^{-4} \mathrm{MPa}^{-1}$；$\rho$ 为两组分的密度，$\mathrm{g/cm}^3$；p_c 为毛细管力，MPa；p_w 为水相压力；p 为压力。

7.1.4 油水两相渗流控制方程

将运动方程代入连续性方程中，得到油水两相的渗流方程为

$$\nabla \left[\frac{k k_{rw}\left(S_w\right)}{\mu_w} \rho_w \nabla \left(p_w - \rho_w gz \right) \right] = \frac{\partial \left(\phi S_w \rho_w \right)}{\partial t} \tag{7-10}$$

$$\nabla \left[\frac{k k_{ro}\left(S_w\right)}{\mu_o} \rho_o \nabla \left(p_o - \rho_o gz \right) \right] = \frac{\partial \left(\phi S_o \rho_o \right)}{\partial t} \tag{7-11}$$

将方程(7-10)右端展开，得

$$\frac{\partial \left(\phi S_w \rho_w \right)}{\partial t} = S_w \rho_w \frac{\partial \phi}{\partial t} + \phi \rho_w \frac{\partial S_w}{\partial t} + \phi S_w \frac{\partial \rho_w}{\partial t} \tag{7-12}$$

$$\frac{\partial \phi}{\partial t} = \phi_i C_r \frac{\partial \rho}{\partial t} \tag{7-13}$$

$$\frac{\partial \rho_w}{\partial t} = \rho_{wi} C_w \frac{\partial \rho}{\partial t} \tag{7-14}$$

$$\frac{\partial S_o}{\partial t} = -\frac{\partial S_w}{\partial t} \tag{7-15}$$

同理，将方程(7-11)右端展开得

$$\frac{\partial \left(\phi S_o \rho_o \right)}{\partial t} = S_o \rho_o \frac{\partial \phi}{\partial t} + \phi \rho_o \frac{\partial S_o}{\partial t} + \phi S_o \frac{\partial \rho_o}{\partial t} \tag{7-16}$$

$$\frac{\partial \rho_o}{\partial t} = \rho_{oi} C_o \frac{\partial \rho}{\partial t} \tag{7-17}$$

厚油层开发近 50 年，基本保持注采平衡开发。地层孔隙、油水密度等随压力的变化非常小，基本可以忽略。根据这一实际情况，由式(7-10)和式(7-11)可得

$$\frac{\partial S_{\mathrm{w}}}{\partial t} = \frac{\mathrm{d}S_{\mathrm{w}}}{\mathrm{d}p_{\mathrm{c}}} \cdot \frac{\partial p_{\mathrm{c}}}{\partial t} \tag{7-18}$$

可以得到油水两相的渗流方程：

$$\nabla\left[\frac{kk_{\mathrm{rw}}\left(S_{\mathrm{w}}\right)}{\mu_{\mathrm{w}}}\nabla\left(p_{\mathrm{w}}-\rho_{\mathrm{w}}gz\right)\right] = S_{\mathrm{w}}\left(C_{\mathrm{r}}+\phi C_{\mathrm{w}}\right)\frac{\partial p_{\mathrm{w}}}{\partial t}+\phi\frac{\partial S_{\mathrm{w}}}{\partial t} \tag{7-19}$$

$$\nabla\left[\frac{kk_{\mathrm{ro}}\left(S_{\mathrm{w}}\right)}{\mu_{\mathrm{o}}}\nabla\left(p_{\mathrm{o}}-\rho_{\mathrm{o}}gz\right)\right] = S_{\mathrm{o}}\left(C_{\mathrm{r}}+\phi C_{\mathrm{o}}\right)\frac{\partial p_{\mathrm{o}}}{\partial t}-\phi\frac{\partial S_{\mathrm{w}}}{\partial t} \tag{7-20}$$

7.1.5　定解条件

1. 边界条件

对于外边界，将其视为封闭边界，即

$$\frac{\partial\left(p_{\mathrm{w}}-\rho_{\mathrm{w}}gz\right)}{\partial \boldsymbol{n}} = 0 \tag{7-21}$$

$$\frac{\partial\left(p_{\mathrm{o}}-\rho_{\mathrm{o}}gz\right)}{\partial \boldsymbol{n}} = 0 \tag{7-22}$$

式中，$\boldsymbol{n}$ 为法线方向单位向量。

内边界条件，即井点处生产条件（一般为定注水量或产液量）为

$$q_{\mathrm{o}} = \begin{cases} 0, & \text{注水井} \\ (1-f)q, & \text{产油井} \end{cases} \tag{7-23}$$

$$q_{\mathrm{w}} = \begin{cases} q, & \text{注水井} \\ fq, & \text{产油井} \end{cases} \tag{7-24}$$

式中，q_{o} 为油相流量；q_{w} 为水相流量；q 为总产量；f 为分流量函数，可表示为

$$f = \frac{\dfrac{k_{\mathrm{rw}}}{\mu_{\mathrm{w}}}}{\dfrac{k_{\mathrm{rw}}}{\mu_{\mathrm{w}}}+\dfrac{k_{\mathrm{ro}}}{\mu_{\mathrm{o}}}} \tag{7-25}$$

2. 初始条件

初始时刻，压力变化为 0，故有

$$\frac{\partial\left(p_{\mathrm{w}}-\rho_{\mathrm{w}}gz\right)}{\partial t}=0 \tag{7-26}$$

$$\frac{\partial\left(p_{\mathrm{o}}-\rho_{\mathrm{o}}gz\right)}{\partial t}=0 \tag{7-27}$$

7.2　曲流河厚油层剩余油形成机理

7.2.1　曲流河构型对剩余油形成与分布的影响

有无构型两种地质模型的剩余油分布(图 7-1)对比表明：构型对剩余油饱和度影响较大。在厚油层上部，点坝部位平均剩余油饱和度比无构型时对应部位高 0.08；在厚油层中部，点坝部位平均剩余油饱和度比无构型时对应部位高 0.15；在厚油层中下部，点坝部位平均剩余油饱和度比无构型时对应部位高 0.10；在厚油层底部(侧积层未延伸区域)，两种情况平均剩余油饱和度基本相同。原因是在特高含水期，注水井正对侧积层注水波及侧积层时，由于侧积层的遮挡，注入水沿着侧积层的该侧绕流，点坝内部剩余油富集；并且由于曲流河厚油层内部为正

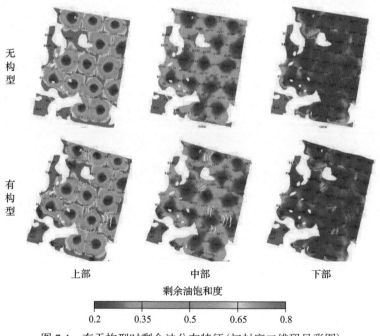

图 7-1　有无构型时剩余油分布特征(扫封底二维码见彩图)

韵律，侧积层纵向延伸有限，注入水优先波及厚油层底部，构型对中部和中下部影响也较大。

7.2.2　不同井距下构型对剩余油形成与分布的影响

从图 7-2 可以看出，不同井距下，构型对曲流河厚油层剩余油分布的影响程度不同。其对剩余油的影响具有以下特征。

（1）在厚油层的中上部，井距越大，构型对剩余油分布影响越明显。

（2）在厚油层中部，构型内部没有井控时，构型内部剩余油富集；构型内部有注、采井时，无法有效建立注采关系的构型一侧剩余油富集。

（3）在厚油层的中下部，井网稀疏时，由于构型影响（侧积层或废弃河道遮挡），在构型内部及遮挡的边部剩余油富集。

（4）在注采关系完善的情况下，构型对剩余油分布的影响幅度变小。

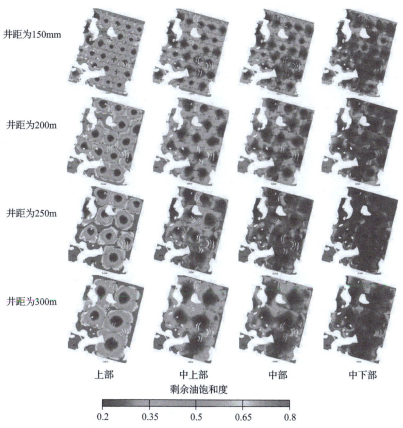

图 7-2　不同井距下含水率 98%时剩余油分布(扫封底二维码见彩图)

总之，井距越大，构型遮挡形成的剩余油越多；注采关系越差，构型遮挡形成的剩余油越多；沉积环境越复杂，侧积层或废弃河道遮挡形成的剩余油越多。

7.2.3 不同开发阶段构型对剩余油形成与分布的影响

从图 7-3 可以看出，当水淹强度达到 80%（高含水）以后，厚油层内部构型对剩余油形成与分布的影响幅度变大，并且水淹强度越大，构型对剩余油分布的影响越大；在厚油层内部，注采关系比较完善时，由于构型的影响，井间剩余油分布随构型的不同而呈现出不同的形状。产生这种现象的原因是在中低含水期，砂体连通性是剩余油的主控因素；高含水期后，连通砂体的内部构型对油水渗流的遮挡作用是构型发育部位剩余油形成的主要原因。

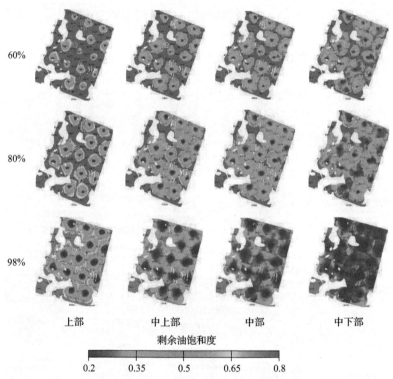

图 7-3　200m 井距下不同含水率时剩余油分布图（扫封底二维码见彩图）

7.2.4 点坝内部构型对剩余油形成与分布的影响

1. 点坝精细构型模型建立

根据大庆油区某油田的实际资料，采用面控制侧积层建模方法和参考面网格控制方法，利用 Petrel 地质建模软件，建立研究区三维水平斜列式点坝构型地质模型；并根据侧积层的形态和参数，将侧积层直接加入地质模型中进行模拟。地质模型的平面网格尺寸为 5m×5m，纵向网格尺寸为 0.5m，建立 60×60×12 的网格系统(图 7-4)；其侧积层延伸长度与渗透性通过设置侧积层的物性来控制，孔隙度和渗透率采用垂直函数控制，岩石物性整体呈正韵律分布，高压物性资料采用大庆油区某油田的实测资料，纵向渗透率为平面渗透率的 1/10，相对渗透率曲线、孔隙度取值与渗透率相匹配；地面油、气和水的密度分别为 $0.749g/cm^3$、$0.001g/cm^3$ 和 $1.0g/cm^3$；油相、水相和岩石的压缩系数分别为 $5.2×10^{-4}MPa^{-1}$、$1.1×10^{-3}MPa^{-1}$ 和 $4×10^{-4}MPa^{-1}$；油和水的体积系数分别为 1.57 和 1.14；地面原油黏度为 5.5mPa·s，水的黏度为 0.5mPa·s。

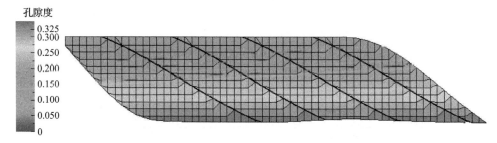

图 7-4　三维水平斜列式点坝精细构型地质模型(剖面)(扫封底二维码见彩图)

2. 侧积层倾角、侧积间距、侧积面曲率及注水方式的影响

根据曲流河点坝型厚油层中油水流动的影响因素，结合点坝内部的构型特征，利用正交实验法[104,105]，选用 3 水平 4 因素正交实验，建立 9 个侧积层精细构型地质模型进行数值模拟计算；当含水率为 98%时停止实验，并以采收率作为判别标准来分析各影响因素不同水平对剩余油分布的影响(表 7-1)。

表 7-1　点坝影响因素正交实验设计方案及结果

方案	侧积层倾角/(°)	侧积间距/m	侧积面曲率	注水方式	采收率
1	5	35	0	无夹层	0.5053
2	5	50	0.0011	顺夹层	0.4749
3	5	70	0.0027	逆夹层	0.4784
4	10	35	0.0011	逆夹层	0.4516
5	10	50	0.0027	无夹层	0.4639
6	10	70	0	顺夹层	0.4583
7	15	35	0.0027	顺夹层	0.3114
8	15	50	0	逆夹层	0.4469
9	15	70	0.0011	无夹层	0.4879

注：顺夹层指顺侧积层倾向；逆夹层指逆侧积层倾向。

研究结果(表 7-1,表 7-2)表明,侧积层倾角、注水方式、侧积间距和侧积面曲率均对曲流河点坝型厚油层的开发效果及剩余油分布具有显著影响。侧积层倾角是单砂体内侧积层的主要特征因素,其对油水流动的影响显著;采收率随着侧积层倾角的增大而降低。剩余油受侧积层遮挡作用影响,顺着侧积层走向较容易形成完善的注采关系,而垂直于侧积层走向则不易形成完善的注采关系。侧积层倾角为 5°和 15°时,逆侧积层倾向注水开发的采收率比顺侧积层倾向注水开发的采收率高。侧积间距指相邻侧积层相交点之间距离在平面上的投影距离,侧积间距越大,注入水纵向驱替面积越大,驱替效果越好。侧积面曲率对采收率也有影响;但当侧积面曲率小于 0.0011(等效曲率半径为 900m)时,侧积面曲率的影响效果不明显。

表 7-2   点坝影响因素正交实验直观分析结果

参数	侧积层倾角/(°)	侧积间距/m	侧积面曲率	注水方式
k_1	0.4862	0.4228	0.4702	0.4857
k_2	0.4579	0.4619	0.4715	0.4149
k_3	0.4154	0.4749	0.4179	0.4590
R	0.0708	0.0521	0.0536	0.0708
主次顺序	1	3	2	1
优水平	5	70	0.0011	无夹层

注:k_1、k_2、k_3 为影响因素各水平采收率的算术平均值;R 为因子极差。

3. 井网模式的影响

井网模式对由流动性差异产生的剩余油具有控制作用[103]。为了研究曲流河点坝型厚油层不同井网模式下的开发效果及剩余油分布,在相同的曲流河点坝地质模型上,分别模拟了行列式井网、反五点井网(变形的行列式井网)和反九点井网条件下的开采情况。模拟结果表明(图 7-5),行列式井网和反五点井网的开发效果明显好于反九点井网;而高含水期后,行列式井网的开发效果要好于反五点井网。因此,高含水期曲流河点坝型厚油层应采用行列式井网来提高开发效果。

4. 侧积层连通性的影响

目前针对侧积层连通性对曲流河点坝型厚油层开发效果影响的定量研究较少,多为定性分析。为此,著者在同一个曲流河点坝地质模型的基础上,设计了侧积层不连通、半连通(下部 1/3 连通)和侧积层孔隙度与渗透率极小(与侧积体之比为 1∶100)3 种情况,以分析侧积层对曲流河点坝型厚油层开发效果及剩余油分布的影响。模拟结果表明(图7-6)，在行列式井网顺侧积层倾向注水情况下，当侧积层不连通或者侧积层物性较差时，由于侧积层的遮挡作用，注入水的波及体积增大，开发效果变好；侧积层半连通时，当注入水突破后，含水率迅速上升，导致开发效果变差，剩余油在侧积层下部和点坝上部富集。

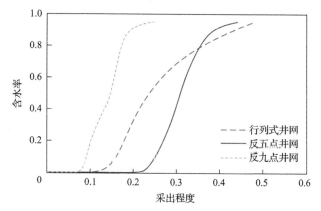

图 7-5　不同井网模式下采出程度与含水率关系

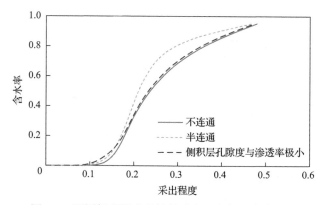

图 7-6　不同侧积层连通性的采出程度与含水率关系

7.2.5　正韵律级差对剩余油形成与分布的影响

从不同正韵律厚油层级差下剩余油饱和度分布(图7-7)可以看出，随着正韵律厚油层级差的增大，从注水井到油井，油层上部的动用越来越差，底部水洗程度逐步增大。

从采出程度与含水率关系图(图7-8)可以看出，正韵律厚油层级差越小，水驱开发效果越好，相同含水率条件下的采出程度越高，采收率也越大。从正韵律厚油层级差与采收率关系(图7-9)可以得到，当正韵律厚油层级差大于 20 后，在韵

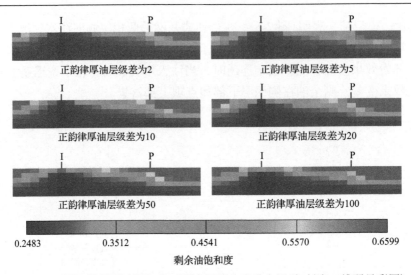

图 7-7　不同正韵律厚油层级差下剩余油饱和度分布图（扫封底二维码见彩图）

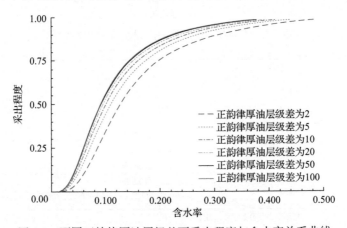

图 7-8　不同正韵律厚油层级差下采出程度与含水率关系曲线

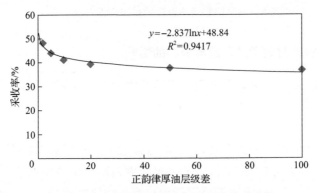

图 7-9　正韵律厚油层级差与采收率关系曲线

律和重力作用下，厚油层底部形成优势渗流通道，注入水由底部大量涌入油井，造成注入水的低效无效循环严重，导致采收率明显下降。

7.2.6　射孔位置对剩余油形成与分布的影响

为了研究正韵律厚油层油、水井不同射孔方案及其组合对剩余油的影响，按照油、水井分别射开上部、中部、下部共设计了九种方案（表 7-3）。

表 7-3　正韵律射孔方案设计表

方案	注水井射孔情况	油井射孔情况
A1		上部
A2	上部	中部
A3		下部
B1		上部
B2	中部	中部
B3		下部
C1		上部
C2	下部	中部
C3		下部

当正韵律厚油层级差为 10 时，影响开发效果的主要因素是油井射孔位置，其次是注水井射孔位置。当油井上部射孔时（见方案 A1、B1、C1），无论注水井射孔位置如何，相同含水率情况下，采出程度都最高，平均为 37.29%，无水采油期均最长，平均为 191d，同时从剩余油饱和度分布图上可以看出，上部低渗透区剩余油饱和度明显低于其他开发模式；当油井下部射孔时（见方案 A3、B3、C3），无论注水井射孔位置如何，相同含水率情况下，采出程度都较低，平均为 34.85%，无水采油期均较短，平均为 141d，同时从剩余油饱和度分布图（图 7-10）上可以看出，上部低渗透区剩余油较富集。

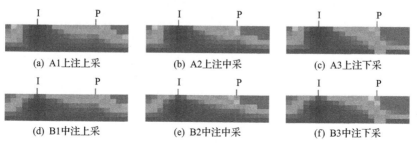

<table>
<tr><td>(a) A1上注上采</td><td>(b) A2上注中采</td><td>(c) A3上注下采</td></tr>
<tr><td>(d) B1中注上采</td><td>(e) B2中注中采</td><td>(f) B3中注下采</td></tr>
</table>

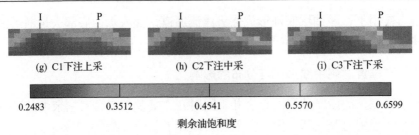

(g) C1下注上采   (h) C2下注中采   (i) C3下注下采

| 0.2483 | 0.3512 | 0.4541 | 0.5570 | 0.6599 |

剩余油饱和度

图 7-10   不同射孔位置下剩余油饱和度分布图（扫封底二维码见彩图）

I-注入井；P-生产井

　　计算结果如图 7-11 及表 7-4 所示。在九种开发方案中，上注上采的开发效果最好，采出程度高达 37.58%，无水采油期长达 211d，含油饱和度最低，剩余油挖潜效果最好；下注下采模式开发效果最差，采出程度仅为 34.67%，无水采油期仅为 121d，剩余油富集。原因为：上注上采时，注水井上部为高压区，且下部储层为高渗透区，加之重力作用，注入水易向下流动，使注水波及面积最大，驱油效率最高，同时由于油井射孔段位于上部，油井不易见水，无水采油期最长，开发效果最好；下注下采时，注水井下部为高压区，由于上部储层物性差，加之重力作用，注入水在纵向上不易流动，注水波及面积小，驱油效率差，同时由于油井在下部射孔，油井容易见水，无水采油期短，开发效果差。

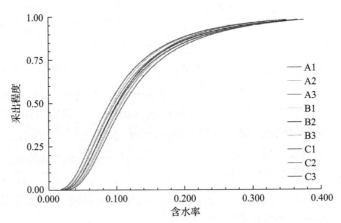

图 7-11   不同射孔位置下含水率与采出程度关系曲线（扫封底二维码见彩图）

表 7-4   不同射孔位置对开发效果的影响

方案	开发年限/年	地质储量/$10^4 m^3$	累计产油/$10^4 m^3$	采出程度/%	无水采油期/天	含水率/%
A1	52.44	9.26	3.48	37.58	211	98.00
A2	52.28	9.26	3.40	36.72	181	98.00
A3	51.29	9.26	3.25	35.10	151	98.00

方案	开发年限/年	地质储量/10^4m^3	累计产油/10^4m^3	采出程度/%	无水采油期/天	含水率/%
B1	53.67	9.26	3.44	37.15	181	98.00
B2	53.59	9.26	3.36	36.29	151	98.00
B3	52.93	9.26	3.22	34.77	151	98.00
C1	54.08	9.26	3.44	37.15	181	98.00
C2	54.08	9.26	3.36	36.29	151	98.00
C3	53.59	9.26	3.21	34.67	121	98.00

7.3 三角洲前缘厚油层剩余油形成机理

综合分析认为，对于三角洲前缘厚油层，特高含水期剩余油形成主要受平面构型单元、平面级差、单河道宽度、水下分流河道形态、层内韵律性、垂向渗透率、夹层等影响。

7.3.1 平面构型单元对剩余油形成与分布的影响

三角洲前缘各构型单元的沉积环境不同，储层平面物性差别较大，在注入水驱替过程中，各构型单元的渗流差异非常明显，导致各构型单元驱替差异明显，剩余油分布不尽相同。对于三角洲前缘储层，大庆油田依据物性将其分为河道砂、主体席状砂、非主体席状砂和泥四种构型单元。

1. 计算模型

模型的长、宽均为 1400m，网格步长为 20m，河道砂构型单元的平均渗透率为 500mD，主体席状砂构型单元的渗透率平均为 100mD，非主体席状砂构型单元的渗透率平均为 10mD，泥的渗透率为 0mD。

2. 数值模拟结果与分析

结果表明(图 7-12)，平面构型单元对剩余油分布的影响显著。不同的构型单元代表不同的沉积微相和物性，河道砂构型物性最好，平均渗透率最高，水驱程度最高，含水率为 98%时剩余油饱和度最低；主体席状砂构型单元储层物性次之，在中含水期后，水驱程度逐渐增大；非主体席状砂储层构型单元物性最差(10mD以下)，在河道特高含水期后，注水井周围小范围内才有水驱波及，剩余油饱和度接近原始含油饱和度。

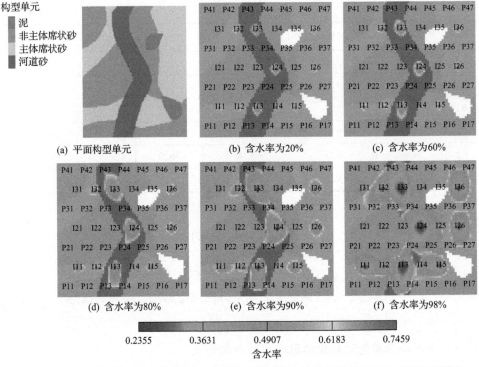

构型单元
- 泥
- 非主体席状砂
- 主体席状砂
- 河道砂

(a) 平面构型单元　　　(b) 含水率为20%　　　(c) 含水率为60%

(d) 含水率为80%　　　(e) 含水率为90%　　　(f) 含水率为98%

含水率
0.2355　　0.3631　　0.4907　　0.6183　　0.7459

图 7-12　不同构型单元平面分布图及不同含水率下剩余油分布图(扫封底二维码见彩图)

从不同构型单元的开发指标数据(表 7-5)来看，河道砂构型单元的采出程度最高，达到 66.86%，主体席状砂构型单元采出程度次之，非主体席状砂采出程度最低；含水率达到 98%时，河道砂构型单元的平均剩余油饱和度为 0.41～0.43，主体席状砂构型单元的平均剩余油饱和度为 0.52～0.58，非主体席状砂构型单元的平均剩余油饱和度为 0.48～0.50，接近原始含油饱和度；从剩余油储量丰度来看，由于不同构型单元的储层厚度、孔隙度等不同，河道砂构型单元依然是剩余油储量相对高丰度区，以及未来挖潜的重点区域。平面构型单元水驱产生差异的原因是，河道砂内部渗流阻力小，水驱速度快，水驱程度高，所以开发效果好；主体席状砂次之，非主体席状砂最差。

表 7-5　不同构型单元开发指标对比

	非主体席状砂	主体席状砂	河道砂
地质储量/$10^4 m^3$	5.95	10.85	15.45
累计产油/$10^4 m^3$	0.83	3.51	10.33
累计产水/$10^4 m^3$	0.37	4.07	112.33
采出程度/%	13.88	32.33	66.86

7.3.2　平面级差对剩余油形成与分布的影响

1. 计算模型

为了研究河道与非河道相储层同时存在情况下的剩余油分布及开发规律，设计了渗透率级差为 2、5、8、10、12、15、20、50、100 的 9 个方案进行了模拟研究。平面上采用五点井网，井距和排距均为 200m，模型大小为 1400m×1400m，高渗透区（相当于水下分流河道微相）渗透率分别取 200mD、500mD、800mD、1000mD、1200mD、1500mD、2000mD、5000mD、10000mD；相对低渗透区渗透率为 100mD。网格模型采用角点系统建立，平面网格划分为 20m×20m，纵向为一个网格，网格步长 6m。

2. 数值模拟结果与分析

渗透率级差对剩余油的分布起着十分重要的控制作用，根据不同渗透率级差含水率达到 98%后的剩余油饱和度分布图（图 7-13）可以看出：高渗透区剩余油饱和度较低，低渗透区剩余油饱和度较高；并且随着渗透率级差的增大，低渗透区的剩余油饱和度越来越高，当渗透率级差大于 50 后，低渗透区剩余油饱和度接近原始含油饱和度。高渗透区含水率达到 98%时，高渗透区的平均驱油效率为 40.17%，波及系数为 88.32%，低渗透区的平均驱油效率随着渗透率级差的增大，从 35.24%下降到 28.53%。当渗透率级差大于 5 后，渗透率不同区域的剩余油分

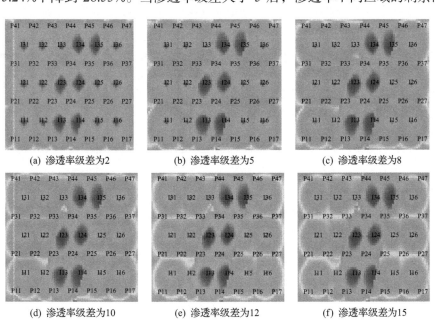

(a) 渗透率级差为2　　　(b) 渗透率级差为5　　　(c) 渗透率级差为8

(d) 渗透率级差为10　　　(e) 渗透率级差为12　　　(f) 渗透率级差为15

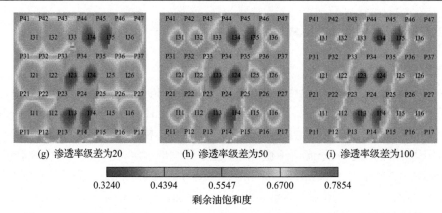

(g) 渗透率级差为20　　　　　(h) 渗透率级差为50　　　　　(i) 渗透率级差为100

0.3240　　0.4394　　0.5547　　0.6700　　0.7854
剩余油饱和度

图 7-13　不同渗透率级差下含水 98%时剩余油分布规律(扫封底二维码见彩图)

布情况就变得非常明显。实际情况下，不合理的布井对储层渗流场的改变使剩余油分布更加复杂。

　　从九个方案的开发指标来看(表 7-6)，渗透率级差对区块的开发效果影响较大。当水下分流河道微相含水率达到 98%后，渗透率级差为 2 时，采出程度为39.11%；当渗透率级差增大到 100 时，采出程度急剧下降到 24.13%。从分区采出程度的数据可以看出，当渗透率级差超过 5 后，渗透率的差异将对区块的剩余油分布产生显著影响。渗透率级差越大，则高渗透区(河道微相)与低渗透区(非河道微相)的物性差异越大，低渗透区的剩余油饱和度越大，高渗透区驱替程度越高，当渗透率级差达到 50 后，低渗透区的剩余油饱和度接近原始含油饱和度，开发程度极低。

表 7-6　不同渗透率级差开发指标对比

渗透率级差	累计产油/10^4m^3			采出程度/%		
	高渗透区	低渗透区	全区	高渗透区	低渗透区	全区
2	11.92	8.50	20.42	43.01	34.70	39.11
5	12.53	7.13	19.66	45.20	29.13	37.66
8	12.71	5.95	18.67	45.88	24.31	35.76
10	12.72	5.48	18.20	45.90	22.39	34.87
12	12.71	5.09	17.80	45.87	20.78	34.10
15	12.70	4.60	17.30	45.84	18.78	33.14
20	12.70	3.94	16.64	45.83	16.10	31.88
50	12.27	1.63	13.90	44.27	6.66	26.62
100	11.88	0.71	12.59	42.87	2.91	24.13

　　从不同渗透率级差下模型的采出程度与含水率关系曲线(图 7-14)可以看出，渗透率级差越大，无水采油期越短，综合含水率上升速度越快，开发效果越差。渗透率级差与采收率关系如图 7-15 所示，满足对数关系。

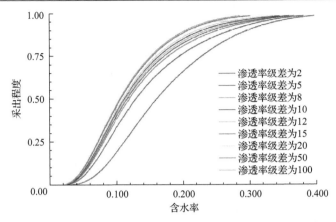

图 7-14　不同渗透率级差下采出程度与含水率关系曲线(扫封底二维码见彩图)

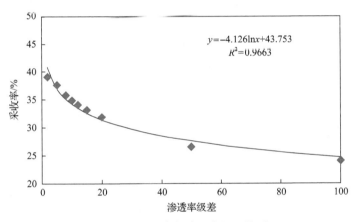

图 7-15　采收率与渗透率级差关系

图 7-16 是渗透率级差为 10 时不同开发阶段剩余油分布图。可以看出，相对高渗透区，注入井的注入量大，油井的采油量也大，低渗透区的注入井注入量小，驱替的范围也小。随着含水率的升高和开发程度的加深，高渗透区的注入水首先波及高渗透区内的采油井和高渗透区与低渗透区的界面处，进入高含水期后，高

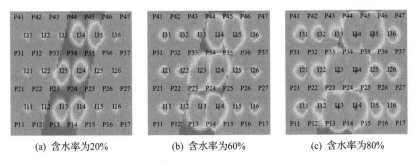

(a) 含水率为20%　　　　　　(b) 含水率为60%　　　　　　(c) 含水率为80%

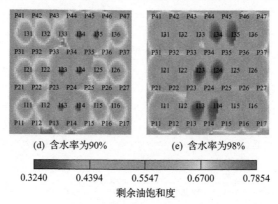

(d) 含水率为90%　　　　　　　(e) 含水率为98%

0.3240　　　0.4394　　　0.5547　　　0.6700　　　0.7854
剩余油饱和度

图 7-16　渗透率级差为 10 时不同开发阶段剩余油分布图(扫封底二维码见彩图)

渗透区的注入水才缓慢向低渗透区推进,低渗透区的驱替程度逐渐加强。渗透率级差越大,高渗透区水淹越快,平面驱替程度越不均匀,影响开发效果。

7.3.3　单河道宽度对剩余油形成与分布的影响

1. 计算模型

由于研究区水下分流河道多为窄条带状,对单河道宽度进行研究。平面上采用反五点井网,井距、排距都采用 200m,模型的长×宽为 1400m×1400m。有效厚度为 6m,网格模型储量见表 7-7。河道渗透率为 800mD,非河道相的渗透率为 200mD。

表 7-7　不同方案储量表

河道宽度/m	地质储量/10^4t
100	53.95
200	58.41
300	61.38
400	65.82

2. 数值模拟结果与分析

从数值模拟结果可以看出(图 7-17、图 7-18、表 7-8),在井网井距保持不变的情况下,不同河道宽度下,当河道相含水率达到 98%时,各种河道类型的综合含水率与采出程度相差较大。当河道宽度在 1~1.5 倍井距时,河道宽度对河道相以及全区的采出程度影响程度较小;当河道宽度小于 1/2 井距时,整体采出程度明显减小;当河道宽度大于 1.5 倍井距时,整体采出程度明显增大。而且,如果河道内能够形成完善的注采关系(注采井同时存在),窄河道(宽度小于 1/2 井距)比宽河道(宽度为 1~1.5 倍井距)的采收率高。

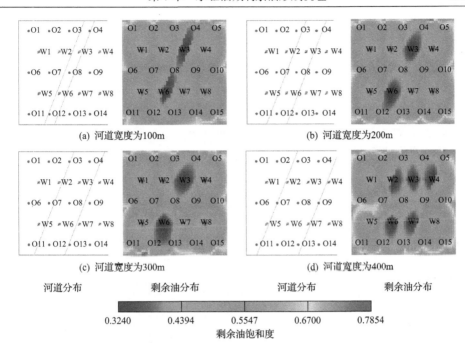

(a) 河道宽度为100m　　　　　　　　(b) 河道宽度为200m

(c) 河道宽度为300m　　　　　　　　(d) 河道宽度为400m

河道分布　　　　剩余油分布　　　　河道分布　　　　剩余油分布

0.3240　　0.4394　　0.5547　　0.6700　　0.7854
剩余油饱和度

图 7-17　不同河道宽度与剩余油分布图(扫封底二维码见彩图)

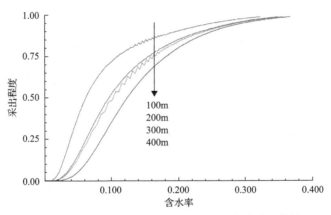

图 7-18　不同河道宽度下采出程度与含水率关系曲线

表 7-8　不同河道宽度类型开发指标对比表

河道宽度/m	河道面积比例/%	采出程度/%			含水率/%		
		河道	非河道	全区	河道	非河道	全区
100	8.36	40.46	26.74	28.61	98	83.16	91.64
200	20.36	39.4	27.4	31.08	98	84.37	94.49
300	28.36	38.93	27.91	32.39	98	86.49	95.62
400	40.36	42	29.94	36.44	98	90.98	98

7.3.4 水下分流河道形态对剩余油形成与分布的影响

从数值模拟结果(图7-19、表7-9)可以看出，在面积井网条件下，顺直、低弯和高弯三种河型使河道砂连通性较好，整体采收率较高，河道砂内剩余油饱和度低；枝状和坨状两种河型由于形成的河道砂连通性差，整体采收率低，河道砂内剩余油饱和度较高。但是整体来看，面积井网条件下，河道形态对剩余油分布和采收率影响幅度不大。

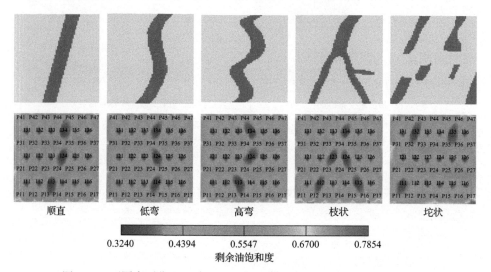

图7-19 不同水下分流河道形态下剩余油分布图(扫封底二维码见彩图)

表7-9 水下分流河道形态对开发指标的影响

形态	开发年限/a	地质储量/10^4m^3	采出程度/%			累计产油/10^4m^3		
			非河道	河道	全区	非河道	河道	全区
顺直	22.85	41.37	37.98	52.90	43.47	9.94	8.05	17.98
低弯	22.93	41.42	40.28	48.67	43.37	10.53	7.44	17.97
高弯	22.93	41.22	39.23	50.88	43.47	10.29	7.63	17.92
枝状	23.84	42.42	31.43	59.32	42.48	8.05	9.96	18.02
坨状	23.01	42.84	27.65	63.06	42.06	7.02	11.00	18.02

7.3.5 层内韵律性对剩余油形成与分布的影响

1. 计算模型

X6区中部三角洲前缘储层为行列式注水开发井网，油、水井排间距为300~600m，井距为200~300m，区块最大的渗透率约为1600mD，测井地层对比统计厚度为 2～7m。因此，设计概念模型的长度、宽度分别为 1200m、600m，厚度为 6m。平面网格步长为 10m。

2. 数值模拟结果与分析

所有模型均水驱到含水率 98%时停止。从剩余油分布图（图 7-20）可以看出，级差越大，底部低渗透区的剩余油饱和度越大，当渗透率级差大于 20 后，厚油层内上部水淹严重；底部呈弱未水淹状态，剩余油饱和度逐渐接近原始含油饱和度。

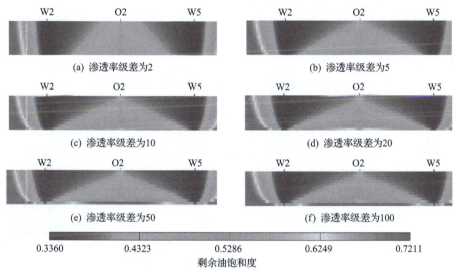

(a) 渗透率级差为2   (b) 渗透率级差为5

(c) 渗透率级差为10   (d) 渗透率级差为20

(e) 渗透率级差为50   (f) 渗透率级差为100

0.3360   0.4323   0.5286   0.6249   0.7211
剩余油饱和度

图 7-20 反韵律储层不同级差下剩余油分布（扫封底二维码见彩图）
W-注入井；O-油井

从剩余油分布图（图 7-21）来看，剩余油分布类型主要为均匀驱替型和底部富集型。当砂体内部渗透率级差在 5 以下时，砂体上部和下部的驱替程度相差不大，注水波及范围比较接近，剩余油饱和度相对高渗透率级差砂体内部的剩余油饱和度变化比较均匀，相差不大 [图 7-21(a)]；当渗透率级差大于 5 时，底部渗透率较低，注入水沿上部的高渗透层段突进，造成上部水淹程度高，中下部水淹程度低，剩余油饱和度高，储层动用较差 [图 7-21(b)]。

从不同渗透率级差模型开发指标（表 7-10）可以看出，储层韵律对厚油层开发效果影响比较明显。当渗透率级差从 2 增加到 100 时，采收率从 37.36%降到 30.97%，降幅为 6.39 个百分点。渗透率级差增大后，模型的无水采油期变短，含水率上升速率加快，开发效果变差。反韵律渗透率级差与采收率满足图 7-22 的双对数（自然对数）关系。反韵律厚油层在渗透率级差不大（小于 5）时，由于重力和韵律的作用，厚油层内部驱替得比较均匀，较正韵律厚油层水驱效果好；当渗透率级差较大时，由于上部渗透率较大，注入水沿上部渗流速度快，上部驱替效果好，下部剩余油比较富集。

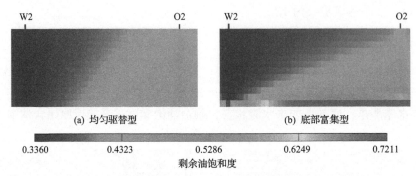

图 7-21　反韵律厚油层剩余油分布图(扫封底二维码见彩图)

表 7-10　反韵律储层不同渗透率级差情况开发指标对比

渗透率级差	开发年限/a	地质储量/10^4m^3	累计产油/10^4m^3	采收率/%	剩余油饱和度/%	驱油效率/%	波及系数/%
2	43	76.9	28.73	37.36	42.47	45.9	81.39
5	42	76.9	28.07	36.51	43.45	44.65	81.77
10	39	76.9	27.51	35.77	44.42	43.41	82.40
20	38	76.9	26.84	34.83	45.37	42.21	82.52
50	37	76.9	25.96	33.76	47.70	39.23	86.06
100	33	76.9	23.82	30.97	52.38	33.27	93.09

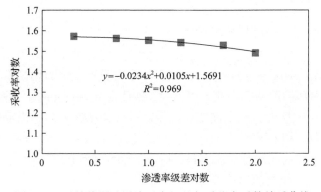

图 7-22　反韵律厚油层渗透率级差与采收率对数关系曲线

7.3.6　夹层对剩余油形成与分布的影响

1. 夹层数量对剩余油的影响

1)计算模型

模型设置为夹层模型，并将其中一个纵向网格设为无效网格，如图 7-23 所示。

图 7-23 概念模型图

2) 数值模拟结果与分析

为了研究非渗透性夹层对厚油层内部剩余油的影响,设计了无夹层、1 个夹层、2 个夹层、3 个夹层四种方案。从剩余油分布剖面图(图 7-24)可以看出,无夹层时,剩余油分布在反韵律的底部和顶部生产井附近。当厚油层内部存在非渗透性夹层时,夹层将厚油层分成若干个相对独立的渗流单元,纵向上剩余油分布更加复杂。整体上,剩余油依然分布在反韵律的底部,但是随着夹层数量的增加,厚油层内部的剩余油分布呈现不同的特征:当厚油层中部存在一个夹层时,厚油层内部上、下两段均呈现出无夹层时的剩余油分布模式,只不过上、下两段平均剩余油饱和度比无夹层时剩余油饱和度大;当厚油层内部存在两个及以上的夹层时,由于夹层对垂向渗流的遮挡作用,加之上部被夹层分割的厚度更小,注入水突进更快,下部的剩余油越多,垂向上越分散。另外,边部剩余油由无夹层时的弯月状演变成有夹层时的三角状。

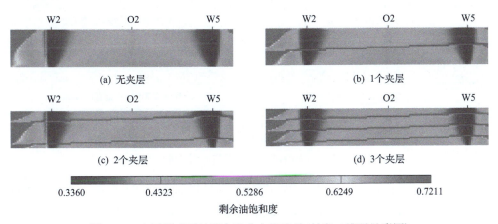

图 7-24 夹层影响下的剩余油分布规律(扫封底二维码见彩图)

从厚油层内部不同夹层分布情况下的开发指标(表 7-11)来看,夹层对反韵律厚油层的开发效果影响较大。无夹层时的采收率达到 29.51%,而当厚油层内部存在 3 个夹层时,采收率为 26.34%,比无夹层时降低了 3.17 个百分点。

表 7-11　夹层影响下开发指标对比表

夹层分布情况	开发年限/年	地质储量/10⁴m³	累计产油/10⁴m³	累计产水/10⁴m³	采收率/%
无	34.50	83.35	24.60	22.09	29.51
1个夹层	32.03	83.35	23.54	20.44	28.24
2个夹层	30.72	83.35	22.76	19.58	27.30
3个夹层	29.49	83.35	21.95	18.78	26.34

厚油层内部呈反韵律时，无夹层时由于纵向驱替相对有夹层时较为均匀，开发效果好，开发时间长，采收率高；厚油层内部夹层越多，夹层所分割的砂层厚度越小，分割的厚度段内渗透率级差越小，注入水突进越快，开发时间越短，开发效果越差，采收率越低。

2. 厚油层内部夹层与韵律对剩余油的影响

从剩余油分布图(图 7-25)可以看出，大渗透率级差厚油层受内部夹层的遮挡，夹层的上部相对于无夹层时驱替程度更大；而下部驱替程度相对无夹层时驱替程度较小，剩余油饱和度较大；存在夹层时，夹层上部井距末端剩余油形态为三角状，井距末端剩余油与无夹层时相比，内部分布得更加零散。

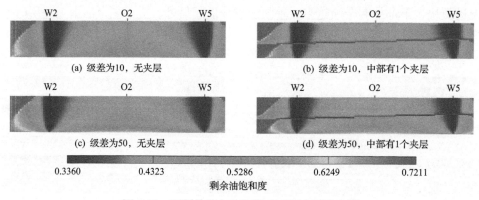

(a) 级差为10，无夹层　　　　　　(b) 级差为10，中部有1个夹层

(c) 级差为50，无夹层　　　　　　(d) 级差为50，中部有1个夹层

0.3360　　　0.4323　　　0.5286　　　0.6249　　　0.7211
剩余油饱和度

图 7-25　不同韵律与夹层影响下剩余油分布图

从不同韵律内部存在 1 个夹层的厚油层开发指标来看(图 7-26)，韵律与夹层对厚油层开发效果的影响都很明显。从采出程度与含水率曲线可以看出，渗透率级差为 10 的厚油层内部存在 1 个夹层时，其纵向上由于遮挡作用对开发效果的影响，在低含水期和特高含水期，与纵向上由渗透率级差(50)对开发效果所造成影响程度基本相同。

从开发指标数据(表 7-12)来看，含水率为 98%时，韵律对采收率的影响程度为 3.54%；夹层对采收率的影响在 4.5%～4.66% 时，渗透率级差越大，影响程度越大；韵律与夹层对厚油层采收率的共同影响为 8.37%。

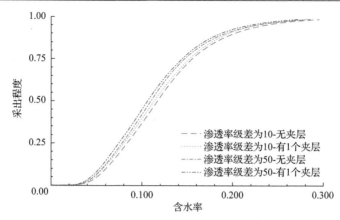

图 7-26　不同韵律与夹层影响下采出程度与含水率关系曲线

表 7-12　不同韵律与夹层情况下开发指标对比

级差	夹层情况	开发年限/a	累计产油/10^4m^3	累计产水/10^4m^3	采收率/%	韵律影响程度/%	夹层影响程度/%	共同影响程度/%
10	无	34.50	24.6	220.90	29.51	3.54（无夹层影响）	4.5	8.37
10	1 个夹层	32.03	23.54	204.40	28.24	3.54（无夹层影响）	4.5	8.37
50	无	34.17	23.75	219.49	28.50	3.54（无夹层影响）	4.66	8.37
50	1 个夹层	31.62	22.7	196.57	27.23	3.54（无夹层影响）	4.66	8.37

3. 夹层延伸长度与射孔方式对剩余油的影响

以反韵律厚油层为例，综合考虑注采井与夹层的关系、夹层延伸长度及射孔方式 3 种因素，寻找影响开发效果的主控因素，并模拟各个方案的剩余油分布情况。表 7-13 为方案设计表，共分为 3 大类 6 小类 24 种方案进行研究。

表 7-13　夹层与射孔方案设计表

类型		注采井与夹层的关系	夹层延伸长度	射孔方式	
				注水井	油井
A	A1	夹层仅被注水井钻遇	1/3 井距	全射孔	全射孔
	A2			上部射孔	全射孔
	A3			全部射孔	上部射孔
	A4			上部射孔	上部射孔
	A5		2/3 井距	全射孔	全射孔
	A6			上部射孔	全射孔

类型		注采井与夹层的关系	夹层延伸长度	射孔方式	
				注水井	油井
A	A7	夹层仅被注水井钻遇	2/3 井距	全部射孔	上部射孔
	A8			上部射孔	上部射孔
B	B1	夹层仅被采油井钻遇	1/3 井距	全射孔	全射孔
	B2			上部射孔	全射孔
	B3			全射孔	上部射孔
	B4			上部射孔	上部射孔
	B5		2/3 井距	全射孔	全射孔
	B6			上部射孔	全射孔
	B7			全射孔	上部射孔
	B8			上部射孔	上部射孔
C	C1	夹层位于注采井间	1/3 井距	全射孔	全射孔
	C2			上部射孔	全射孔
	C3			全射孔	上部射孔
	C4			上部射孔	上部射孔
	C5		2/3 井距	全射孔	全射孔
	C6			上部射孔	全射孔
	C7			全射孔	上部射孔
	C8			上部射孔	上部射孔

经过大量数值模拟，对结果进行统计分析，可以得到如下认识。

(1) 当注水井钻遇夹层时，影响开发效果的主控因素为注水井射孔方式，其次为夹层延伸长度，而与油井射孔方式关系不大。当注水井全部射开时，无论油井是否全部射开，开发效果均较好，平均采出程度为 51.09%，且夹层延伸长度越小，在相同含水率条件下，采出程度越高。A1、A3、A5、A7 几种方案夹层下部剩余油较少，且 A1、A3 方案剩余油最少。

(2) 当油井钻遇夹层时，影响开发效果的主控因素为油井射孔方式，其次为夹层延伸长度，而与注水井射孔方式关系不大。当油井全部射开时，无论注水井是否全部射开，开发效果均较好，平均采出程度为 50.65%，且夹层延伸长度越小，在相同含水率条件下，采出程度越高。B1、B2、B5、B6 几种方案夹层下部剩余油较少，且 B1、B2 方案剩余油最少。

(3)当夹层位于注采井之间时，各种方案开发效果相差不大，此时影响开发效果的主控因素为夹层延伸长度，其次为油井射孔方式，而与注水井射孔方式关系不大。当夹层延伸长度为注采井距的 1/3 时，无论注采井射开程度如何，开发效果均较好，采出程度均为 51.08%；当夹层延伸长度为注采井距的 2/3 时，只要采油井全部射开，无论注水井射开程度如何，开发效果均较好，采出程度均为 50.65%。C1、C2、C3、C4 几种方案剩余油最少，其次为 C7、C8 方案，而 C5、C6 方案剩余油最多。

(4)综合对比 24 种方案发现，A1、A3 方案开发效果最好，相同含水率条件下，采出程度最高，剩余油最少。即同时满足注水井钻遇夹层、夹层延伸长度为注采井距的 1/3 及注水井全部射开 3 个条件时，开发效果最好。

根据上述分析，可以得到以下认识。

(1)当生产井(注水井或采油井)钻遇夹层时，影响开发效果的主控因素为钻遇夹层井的射孔方式，其次为夹层延伸长度，而与未钻遇夹层井的射孔方式关系不大。这是由于油层为反韵律，下部渗透性较差，将钻遇夹层的井全部射开有利于驱走夹层附近的原油，尤其是夹层下部的原油，且夹层延伸长度越小，驱油效率越高，从而在相同含水率条件下剩余油越少，开发效果越好。

(2)当生产井未钻遇夹层时，各种方案的开发效果相差不大。这是由于夹层距油、水井较远，对油水流动的遮挡作用较小，无论油、水井射孔方式如何，都会有部分注入水绕过夹层流动到油井附近，驱动油井附近的原油，油、水井附近的剩余油均较少，开发效果相差不大。

(3)24 个方案同时满足注水井钻遇夹层，夹层延伸长度为注采井距的 1/3 及注水井全部射开 3 个条件时，开发效果最好。这是由于此种情况下，首先夹层距采油井较远，不能对原油流动起到直接遮挡作用；其次夹层延伸长度较小，对注入水的遮挡作用也较小，注入水容易绕过夹层流入油井井底起到驱油作用，同时由于注水井全部射开，注水井附近原油易被驱动，从而油、水井附近剩余油均最少，开发效果最好。

第8章 非均质储层剩余油分布模式

8.1 厚油层构型模型建立思路与方法

8.1.1 储层构型模型建立思路

传统上使用二维图形，如平面微相图或平面渗透率等值线图等，来描述储层的微相展布或渗透率分布的油藏描述方法具有很大局限性，其"均化效应"掩盖了厚油层的层内非均质性。针对传统油藏描述方法的弊端，近年来，石油学家提出了建立储层三维精细地质模型来精确表征地下储层三维空间非均匀展布特征。三维储层地质建模技术是油藏描述的最终成果，是剩余油形成与分布研究的基础。本节利用测井、取心井资料开展精细地质研究，并在充分消化吸收前人地质研究的基础上，进行了小层对比、砂体顶底抽提、层内夹层(包括侧积夹层和水平夹层)井点识别与井间模式预测、沉积微相划分，并结合单井测井解释数据建立了厚油层油藏精细地质模型。本章首先根据厚油层内部构型刻画的需要，对研究区平面和纵向网格划分进行了合理设计；其次在层面模型与断层、构型分析的基础上，建立储层构造模型；最后在小层平面微相图的基础上建立沉积微相模型，并在沉积微相的约束下，建立储层参数模型，粗化输出到数值模拟软件进行数值模拟计算并进行剩余油分布研究。具体建模流程如图 8-1 所示。

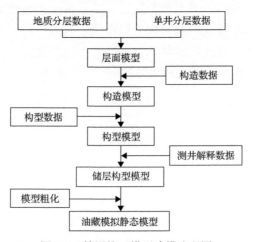

图 8-1 储层构型模型建模流程图

建模数据准备、构造建模和储层属性建模是储层三维建模的基本环节。对于三维构型建模来说，还需要在构造建模之后，针对构型数据，建立构型模型，然后进行储层属性建模。

8.1.2　储层构型模型建立方法

建立定量储层预测地质模型的方法包括确定性建模和随机建模两种方法。

确定性建模方法认为井间未知区域是唯一解，对井间未知区域给出确定性的预测结果，即从具有确定性地下信息的井点出发，推测出井间确定的、唯一的储层参数。确定性建模方法的优点是相同的输入总是得到相同的结果，并且是无偏的、最优的结果，计算速度快，计算过程透明；缺点是少量点(如井点)将得到一个相对均质的模型，即使证据和经验证明这不可能。本章中的两个研究区经过三次加密，井网密度大，沉积微相刻画得较为详细，并且每个沉积微相模型具有较好的连续性，因此本章采用确定性方法建立了沉积相模型。

随机建模方法对井间未知区域给出随机的预测结果。这种方法以"硬数据"(井数据或岩心观测数据等)为基础，在随机函数理论的指导下，应用随机模拟算法，建立一系列概率相等的储层模型。随机建模对于相同的输入，将会得到近似的结果。它的优点是能考虑到输入数据的更多方面，局部高值与低值都会被保留，而不会被输入的数据给"拉平"；它的缺点是算法相对确定性建模更复杂，计算时间更长，模型的一些重要方面也会被"随机"化。自随机建模出现于石油领域以来，已有多种随机建模方法问世，其中以序贯高斯模拟方法最为经典。序贯高斯以变差函数分析数据的变化，得到随机变量(储层属性)的分布和数学统计值，包括随机变量的平均值、标准差、最大最小输出值等，根据这些参数，再经过序贯高斯模拟，即可得到储层属性模型，并且可以同时使用其他约束数据进行条件模拟。序贯高斯模拟对连续变化的模拟具有较高的可靠性和准确度，故选择序贯高斯模拟方法建立储层属性模型。

目前的建模方法虽然能够建立较为完善的地质模型，但是对于厚油层内部构型的模型表达，仍无法解决。针对目前这一难点，本章在精细地质模型的基础上，通过人机互动对三维精细地质模型进行后处理，在保证网格整体质量的同时，实现了构型的有效表达与工业应用。

8.2　曲流河储层剩余油分布模式

8.2.1　示例研究区概况

1. 地理位置

北三西区块位于 S 油田北部，北起 B3—D2 井排，南至 B2—D3 井排，西以 S

和 L 油田分界线为界，东以 B3—D2-41—B2—D3-50 井排为界。B3-2-147—B2—D3-40 井排将北三西区块分为东、西两个区块，研究区位于北三西区块内，面积约为 3km²。

2. 构造特征

北三西区块位于 S 油田北部背斜构造的西翼，地层倾角在 2°～30°，全区构造较为平缓，局部略有起伏。区内发育 11 条大小不一的正断层，延伸长度最大的达 2.6km，最小的不足 0.5km，走向大多为北北西向，地层断距相差较大，最大可达 100m，最小不足 5m。研究区内仅在西南角发育一条北西走向的正断层，地层断距最大的地方达 50m 左右，最小的地方为 20m 左右，平均断距约为 30m；水平断距较小。

3. 储层沉积特征

北三西区块属于 S、P、G 油层沉积时期，其前期沉降速度快，后期沉降速度较慢。该时期盆地气候干燥，物源供给丰富，是总体沉积过程中的一个显著充填时期。S、P、G 油层沉积时期河流能量较强，湖盆作用较弱，形成河控三角洲，发育多种河流-三角洲沉积类型。

4. 储层特征

北三西区块整体上砂泥岩互层，平面和纵向非均质性严重。油藏顶面海拔在 150m 左右，油藏中深约为 1000m，埋深在 900～1200m。研究区有效砂岩厚度为 58.19m，有效油层厚度为 55.68m。河道砂体大面积发育，连片分布，具有良好的孔隙度和渗透率，其中主河道物性最好。研究区 S_{II}^{1-2} 小层孔渗分布如图 8-2 所示。

5. 储层流体特征

北三西区块原油具有"三高一低"的特点，即黏度高、含蜡量高、凝固点高、含硫量低。该区为背斜砂岩油藏，无气顶，边水和底水不活跃，具有统一的压力系统。具体如表 8-1 所示。

6. 油田开发简况

北三西区块自 1964 年投产以来，先后经历了行列井网排液拉水线的基础井网阶段，开采 P_1、G 和 S、P、G 油层中低渗透层的一次加密井网，开采 P_{II} 和 G 油层的薄差层的二次加密井网及开采 P_1 主力层的聚合物驱井网（表 8-2）。

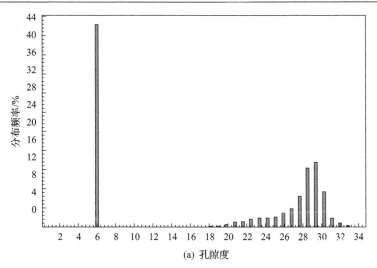

(a) 孔隙度

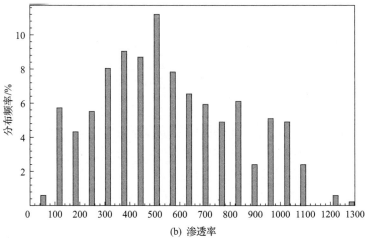

(b) 渗透率

图 8-2　研究区 S_{II}^{1-2} 小层孔渗分布图

表 8-1　北三西区块流体物性表

原始饱和压力/MPa	地层原油黏度/(mPa·s)	地层原油密度/(g/cm³)	体积系数	原油压缩系数/10^{-4}MPa^{-1}	岩石压缩系数/10^{-4}MPa^{-1}	地层水黏度/(mPa·s)
10.52	8.0	0.858	1.041	9.5	6.0	0.5

表 8-2　北三西区块各套井网基本情况

井网	开采层系	年份	井网方式	井排距/m
基础井网	S 油层主力层	1964	行列井网	500×500(500, 300)
				600×500(500, 400)
	P 油层主力层	1964	行列井网	1100×500(500, 300)

井网	开采层系	年份	井网方式	井排距/m
基础井网	P 油层主力层	1964	行列井网	1100×500(500, 400)
一次加密井网	B3-3 排—B2-3 排 P₁、G 油层的中低渗透层	1981	反九点	250×250
	B3-1 排—B3-3 排 S、P、G 油层的中低渗透层	1986	反九点	250×(220, 250)
二次加密井网	B3-3 排—B2-3 排 S 油层的薄差层	1993	反九点	250×250
	PⅡ、G 油层的薄差层	1993	五点法	250×250
聚合物驱井网	P₁ 主力层	1997	五点法	250×250

8.2.2　曲流河油层构型模型

1. 数据准备

建立完善的地质数据库是储层三维地质建模的基础。数据的丰富程度及其准确性在很大程度上决定着所建模型的精度。因此，必须在地质建模之前，对数据进行收集和筛选。本节根据研究区的实际情况，收集了井数据(包括井坐标数据、测井数据)、断层数据、分层数据、储层内部构型数据、储层属性数据等。

1) 井数据

研究区内共有 315 口井，建模应用了所有井的井口坐标数据、井轨迹数据和每口井的测井解释数据。

2) 断层数据

研究区内断层不发育，仅有一条西南走向的断层。根据穿过断层井的断点对断层参数进行描述。

3) 分层数据

本节在前人地层对比数据的基础上，根据测井数据的更新对单井的小层分层数据进行了微调，并通过精细单砂体对比，将小层内部单井(315 口)的砂体顶底深数据剖析出来，建立了砂体顶底层面数据(图 8-3)。

4) 储层内部构型数据

研究区的构型单元主要包括河道、决口扇、河间砂、废弃河道、末期河道、侧积层和岸后沼泽等。构型模型的建立依靠构型参数的确定，而构型参数来自研究区内井的构型解释数据。在第 6 章储层构型分析与表征中，针对不同的构型单元，在现代构型理论的指导下，对其展布状态、内部韵律、厚度、倾角等参数进行了统计和分析计算，并对研究区单井进行了储层构型分析，对各构型的几何参数进行了定量表征，获得储层构型数据。

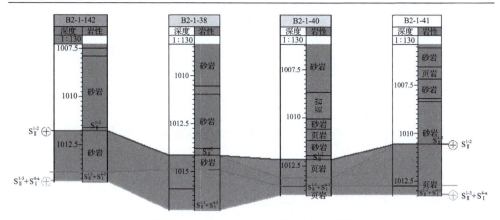

图 8-3 小层与内部砂体顶底连井剖面图

5）储层属性数据

储层属性数据依赖于经验储层数据，即岩心和测井解释数据，包括单井相、砂体、水平夹层、含油性等数据，这是储层建模最可靠的"硬数据"。本节在应用测井信息研究储层单井参数时，充分比对岩心观测数据和地质地层测试数据，并根据水淹后的测井解释数据对单井测井资料进行修正，使单井的储层物性和含油性数据准确可靠。

2. 数据集成及质量检查

将以上所收集与处理得到的数据，集成各种不同比例尺、不同来源的数据，构建有机统一的储层建模数据库，形成研究区地质综合分析数据平台。

建模数据类型多、数量大，并且来自不同学科研究人员之手，不合理的数据不可避免，因此必须对井眼"硬数据"进行检查，确保用于建模的原始数据准确。对于小层面，确保其与井点数据吻合，防止单井小层砂体"窜层"；同时，对储层参数与沉积相数据，通过不同的统计分析方法和可视化手段，对储层参数进行质量检查，对于出现的问题，查找原因，合理修改，确保参数的连贯性与一致性。

3. 三维构造建模

构造模型是储层的空间格架，包括断层模型与层面构造模型，控制了模拟地质体的空间位置和各个断块之间的配置关系，是储层模拟的基础，因此，在建立储层属性的空间分布之前，应进行构造建模。

断层模型是断层面在三维储层空间的反映。根据研究区断层地震解释出来的断层线，建立断层面，并根据单井断点数据对断层进行校正。

层面构造模型是地层界面三维展布的反映。分层数据是层面建模最基础的资料，包括单井的分层数据和层面的地震解释数据。采用普通克里金插值方法建立

了 S_{II}^{1-2} 小层的顶、底层面模型，并且利用地层对比的分层数据进行校正，使层面在井点处与井分层数据吻合。考虑断层对层面的空间展布的影响，将层面模型叠合起来即形成了地层的格架模型。

4. 三维储层构型建模

对于曲流河沉积厚油层来说，将曲流河储层构型分析与表征的构型参数在三维模型里表达出来，是研究区三维构型建模的目的。本节的曲流河构型建模以精细地质模型为基础，应用单井构型参数和构型展布预测参数，采用人机交互式建模方法进行三维构型建模，如图 8-4 所示。

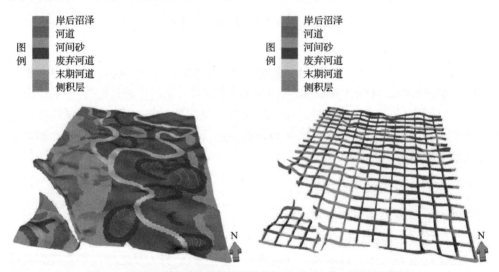

图 8-4　研究区储层构型模型及栅状切片(扫封底二维码见彩图)

5. 储层属性建模

储层属性建模采用分级次建模的方法。首先根据沉积微相图建立确定性的沉积相模型；其次利用储层构型定量几何参数，在沉积相模型的基础上对构型进行替换表达，建立包含构型的三维沉积微相模型；最后采用序贯高斯模拟方法，在变差函数的约束下，以沉积微相为构型单元，分单元进行属性模拟，建立研究区属性分布模型。

应用 Petrel 建模软件，通过沉积微相控制下的属性建模，建立了北三西 S_{II}^{1-2} 小层的孔隙度和渗透率三维分布模型。图 8-5 和图 8-6 分别是北三西 S_{II}^{1-2} 小层孔隙度和渗透率的三维模型及栅状切片。储层构型模型的建立为研究特高含水期曲流河厚油层数值模拟及剩余油形成分布规律提供了可靠的物质基础。

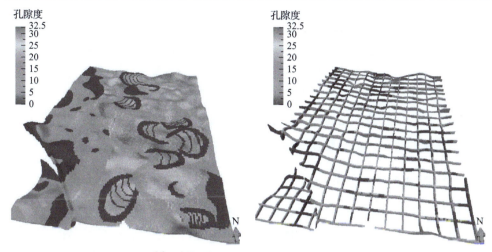

图 8-5　北三西 S_{II}^{1-2} 小层孔隙度模型及栅状切片(扫封底二维码见彩图)

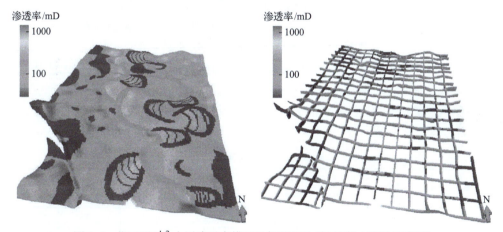

图 8-6　北三西 S_{II}^{1-2} 小层渗透率模型及栅状切片(扫封底二维码见彩图)

8.2.3　曲流河油层剩余油分布模式

1. 侧积层对研究区开发效果的影响

为了研究侧积层对研究区宏观开发指标的影响,在相同的井网设置和开发条件限制下,将精细地质模型(不考虑侧积层)和构型模型进行了对比,开发指标如表 8-3 所示。

根据模拟结果可以看出,正韵律厚油层油藏侧积层对全区开发效果的影响比较明显,存在侧积层时,由于中上部侧积层的遮挡作用,下部注入水冲刷加剧,注水量和产水量增加,含水率升高;无侧积层时,累计产油量较有侧积层时多 $2.82 \times 10^4 \text{m}^3$,同期含水率降低 1.24 个百分点,采出程度提高 2.05 个百分点。所

表 8-3　侧积层对研究区开发指标的影响

有无侧积层	日产量/m³		累计产量/10⁴m³		日注水量/m³	累计注水量/10⁴m³	含水率/%	采出程度/%
	油	水	油	水				
有侧积层	14.26	260.13	47.31	189.93	279.82	242.45	94.80	34.26
无侧积层	14.88	216.18	50.13	194.51	226.98	247.08	93.56	36.31

以，侧积层的存在，将会显著增加厚油层内剩余油的数量。

2. 侧积层处单井生产特征

受构型影响，不同部位生产井其生产特征相差很大。本节以累计水油比和目前产量、含水率等生产指标为目标，对构型与单井的生产特征进行定量统计，分析二者之间的关系。累计水油比是指油井累计产水量和累计产油量的比值，反映了油井单位产油量随采水量的大小，是评价单井生产特征和剩余油的有效参数。

不同部位井的生产特征如表 8-4 所示。统计结果显示，钻遇侧积层的油井，在二次加密末期，其累计水油比和含水率都比未钻遇侧积层的油井大；侧积层边部井(如 B3-D6-40 井)，由于侧积层和废弃河道的遮挡作用，处于有采无注状态，所以累计产油量小，处于无水期；未钻遇侧积层中的油井大部分目前生产状况较钻遇侧积层的油井好，目前产油量比钻遇侧积层的油井高出 50%多，含水率低 1～5 个百分点。

表 8-4　不同部位井生产特征

部位	井号	累计产水量/10⁴m³	累计产油量/10⁴m³	累计水油比	目前产油量/(m³/d)	目前产液量/(m³/d)	含水率/%
钻遇侧积层	B3-5-38	5.30	1.48	3.58	0.20	7.42	97.35
	B3-6-39	10.94	1.97	5.55	0.56	13.30	95.82
	B3-D5-37	7.12	0.68	10.47	0.33	12.84	97.40
	B3-D6-40	0.00	0.01	0.00	0.08	0.08	0.00
未钻遇侧积层	B3-4-36	7.28	3.08	2.36	0.71	13.35	94.70
	B3-5-37	14.21	4.72	3.01	1.06	18.06	94.15
	B2-D1-37	1.95	0.71	2.75	0.98	15.22	93.54
	B3-D6-37	3.13	1.49	2.10	1.87	26.65	93.00
	B3-D4-36	10.09	3.44	2.93	1.93	22.61	91.46

产生这种情况的原因不是因为非侧积层区域剩余储量较侧积层控制区域多，而是由于点坝内部侧积层对中上部的遮挡作用，相同注水条件下，点坝下部受注入水的冲刷更严重，水淹程度高，进而导致点坝中上部受效差，从而钻遇侧积层的油井含水率高，累计水油比高。

3. 构型单元对各类井生产指标的影响

以密井网测井数据为基础，对研究区沉积微相做了更加细致和深入的刻画，并以基础井和一次加密井为例，对不同构型单元下油井的生产指标进行了统计(表8-5)。从各类油井的生产特征可以看出。

(1)总体来看，构型单元内储层物性越好，开井时间越长，累计产油量越高，累计水油比越大，含水率越高；河道砂内油井都已进入特高含水期；

(2)到了生产末期(2012年12月31日)，一次加密井的日产量较基础井高，河道砂内油井产量比其他物性较差构型单元内油井产量高；

(3)河道砂内基础井的产液量、累计产油量较其他微相内油井高很多，一次加密后单井产能下降快，剩余油饱和度较低，但由于其砂体厚、储层物性好，依然保持着相对较高的产量，依然是挖潜的重点区域；但随着其他微相内井网注采关系的完善，这部分储层也逐渐成为挖潜需要关注的区域。

表 8-5　不同构型单元内油井生产特征

储层类型	井网	井名	目前产油量/(m³/d)	目前产水量/(m³/d)	累计产水量/10⁴m³	累计产油量/10⁴m³	累计水油比	含水率/%
河道砂	基础井网	B3-4-36	0.71	12.64	7.28	3.08	2.36	94.7
		B3-5-37	1.06	17	14.21	4.72	3.01	94.15
		B3-6-38	0.648	8.41	6.16	2.11	2.92	92.85
	一次加密井网	B3-D4-36	1.87	24.79	3.14	1.49	2.11	93
		B3-D4-39	2.035	26.59	8.99	3.78	2.38	92.89
		B3-D5-39	1.557	27.06	3.82	1.76	2.17	94.56
		B3-D6-37	1.93	20.68	10.09	3.44	2.93	91.46
河间砂	基础井网	B3-4-38	0.207	2.63	2.12	1.51	1.40	92.7
		B3-4-40	0.229	3.41	1.54	0.84	1.83	93.71
		B3-6-36	0.355	3.74	2.52	1.13	2.23	91.34
	一次加密井网	B3-D4-35	0.358	0.35	0.09	0.40	0.23	49.62
		B3-4-134	0.253	3.02	0.81	0.44	1.84	92.26
		B3-4-038	0.479	6.38	1.35	1.08	1.25	93.02
		B3-4-040	0.393	4.15	0.83	0.51	1.63	91.35
		B3-D5-35	0.306	5.44	0.87	0.39	2.23	94.67

4. 研究区剩余油分布及分析

经过模拟计算，S_{II}^{1-2} 小层各套井网末期剩余油分布如图 8-7 所示。可以看到，曲流河厚油层下部渗透率高，上部渗透率低，中上部点坝砂体内部发育侧积层，因此油层下部不易形成剩余油，剩余油主要富集在油层中上部。

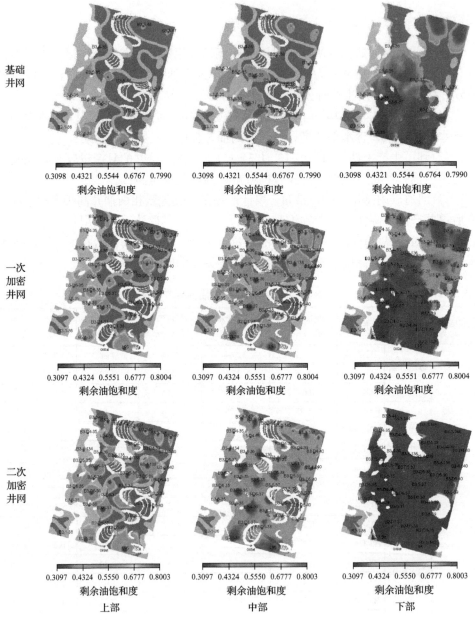

图 8-7　S_{II}^{1-2} 小层各套井网末期剩余油分布图(扫封底二维码见彩图)

1)基础井网阶段剩余油分布模式

基础井网阶段主要采用行列式注水开发,水驱过程具有比较明显的方向性,剩余油分布主要受到废弃河道、侧积层和物性变差部位的控制。

根据基础井网剩余油分布图可以看出,储层顶部物性较差,受韵律和重力影响，在行列式大排距(注水井排与一线油井距离 600m)水驱开发条件下，储层顶部波及程度低，剩余油饱和度高，形成韵律型剩余油分布模式。

在中下部，由于废弃河道与岸后沼泽等泥岩质沉积微相对注入水和油的流动产生遮挡作用，泥岩两侧的受效情况迥异，从而使注采不连通的那一侧由于无法波及或波及程度低，剩余油饱和度高，形成岩性遮挡型剩余油；在点坝体内部，由于侧积层的遮挡作用，形成窄条带状剩余油。

另外，基础井网由于井排距较大，加之岸后沼泽泥岩的影响，在储层边部，存在成片分布的井网未控制型剩余油。

2)一次加密阶段剩余油分布模式

研究区经过一次加密后，井网变成了 250m×250m 的反九点井网。经过近 10 年的开发，研究区含水率进一步上升，剩余油分布较基础井网复杂。在重力和韵律的作用下，加之井网完善，底部岩性遮挡和井网未控制形成的剩余油被驱替，平均剩余油饱和度接近残余油饱和度；中部侧积层遮挡和岩性遮挡形成的剩余油更加明显，而且滞留型剩余油以三角状和长形状分布于油层中部；经过长期开发，油层上部注水井周围剩余油也被小范围波及。总的来看，一次加密末期，曲流河厚油层内中部和下部剩余油分布比较复杂，主要分布着韵律型、侧积层遮挡型、断层遮挡型、岩性遮挡型、滞留型、井网未控制型和未射孔型剩余油。

3)二次加密阶段剩余油分布模式

在二次加密阶段，由于研究区加密目标为 S、P、G 油层的薄差层，厚油层的井网分布基本没变，维持一次加密阶段的反九点井网继续生产。二次加密阶段末期，含水率逐渐从一次加密阶段的中高含水上升到高含水和特高含水，含水率达到 95%，剩余油分布较一次加密阶段更加复杂。在厚油层底部，砂岩连通区由于注入水的优先驱替，含油饱和度达到残余油饱和度，只在断层遮挡的隔离区存在局部剩余油富集区；在厚油层中部，井间连通区域进一步被注入水驱替，侧积层遮挡形成的剩余油依然明显，井间滞留的剩余油更加分散，规模更小；厚油层上部部分物性较好的注采井间也被驱替。综合来看，目前曲流河厚油层的分布主要有韵律型、侧积层遮挡型、断层遮挡型、滞留型、井网未控制型和未射孔型。

4)剩余油定量分析

根据曲流河厚油层各开发阶段的剩余油分布特点，将其剩余油分布分为三大类型七种模式，并统计分析各剩余油分布模式的储量潜力(表 8-6)。从表 8-6 可以看出：正韵律厚油层造成的剩余油储量比例最大，遮挡型剩余油次之，注采不完善型剩余油储量比例最小；三者的剩余油储量都随着井网的加密而减小；基础井网阶段，按照剩余油储量从大到小排列，七种类型剩余油依次为韵律型、岩性遮挡型、井网未控制型、侧积层遮挡型、断层遮挡型、滞留型和未射孔型；一次加密井网阶段，按照剩余油储量从大到小排列，七种类型剩余油依次为韵律型、侧积层遮挡型、断层遮挡型、井网未控制型、岩性遮挡型、未射孔型和滞留型；二次加密井网阶段，按照剩余油储量从大到小排列，七种类型剩余油依次为韵律型、侧积层遮挡型、断层遮挡型、未射孔型、滞留型、井网未控制型和岩性遮挡型；遮挡型剩余油一次加密井网时期剩余储量降低幅度较二次加密时期大，注采不完善型和韵律型随着井网的加密剩余油储量降低幅度增大；特高含水期由构型（包括韵律、侧积层遮挡和岩性遮挡）造成的剩余油占总地质储量的 38.17%，占剩余油储量的 58.06%，并逐渐成为主要的剩余油类型和挖潜的重点对象。

表 8-6 曲流河厚油层剩余油储量分类统计表

开发阶段	剩余油类型	遮挡型			注采不完善型			韵律型
	剩余油模式	断层	侧积层	岩性	滞留	井网未控制	未射孔	韵律
基础井网	剩余油储量比例/%	8.56	10.13	10.73	7.06	10.38	7.05	34.21
	剩余油储量/10^4t	10.05	11.89	12.59	8.29	12.18	8.27	40.15
	合计/%		29.42			24.49		34.21
一次加密井网	剩余油储量比例/%	8.48	9.85	7.36	6.41	8.15	6.85	30.05
	剩余油储量/10^4t	9.95	11.56	8.64	7.52	9.56	8.04	35.27
	合计/%		25.69			21.41		30.05
二次加密井网	剩余油储量比例/%	8.48	9.25	5.18	5.83	5.41	6.85	24.74
	剩余油储量/10^4t	9.95	10.86	6.08	6.84	6.35	8.04	29.03
	合计/%		22.91			18.09		24.74

8.3 三角洲前缘储层剩余油分布模式

8.3.1 示例研究区概况

1. 地理位置

研究区位于大庆 X 油田中部，X4～X6 行列井网区，北部以 X5 区三排注水井为界，南部以 X6 区三排注水井为界，西邻 X 油田北西部过渡带，东以 S 大路为界与 X6 区东部相接（表 8-7）。

表 8-7 X6 区地质构造数据表

轴向/(°)	轴长/km		倾角/(°)		构造高点		最深闭合等高线/m	构造闭合高度/m	闭合面积/km^2
	长轴	短轴	东	西	井号	海拔/m			
北东 15	20.4	7.33	2～3	4～5	X3-1-122	−780.6	−875	94.4	80.8

2. 构造特征

杏树岗构造比较平缓,研究区平均地层倾角在 5°左右,是长垣构造的一个三级构造,两翼基本对称,东、西翼倾角分别为 2°~3°和 4°~5°,油水界面在 −1040~−1010m,自北向南逐步抬高,西翼比东翼略高,边、底水不活跃,无夹层水 X6 区中部 P_{II}^3 小层断层分布情况如表 8-8 所示,断层具有较好的连贯性。

表 8-8 X6 区中部 P_{II}^3 小层断层产状

断层编号	最大断距/m	延伸长度/km	最大倾角/(°)
F1	78.1	2.15	55.17
F2	20.5	1.00	17.25
F3	79.7	1.87	51.67
F4	88.5	2.10	52.05
F5	35.4	0.94	28.94

3. 储层沉积特征

X6 区中部所在的长垣构造经历了构造演化的三个阶段,沉积于白垩纪晚期,形成时正好是松辽盆地的鼎盛时期,构造活动不那么剧烈,所以湖盆与分流平原之间不断变迁,形成了岩相复杂多变、韵律不规则、砂泥交互的一套河流三角洲沉积体系。研究区含油组合自上而下划分为 S、P、G 三套油层。目标层 P_{II}^3 小层属于典型的浅水三角洲前缘沉积,主要发育水下分流河道、主体席状砂和非主体席状砂三种沉积微相,P_{II}^3 小层为以中、厚层为主的细砂岩,平均有效砂体厚度为 2.13m。

4. 储层特征

P_{II}^3 小层为水下分流河道砂岩储层。岩石构成为长石-石英砂岩,岩石颗粒磨圆度较好。P_{II}^3 小层储集空间为"粒间孔隙"。储层孔隙结构参数如表 8-9 所示。

表 8-9 储层孔隙结构参数表

空气渗透率/$10^{-3}\mu m^2$	孔隙度/%	孔隙半径/μm		
		最大	平均值	中值
范围	73.9~1335	23.5~26.6	6.72~19.71	2.95~10.23	1.82~10.27
平均值	484.4	25.4	10.33	4.58	4.19

5. 储层流体特征

储层原油属轻质低黏油。地面条件下，原油密度为 0.852g/cm³、原油黏度为 13.86mPa·s。油田水属 NaHCO₃ 型陆相生成水，pH 在 8.5 左右。具体流体参数如表 8-10 所示。

表 8-10　X6 区中部油高压物性表

井数/口	原始饱和压力/MPa	原始油气比/(m³/t)	地层原油黏度/(mPa·s)	地层原油密度/(g/cm³)	体积系数	原油压缩系数/10⁻⁴MPa⁻¹	气体平均溶解系数/(m³/MPa)	收缩率/%
23	7.64	45.5	6.4	0.788	1.120	10.1	5.18	11.1

储层的原始润湿性属于偏亲油性，经历了近 50 年的注水开发后，岩石被大量水冲刷，油膜逐渐变薄，露出的亲水表面比例越来越大，储层润湿性已由偏亲油非均匀润湿性向偏亲水非均匀润湿性转化。到了 P_I^4 及以下，全部变成偏亲水润湿性。

6. 油田开发简况

X6 区中部自 1968 年投入开发以来，经历了基础井网排液拉水线、一次加密调整、二次加密调整及三次加密调整四大开发阶段。但是三次加密主要针对 X6 区中部的未动用表外层，所以，目标层 P_{II}^3 小层实际经历了前三次井网开发与调整（表 8-11）。

表 8-11　X6 区中西部各套井网基本情况

项目	投产年份	主要开采对象	井网	井距/m
基础井网	1968	S、P、G 油层合采	行列井网	(300～600)×400 (400，300)
一次加密调整井网	1987	非主力油层中厚度较小、渗透率相对较低未水淹和低水淹油层	斜五点法面积井网	200×400 井距 400，排距 200
二次加密调整井网	1996	S、P、G 油层中未动用的薄差油层和表外储层	线状注水	200×200

8.3.2　三角洲前缘厚油层构型模型

1. 数据准备

1) 分层数据

通过对研究区 682 口井进行精细单砂体对比，将小层内部的砂体数据提取出来，建立了砂体顶底层面数据。

2) 储层构型数据

研究区的构型要素主要包括水下分流河道、主体席状砂、非主体席状砂和水平夹层。与曲流河构型参数确定类似，对研究区内 162 口井进行水平夹层识别，并提取水平夹层等构型数据。

3) 储层参数数据

根据岩心和测井解释数据，准确计算出储层属性数据，并对照水淹后的测井数据对属性进行修正。在此基础上，得到比较可靠的储层物性和含油性数据。

2. 数据集成及质量检查

由于研究区断层较多，重点对层面和断层数据进行检查，确保构造的准确性。另外，对井眼"硬数据"进行检查，确保用于建模的原始数据准确。

3. 三维构造建模

将断层面在三维储层空间展现出来，即断层模型。根据研究区断层地震解释出来的断层线建立断层面，并根据单井断点数据对断层进行校正。

层面模型是地层界面三维展布的反映。根据层面的地震解释数据，结合各井的层组对比划分，采用收敛性插值方法建立了 P_{II}^3 小层的顶、底层面模型。考虑断层对层面空间展布的影响，将层面模型叠合起来即形成了地层的格架模型。

4. 三维储层构型建模

三角洲前缘厚油层其内部构型主要为水平夹层，将水平夹层在三维模型中表达出来，是三角洲前缘厚油层构型建模的重点。应用单井构型解释数据，对水平夹层进行井间插值，得到水平夹层构型模型。平面构型采用密井网解释的微相图进行确定性建模。

5. 储层属性建模

与曲流河属性建模类似，采用级次建模方法，在沉积微相模型中，嵌入水平夹层模型，得到三维构型模型。接着以构型模型为约束，在构型单元内分单元进行序贯高斯模拟，建立研究区属性分布模型。

应用 Petrel 建模软件，建立了 P_{II}^3 小层属性三维模型。图 8-8、图 8-9 分别是 P_{II}^3 小层孔隙度和渗透率的三维模型及栅状图。

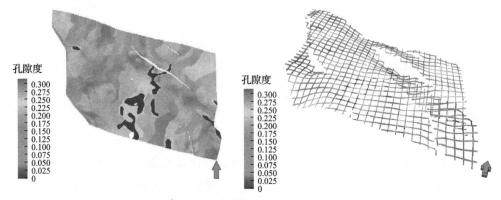

图 8-8　X6 区中部 P_{II}^3 小层孔隙度模型及栅状切片(扫封底二维码见彩图)

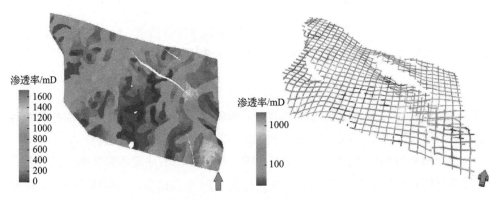

图 8-9　X6 区中部 P_{II}^3 小层渗透率模型及栅状切片(扫封底二维码见彩图)

8.3.3　三角洲前缘厚油层剩余油分布模式

1. 水平夹层对研究区开发的影响

P_{II}^3 小层内部发育水平夹层,为复合韵律厚油层。在相同的开发条件下,将精细地质模型(不考虑水平夹层)和构型模型进行对比。

从整个区块来看,无水平夹层时,油水产量都比较高;相同含水率条件下,无水平夹层时采出程度比有水平夹层时提高 1.45%,累计多产油 $3.55 \times 10^4 m^3$,所以在(特)高含水期,纵向夹层构型对剩余油的影响不可忽略。同时,对比曲流河厚油层内侧积层对开发指标的影响,可以看出,三角洲前缘厚油层内,水平夹层对开发指标的影响较侧积层对曲流河厚油层开发指标的影响小。

2. 水平夹层对各类型井的影响

从各种类型井的生产指标来看。

(1)构型(夹层)对穿过其间的井的生产指标影响最大,对邻近的井也有较大的影响，对远离构型的井影响甚微。

（2）河道的规模决定了构型的生长规模，对穿过其间构型的井影响最大。例如，在同一河道的不同期河道里，由于 X5-4-26 井所在河道规模比 X6-D2-124 井大，对 X5-4-26 井的产油量的影响达到 22%，而对 X6-D2-124 井的影响大约为 10%。

（3）在同一期河道中，构型规模对穿过其间构型的井影响较大。例如，构型对 X5-4-26 井的产油量的影响大约为 22%，而对 X6-D1-126 井的影响大约为 7.7%。

3. 构型单元对各类型井开发指标的影响

从表 8-12 中各种砂体下各种类型井的生产指标来看：

（1）河道砂内各种类型井的日均产油水平比主体席状砂和非主体席状砂中的井高，同时，平均单井含水率也比主体席状砂和非主体席状砂内的井高，基本上河道砂内单井都属于高含水或特高水井；

（2）河道砂内，由于基础井网钻遇井较多，一次加密井经历了短暂的高产油期后，日产油水平稳定在 1m³ 左右，比基础井网的单井日产油水平低，而且快速达到了高含水期，单井含水率比基础井网高；

（3）一次加密井更多钻遇主体席状砂与非主体席状砂，使这类储层的井网完善程度变好，所以这类储层内的单井产油水平普遍比基础井网的井要高；

（4）河道砂内基础井网的日产液量、累计产油量较主体席状砂和非主体席状砂要高很多，一次加密后单井产能下降很快，但由于其砂体厚、储层物性好，依然保持着相对较高的产量，依然是挖潜的重点区域；但随着主体席状砂内井网注采关系的完善，这部分储层也逐渐成为挖潜需要关注的区域。

表 8-12　不同构型单元内油井生产特征

储层类型	井网类型	井名	日产油量/m³	日产水量/m³	累计产油量/10⁴m³	累计产水量/10⁴m³	含水率/%
河道砂	基础井网	X5-4-25	1.4	71.32	10.59	47.29	98.07
		X5-4-26	1.07	43.62	5.8	34.02	97.6
		X5-4-31	2.08	19.97	6.37	10.81	90.56
		X6-2-24	4.34	42.05	7.34	12.5	90.64
		X6-1-25	1.16	52.07	6.59	17.97	97.82
		X6-1-26	1.57	31.18	4.62	13.85	95.2
		X6-1-30	4.42	101.2	6.66	32.4	95.81
	一次加密井网	X6-D2-124	2.05	22.89	1.73	4.68	91.78
		X6-D1-124	3.83	21.95	1.67	6.85	85.14
		X6-D1-126	0.97	57.96	0.83	17.45	98.35
		X5-D4-126	1.09	143.7	0.73	44.29	99.24
		X5-D4-124	1.87	51.32	0.45	18.15	96.48

表中的表头为：日产油量/m³、日产水量/m³、累计产油量/10⁴m³、累计产水量/10⁴m³、含水率/%

储层类型	井网类型	井名	日产油量 /m³	日产水量 /m³	累计产油量 /10⁴m³	累计产水量 /10⁴m³	含水率 /%
河道砂	一次加密井网	X5-D4-128	1.25	37.05	0.63	11.14	96.74
		X5-D4-130	1.03	27.49	0.74	7.37	96.39
		X5-D4-136	1.05	57.97	0.66	17.53	98.22
		X6-D3-126	1.73	30.69	1.18	8.51	94.66
		X6-D3-134	1.22	83.29	0.98	24.28	98.56
		X6-D3-136	0.32	69.61	0.17	21.04	99.54
主体席状砂	基础井网	X45	1.83	2.82	4.17	0.86	60.65
		X6-1-27	0.7	4.66	1.57	0.79	86.94
		X6-2-26	0.2	3.87	1.22	1.19	95.09
		X6-2-29	0.23	15.65	4.22	10.73	98.55
	一次加密井网	X5-D4-122	3.12	56.27	2.14	12.84	94.75
		X6-D1-122	1	1.06	0.4	0.12	51.46
		X6-D1-128	0.31	1.85	0.22	0.28	85.65
		X6-D3-124	0.8	13.88	0.37	4.31	94.55
		X6-D3-130	1.61	17.54	1.11	4.29	91.59
非主体席状砂	基础井网	X6-1-28	0.7	2.39	1.18	0.5	77.35
	一次加密井网	X5-D4-120	1.36	7.49	0.88	1.21	84.63
		X6-D1-136	0.44	1.03	0.16	0.28	70.07
		X6-D3-128	0.7	0.69	0.29	0.12	49.64

4. 研究区剩余油分布与分析

与曲流河厚油层不同，三角洲前缘厚油层总体上没有明显的韵律特征，呈现出多段韵律特征，在单个韵律段内，河道砂大体上呈现出正韵律特征，而非主体席状砂大体上呈弱反韵律特征，并且河道砂内发育水平夹层，所以三角洲前缘厚油层综合采出程度较曲流河厚油层高，剩余油更加复杂，如图8-10所示。

1) 基础井网阶段剩余油分布模式

基础井网阶段，研究区为行列式井网，中间三排为油井，两边两排为注水井，由于注水方向与河道发育方向基本一致，注入水优先沿着连通性好的河道砂驱替，水淹形态基本与河道几何形状一致。从基础井网剩余油分布图可以看出，底部由于断层和岩性的遮挡作用，形成断层遮挡型和岩性遮挡型剩余油；由于基础井网井距较大，滞留型和井网未控制型剩余油也有较多分布；在厚油层内部，由于水平夹层对垂向渗流的阻挡作用，水平夹层遮挡型剩余油大量分布。

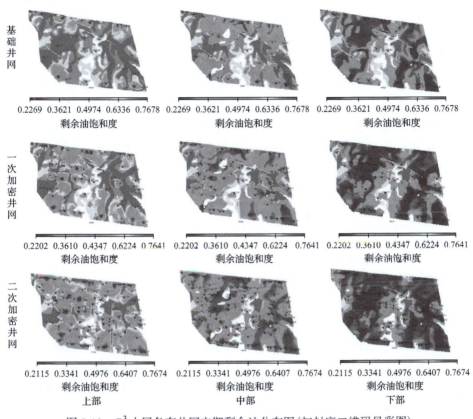

图 8-10　P_{II}^3 小层各套井网末期剩余油分布图(扫封底二维码见彩图)

2)一次加密井网阶段剩余油分布模式

研究区经过一次加密后,形成了不规则的斜五点法井网,井距约为 400m,排距约为 200m。经过近 20 年的开发,研究区含水率迅速上升,河道砂韵律段底部连通性好的河道已经高水淹,加之断层、岩性、水平夹层的遮挡作用,层内剩余油分布复杂。在连通性好的河道砂韵律段的底部,河道砂中主流线的位置剩余油饱和度接近残余油饱和度;在韵律段的中部,水平夹层对剩余油分布的影响明显,夹层上部注入水驱替程度高,剩余油饱和度低,夹层下部 1/3 厚度基本弱、未水淹,剩余油饱和度接近原始含油饱和度;韵律段上部驱替程度低。总体来看,厚油层下部平均水淹程度较高,上部平均水淹程度较低,水淹程度不均匀;主体席状砂逐渐被注入水波及;剩余油分布模式主要有韵律型、断层遮挡型、水平夹层遮挡型和岩性遮挡型,另外还有分布相对较少的未射孔型、滞留型和井网未控制型剩余油。

3)二次加密阶段剩余油分布模式

进入二次加密阶段后,厚油层中的薄差层逐渐被钻遇,研究区含水率经过短暂的下降后逐步升高，在末期达到特高含水阶段。在这一时期，剩余油分布较一次加密阶段更为零散和复杂。在韵律段的底部，除了断层遮挡部位、非主体席状砂边部和井间相对物性差的部分剩余油饱和度较高外，其他部位基本都被完全水淹，剩余油饱和度接近残余油饱和度；韵律段中部呈现出一次加密阶段韵律段底部类似的水淹特征，但是由于水平夹层的影响，局部剩余油分布差异明显；韵律段上部也逐步被驱替，形成比较明显的滞留型剩余油。综合来看，三角洲前缘厚油层特高含水期的剩余油分布呈现出多段性，每个剩余油分布段内剩余油的分布模式各不相同，主要有断层遮挡型、韵律型、水平夹层遮挡型和岩性遮挡型；注采不完善型剩余油由于井网加密，比一次加密更少，以未射孔型、滞留型和井网未控制型三种剩余油模式存在于厚油层中。

4）剩余油定量分析

根据三角洲前缘厚油层的构型特点与剩余油分布状态，将剩余油分成三大类型七种模式，统计出各类型模式的剩余储量（表 8-13）。三角洲前缘厚油层剩余储量具有如下特点：剩余油以遮挡型为主，在基础井网阶段和一次加密井网阶段，韵律型剩余油较注采不完善型剩余油略多，到了二次加密井网阶段末期，注采不完善型剩余油较韵律型剩余油略多；三者的剩余储量都随着井网的加密而减小；基础井网阶段，按照剩余油储量从大到小排列，七种模式剩余油依次为韵律型、断层遮挡型、水平夹层遮挡型、岩性遮挡型、滞留型、未射孔型和井网未控制型；一次加密井网阶段，按照剩余油储量从大到小排列，七种模式剩余油依次为韵律型、断层遮挡型、水平夹层遮挡型、岩性遮挡型、未射孔型、滞留型和井网未控制型；二次加密井网阶段，按照剩余油储量从大到小排列，七种模式剩余油

表 8-13　三角洲前缘厚油层剩余油储量分类统计表

开发阶段	剩余油类型	遮挡型			注采不完善型			韵律型
	剩余油模式	断层	水平夹层	岩性	滞留	井网未控制	未射孔	韵律
基础井网	剩余油储量比例/%	16.92	12.67	10.17	6.04	5.45	5.74	18.75
	剩余油储量/10⁴t	34.94	26.17	21.00	12.47	11.25	11.85	38.72
	合计/%	39.76			17.23			18.75
一次加密井网	剩余油储量比例/%	14.33	10.15	9.88	5.21	4.36	5.65	15.83
	剩余油储量/10⁴t	29.59	20.96	20.40	10.76	9.00	11.67	32.69
	合计/%	34.36			15.22			15.83
二次加密井网	剩余油储量比例/%	13.04	8.93	7.68	4.56	3.11	5.36	11.67
	剩余油储量/10⁴t	26.93	18.44	15.86	9.42	6.42	11.07	24.10
	合计/%	29.65			13.03			11.67

依次为断层遮挡型、韵律型、水平夹层遮挡型、岩性遮挡型、未射孔型、滞留型和井网未控制型；遮挡型剩余油随着井网的加密剩余油储量降低幅度减小，注采不完善型和韵律型随着井网的加密剩余油储量降低幅度增大；特高含水期由构型（包括韵律、水平夹层和岩性）造成的剩余油，占总地质储量的 28.28%，占剩余油储量的 52.03%，超过剩余油储量的一半。

8.3.4 三角洲前缘厚油层与曲流河厚油层剩余油分布的异同

上述研究表明，在基础井网阶段，两类厚油层的剩余油分布都呈现出成片分布的特征，主要受砂体连通性和构造的影响；一次加密井网之后，构型的影响逐渐显现，加之开发矛盾的出现，剩余油的分布越来越复杂。两类厚油层的剩余油分布都包括三大类型七种模式，并且三大类型的剩余储量都随着井网的加密和开发程度的加深不断减少。二次加密井网阶段末期，两类厚油层中由构型造成的剩余油都占到剩余储量的 52% 以上，是下一步挖潜的重点剩余油类型。尽管如此，两类厚油层的剩余油分布还是存在巨大的差异性。

三角洲前缘厚油层无明显的韵律特征，为多段复合韵律，加之二次加密后井网密度较大，因此，采出程度较高，剩余储量相对较少。曲流河厚油层点坝中上部发育侧积层，三角洲前缘厚油层河道砂的中上部发育水平夹层，导致二者的遮挡型剩余油类型不同。由于曲流河厚油层内部具有明显的简单正韵律特征，其韵律型剩余油一直占到地质储量的 24% 以上，占剩余储量的 38% 左右，是主要的剩余油类型，而三角洲前缘韵律型剩余油在二次加密井网阶段末期占地质储量的 11.67%，只占剩余储量的 21%。二次加密井网阶段末期，曲流河厚油层三大类型剩余油按剩余储量从大到小依次为韵律型、遮挡型和注采不完善型，七种模式剩余油按照剩余储量从大到小排列依次为韵律型、侧积层遮挡型、断层遮挡型、未射孔型、滞留型、井网未控制型和岩性遮挡型；三角洲前缘厚油层三大类型剩余油按剩余储量从大到小依次为遮挡型、注采不完善型和韵律型，七种模式剩余油按照剩余储量从大到小排列依次为断层遮挡型、韵律型、水平夹层遮挡型、岩性遮挡型、未射孔型、滞留型和井网未控制型。因此，针对不同厚油层的储层特点和储量状况，应该选择不同的挖潜方法。

第三篇　基于驱替单元渗流理论的开发技术

第9章 流场重构与剩余油挖潜方法

9.1 构型影响下的剩余油分布特征

厚油层三大类型六种模式的剩余储量表现为正韵律厚油层由韵律造成的剩余油储量比例最大，遮挡型次之，注采不完善型最小，具体如表 9-1 所示。由油田现场生产实际及"十二五"国家科技重大专项研究成果可知，特高含水期构型（包括韵律、侧积层和岩性）造成的剩余油占总地质储量的 38.17%，占剩余储量的 58.06%，超过 50%，成为主要的剩余油类型和挖潜的重点对象。根据油田不同类型的剩余油比例，结合构型条件下剩余油形成的机理和分布模式，需针对韵律型、水平夹层遮挡型及井网未控制型这三种剩余油比例较大的模式提出具体的挖潜方法。

表 9-1 厚油层不同构型条件剩余油饱和度情况

剩余油类型	剩余油模式	分布特征	剩余油比例/%
韵律型	韵律	剩余油分布在断层两侧，呈现出与断层形状一致的条带状分布	31.3
遮挡型	断层	剩余油在水平夹层两侧呈现出连片状分布	6.1
	水平夹层	侧向相性突变处形成条带状或片状剩余油	13.5
	岩性	井网内部，压力平衡区剩余油	4.3
注采不完善型	滞留	在厚油层砂体边部延伸区，目前井网无法控制的剩余油	5.2
	井网未控制	厚油层韵律性复杂，水驱后产生由于韵律作用而形成的剩余	11.2

9.2 构型影响下的剩余油挖潜方法

9.2.1 韵律型剩余油挖潜方法

1. 单韵律型剩余油挖潜方法

正韵律上部剩余油常见于曲流河型正韵律厚油层水驱后残留的剩余油。此类剩余油占可动剩余油储量的比例较大，是高含水期后期厚油层挖潜的重点区域之一。正韵律厚油层油水流动由于受到韵律和重力作用，下部水淹严重，而中上部为弱水淹或未水淹。如果采用常用的加密调整等措施，由于未能有效克服韵律和重力的影响，这些措施的效果很快失效。针对正韵律上部剩余油所处的地质特征和油水运动规律，结合目前的技术水平，提出采用水平井和封堵两种方法进行挖潜。

1）封堵挖潜

针对韵律型储层，正韵律储层下部形成优势通道，造成注入水无效循环，上部低渗透层存在大量剩余油无法波及，本章利用有效驱动单元理论，结合储层特点，通过封堵的方式对无效循环层进行封堵，使注入水向上部驱动，实现正韵律剩余油的有效挖潜，设计参数如表 9-2 所示。

表 9-2　韵律型储层封堵挖潜对策基础参数

封堵剂尺寸 （长×宽×高）/m	封堵剂 个数	孔隙度	井距 /m	小层厚度 /m
2×10×5	1、2	0.21	250	3

小层个数	地层压力/MPa	渗透率/mD		
		上	中	下
3	11.4	20	50	100

图 9-1～图 9-3 为储层底部高渗透层调整前后储层的流线和含油饱和度分布。由图 9-1 可知，正韵律储层下部形成了优势渗流通道，造成注入水无效循环，上部的储层无法有效动用，存留大量的剩余油，此时储层以 I 类驱动单元为主，少量为 IV 类驱动单元。对比单层封堵与两层封堵后饱和度与流线分布可知，封堵层数越多，剩余油挖潜效果越好，但受制于封堵成本、工程难度和最终效益，一般不超过两层封堵。

高渗透层封堵后，驱替单元内原有的无效单元变成了有效流动单元，封堵一层和两层含水率分别降低 13.7 个百分点和 23.1 个百分点，如图 9-4 所示；封堵调整后储层的采收率得到进一步提高，如图 9-5 所示，一层封堵后储层整体的采收率提高 3.11 个百分点，两层封堵后采收率提升 5.6 个百分点，实现了对正韵律储层剩余油的有效挖潜。

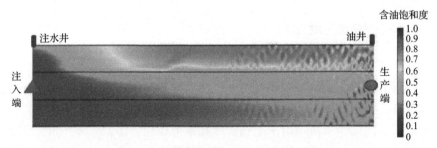

图 9-1　封堵前韵律储层的含油饱和度分布（扫封底二维码见彩图）

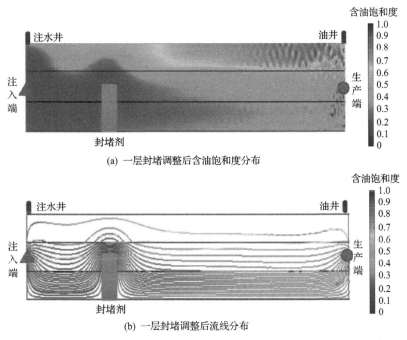

(a) 一层封堵调整后含油饱和度分布

(b) 一层封堵调整后流线分布

图 9-2 一层封堵后韵律储层的含油饱和度和流线分布(扫封底二维码见彩图)

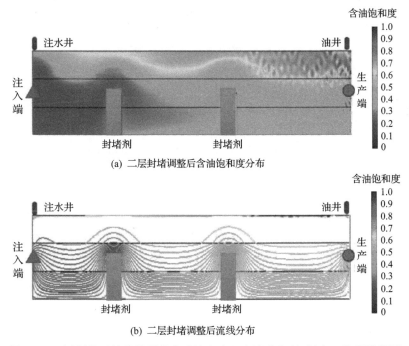

(a) 二层封堵调整后含油饱和度分布

(b) 二层封堵调整后流线分布

图 9-3 二层封堵后韵律储层的含油饱和度和流线分布(扫封底二维码见彩图)

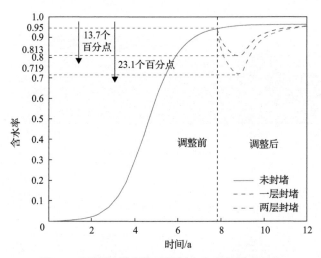

图 9-4 不同封堵个数对储层含水率的影响对比

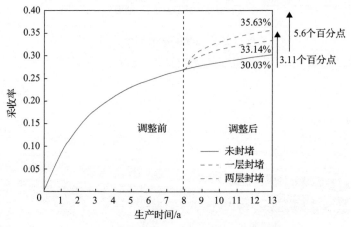

图 9-5 不同封堵个数对储层采收率的影响对比

2) 水平井挖潜

以正韵律储层为例，在韵律级差特别大的情况下，注水开发含水率达到95%时，储层上部会剩余大量的剩余油，此时采用聚合物封堵的方式不能很好地驱替出剩余油，可以通过在剩余油富集的地方新开水平井的方式来最大化地开采剩余油，具体的参数设计如表9-3所示。

如图9-6所示，在水平井调整前，当含水率达到95%时储层上部剩余大片状的剩余油，含油饱和度集中在靠近油井的储层上部。由储层的流线分布可知，正韵律储层下部流线较密，形成了优势渗流通道，造成注入水无效循环，上部储层无法有效动用，此时储层以Ⅰ类驱动单元为主，含少量Ⅳ类驱动单元。

表 9-3　韵律储层水平井挖潜对策基础参数

水平井长度/m	水平井个数	孔隙度	井距/m	小层厚度/m
120	1	0.23	250	3

小层个数	地层压力/MPa	渗透率/mD		
		上	中	下
3	11.4	20	100	200

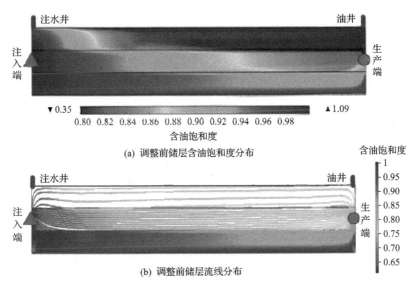

(a) 调整前储层含油饱和度分布

(b) 调整前储层流线分布

图 9-6　韵律储层水平井调整前含油饱和度和流线分布(扫封底二维码见彩图)

　　图 9-7 为水平井调整后储层含油饱和度和流线分布，通过水平井调整后，上部流线变密，下部的无效水循环随着压力势的改变而形成对上部的有效驱替，上部储层的剩余油得到有效挖潜。

　　水平井挖潜后，储层上部驱替单元内原有的无效单元变成了有效流动单元，储层含水率下降 26.5 个百分点，如图 9-8 所示；水平井调整后上部大量剩余油得到有效挖潜，整体采收率提升 6.82 个百分点，如图 9-9 所示。

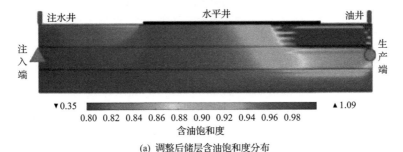

(a) 调整后储层含油饱和度分布

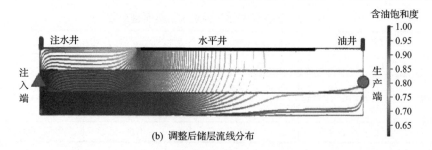

(b) 调整后储层流线分布

图 9-7　韵律储层水平井调整后含油饱和度和流线分布(扫封底二维码见彩图)

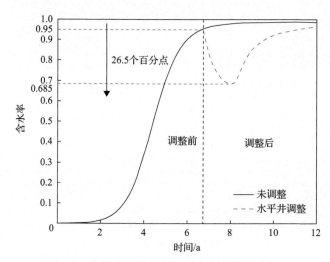

图 9-8　水平井挖潜前后储层含水率的影响对比

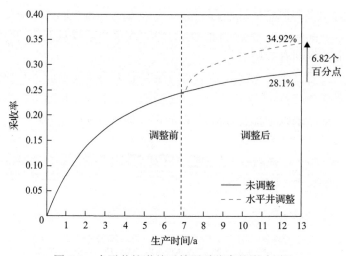

图 9-9　水平井挖潜前后储层采收率的影响对比

3) 直井压裂挖潜

对于正韵律储层上部富集大量剩余油的问题, 当渗透率级差较大时采用封堵的方式不能很好地驱替出剩余油, 同时对于重新打水平井挖潜无法有效控制成本, 可以通过剩余油富集区压裂的方式来最大化开采剩余油, 压裂挖潜的基础参数如表 9-4 所示。

表 9-4　韵律型储层直井压裂挖潜对策基础参数

裂缝长度/m	裂缝条数	孔隙度	井距/m	小层厚度/m
100	1	0.23	250	3

小层个数	地层压力/MPa	渗透率/mD		
		上	中	下
3	11.4	20	100	200

由图 9-10 和图 9-11 可知, 采用直井压裂的方式扩大了上部储层水驱的波及面积, 实现了上部流程中流线的有效分布, 增加了水驱的流线密度, 改变了驱替单元内有效流动单元的分布, 使上部剩余油得到有效挖潜。

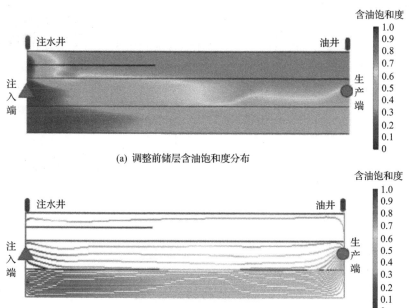

(a) 调整前储层含油饱和度分布

(b) 调整前储层流线分布

图 9-10　韵律储层直井压裂调整前含油饱和度及流线分布(扫封底二维码见彩图)

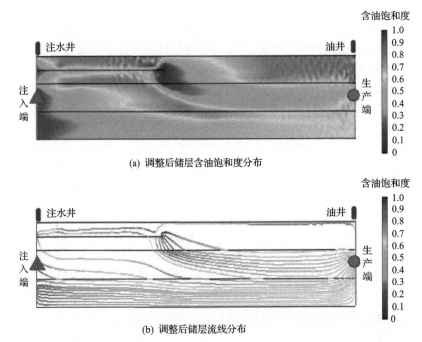

(a) 调整后储层含油饱和度分布

(b) 调整后储层流线分布

图 9-11 韵律储层直井压裂调整后含油饱和度及流线分布(扫封底二维码见彩图)

通过上部储层的压力调整后,储层整体的含水率降低了 21.5 个百分点,整体采收率提升了 5.47 个百分点,实现了对正韵律储层剩余油的有效挖潜,结果如图 9-12 和图 9-13 所示。

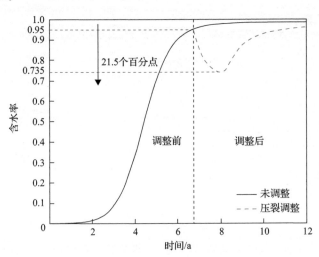

图 9-12 压裂调整对储层含水率的影响对比

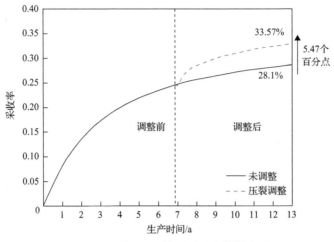

图 9-13　压裂调整对储层采收率的影响对比

2. 复合韵律型剩余油挖潜方法

对于曲流河厚油层和三角洲前缘厚油层，很多内部存在多个韵律段，纵向上水洗不均匀，对剩余油挖潜提出了更高的理论和技术要求。由于厚油层平面和内部非均质性严重，含水率高，后续水驱潜力不大，但是其地层温度普遍较低，低于 100℃，比较适合纳米聚合物微球调堵来挖潜。纳米聚合物微球深部调堵的主要作用机理：将纳米聚合物微球注入油层深部后堵塞高渗透层水流通道，使注入水在油藏中流向低渗透层，后期注入的纳米聚合物微球又将堵塞低渗透层，使注入水流入更低的低渗透层，形成多级调堵，提高波及系数，扩大波及体积，从而提高原油采收率，达到挖潜的目的。

9.2.2　夹层遮挡型剩余油挖潜方法

夹层遮挡形成的剩余油在厚油层中占有一定的比例，是厚油层特高含水期一个挖潜的重点区域。因为夹层的遮挡，给这种类型剩余油的挖潜带来了很大的挑战。本节以 N 二区区块研究区夹层为研究对象，通过新打水平井或者井网加密的方式对夹层遮挡型剩余油提出有针对性的挖潜方法。

对于厚油层，河道沉积规模不同，伴生的水平夹层的规模也不尽相同。对于规模较大且存在夹角的夹层，水驱后剩余油呈片状大面积富集，对于这种情况继续水驱对剩余油几乎没有挖潜作用。另外，由于剩余油呈片状分布在夹层周边，储层下部水淹比较严重，井网加密的方式效果不佳，提高采收率不到 1 个百分点。因此，结合该类型剩余油分布特点，采用水平井的方式进行挖潜。

本节结合实际储层夹层沉积特点，前期水驱含水率达到 95%时，停止水驱，采用直井+水平井共同开采的方式进行水驱开发，具体参数如表 9-5 所示，分析结果如图 9-14 所示。

表 9-5　含夹层储层调整挖潜对策基础参数

夹层尺寸(长×宽×高)/m	渗透率/mD	孔隙度	井距/m	小层厚度/m
150×100×1	100	0.23	250	5
小层个数	地层压力/MPa	夹层倾角/(°)	水平井长度/m	
3	11.4	3～5	150	

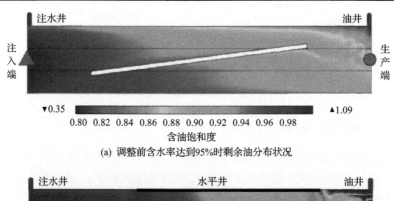

(a) 调整前含水率达到95%时剩余油分布状况

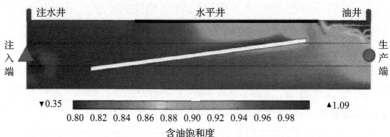

(b) 调整后含水率达到95%时剩余油分布状况

图 9-14　含夹层型储层水平井调整前后剩余油分布(扫封底二维码见彩图)

　　图 9-15 为调整前后储层的流线分布。由图 9-15(a)可知，由于夹层和重力的共同作用储层下部形成了优势渗流通道，储层上部和夹层背面造成注水的无效循环，上部储层无法有效动用，此时储层以 I 类驱动单元为主，含少量Ⅳ类驱动单元。

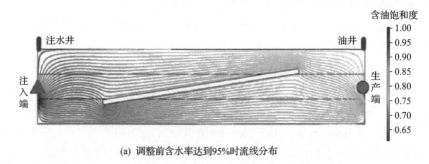

(a) 调整前含水率达到95%时流线分布

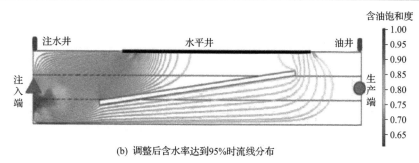

(b) 调整后含水率达到95%时流线分布

图 9-15　含夹层型储层水平井调整前后流线分布(扫封底二维码见彩图)

　　水平井开发后，原有的Ⅳ类驱动单元变成以Ⅱ类驱动单元为主，流线密度和流线速度增加了，驱替单元内部的有效流动范围扩大，储层原本的剩余油区域得到有效动用，此时储层含水率将下降，相比调整前下降 15.03 个百分点，如图 9-16 所示，水平井调整后储层采收率明显上升，整体采收率提高了 4.72 个百分点左右，如图 9-17 所示。

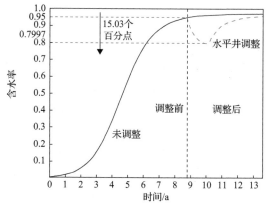

图 9-16　含夹层型储层水平井调整前后含水率变化

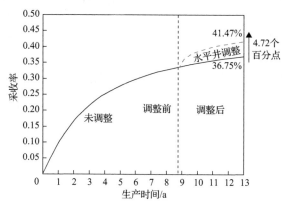

图 9-17　含夹层型储层水平井调整前后采收率变化

9.2.3　井网未控制型剩余油挖潜方法

井网未控制型剩余油挖潜方法随着厚油层的井网加密与调整，井网未控制型剩余油总体上逐步得到控制。目前此类剩余油主要存在于厚油层内零星小砂体和砂体边部厚油层中。例如，由于断层的隔断作用，加之岩性的变化，部分砂体无法形成完整的井网闭环，被孤立成独立的砂体，成为剩余油富集区。

针对这类储层构型特征，利用有效驱动单元理论，把无法有效驱替的区域通过流场重构实现流线大密度的波及，达到有效挖潜的效果。图 9-18 和图 9-19 为注采不完善型储层井网调整前后储层的流线和含油饱和度分布。由图 9-18(a) 和图 9-19(a)

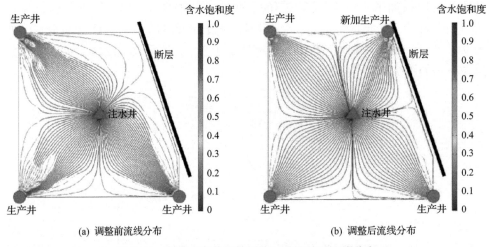

(a) 调整前流线分布　　　　　　　　　　(b) 调整后流线分布

图 9-18　注采不完善型储层井网调整前后流线分布

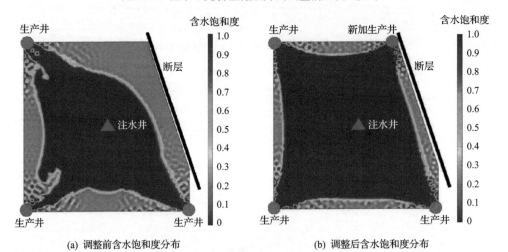

(a) 调整前含水饱和度分布　　　　　　　(b) 调整后含水饱和度分布

图 9-19　注采不完善型储层井网调整前后含水饱和度分布(扫封底二维码见彩图)

可知，由于断层的遮挡作用，在断层边缘处水驱流线密度较小，无法形成有效驱替，形成大片剩余油；为了进一步挖潜该部分剩余油，通过在靠近断层边缘剩余油富集的区域新开生产井，形成不规则的井网。由图 9-18(b) 和图 9-19(b) 可知，调整后原先剩余油富集区内的剩余油得到有效挖潜，并且调整前井网压力平衡区内的剩余油也得到有效驱替。

当储层含水率达到 90% 时，通过井网完善的方式在靠近断层处新加一口油井，调整后储层的整体含水率下降 18.2 个百分点，采收率提高了 4.5 个百分点左右，实现了"断层孤岛"处井网未控制剩余油的有效挖潜，结果如图 9-20 和图 9-21 所示。

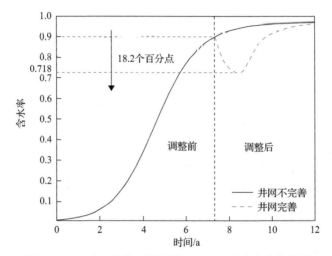

图 9-20　注采不完善型储层井网调整后含水率变化曲线

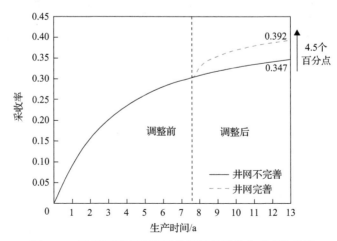

图 9-21　注采不完善型储层井网调整后采收率变化曲线

9.2.4　其他类型剩余油挖潜方法

由于厚油层的构型特点和开发特征，主要的三类剩余油类型就是韵律型、夹层遮挡型和井网未控制型。通过有效驱动单元理论模型，针对不同类型剩余油的特点，本章提出了具体的挖潜方案和对策参数，实现对厚油层重点剩余油的有效挖潜，对于其他类型的剩余油主要通过在原有的井网和开发方式的基础上，通过改变不同聚合物类型、浓度，不同注水方式等方法最大限度地开发剩余油。

1. 滞留型剩余油挖潜方法

在注采比较完善区域，由于水驱油的流动原理，在压力平衡区形成滞留型剩余油。长期以来，这种类型的剩余油一直就是层内挖潜的难点，由于井网加密，这部分剩余油变得更加零散，而且含油饱和度更低，其储量变得更小，分布更加分散，难以采用常规的加密方法或其他新钻井方式来挖潜。对于滞留型剩余油，挖潜的根本在于扩大未波及和弱波及部分的波及系数。对于该类型剩余油采用目前比较成熟的聚合物驱和周期注水的方法，能在充分利用已有井网的基础上，最大限度挖掘剩余油潜力。

2. 断层遮挡型剩余油挖潜方法

N 二区块研究区发育 13 条断层，断层的存在使周边区域成为注采系统中的"孤岛"，地层压力下降后油井关闭，成为无注无采的剩余油富集区，开采程度低。针对断层遮挡形成的剩余油，在研究区内，采用加密井的方法来挖潜，以改善注采不完善的状况，挖掘断层造成的局部剩余油富集区。另外，对于断层分割的孤立长条带状剩余油富集区，利用侧钻大位移定向技术或采用水平井技术，定向挖掘这部分剩余油潜力。

3. 岩性遮挡型剩余油挖潜方法

由于储层沉积特征，储层会出现上部不连通或整体不连通情况。在基础井网条件下，由于井距较大，岩性遮挡往往造成大片的未动用区，但是随着井网加密，岩性遮挡对剩余油形成的影响渐渐减弱，到了二次加密井网后期，岩性遮挡形成的剩余油在数量和分布上，都呈零星或小规模分布，主要以现有井网为基础，通过对典型井组进行聚合物驱的方式实现小范围的剩余油挖潜。

通过对厚油层三大类型六种模式剩余油分布特征的进一步了解，通过有效驱动单元理论方法，制定针对性的挖潜方法，实现对井组、区域或者区块的剩余油的有效开发，具体的开发效果如表 9-6 所示。

表 9-6　不同构型储层调整前后剩余油饱和度对比

剩余油类型	剩余油模式	调整前 剩余油比例/%	调整后 剩余油比例/%	采收率 提升百分点
韵律型	韵律	31.30	24.48~25.83	5.47~6.82
夹层遮挡型	水平夹层	13.50	8.78	4.72
注采不完善型	井网未控制	11.20	6.70	4.50
其他类型	断层遮挡型	6.10	3.90	2.20
	岩性遮挡型	4.30	3.60	0.70
	滞留型	5.20	3.89	1.31

第10章　高含水油田剩余油挖潜方法

在非均质厚油层三维有效驱动单元渗流数学模型指导剩余油有效挖潜研究的基础上,以大庆油田N二区块的挖潜理论研究为例,针对实际高含水油田开发中存在的问题和剩余油特征,对实际区块进行分区域、分层位的挖潜方案制定,指导实际高含水油田的剩余油高效挖潜。

10.1　区块地质特征

1. 区块位置及构造特征

区块位于L油田南中块西部,北起L3-32井与L6-34井连线(与N1区块相邻),南至B1-4-13井与L7-36井连线,西起S一组外油水边界线,东至L7-34井与L7-36井连线。从构造形态看,区块位于L构造的南端,面积为11.3km²。发育S、P、G三套油层,S$_{II}$以上局部发育气顶。共发育10条断层,均为正断层,断距上部大、下部小,除65#断层外其余断层走向均为北西,倾角为45°~75°,断距为0.6~71.5m,走向延伸长度为0.2~2.7km。

2. 油藏类型

L油田是受构造控制的层状砂岩气顶油藏,油、气、水分布受构造控制,在平面上呈环带状分布,顶部有气顶。油藏埋藏深度为880~1250m,各油层为同一水动力系统,具有统一的油气界面和油水界面。

3. 储层性质

区块储层以细砂岩、细粉砂岩、泥质粉砂岩为主,平均单井钻遇53个小层,平均砂岩厚度为113.7m,有效厚度为65.6m,大部分为河流-三角洲相沉积。砂层中发育钙质条带,含有介形虫化石,夹有泥质条带,含油产状多样。厚油层多以饱含油、富含油产状为主;薄油层及表外层多以含油、油浸为主。厚油层砂体主要发育在S$_{II}$、S$_{III}$油层中。

4. 岩石矿物特征

区块储层储集空间是孔隙类型,以接触式为主,胶结物主要为泥质,泥质含量在10%以下,泥质成分主要是水云母和高岭石,孔隙喉道半径中值为6~12μm。

原始含油饱和度为 65%～70%，有效孔隙度为 25%～28%。

5. 流体性质

区块属石蜡基原油，含蜡量为 22%～25%，含胶量为 14.3%，凝固点为 22.2～28.0℃，地层原油黏度为 10.3mPa·s，原油体积系数为 1.118，原始气油比为 48.0m³/t；地面原油密度为 0.879g/cm³，地面原油黏度为 22.9mPa·s；地层水属重碳酸氢钠型（NaHCO₃），矿化度为 7150mg/L，氯离子含量为 2270mg/L。

6. 渗流特征

区块储层的原始润湿性自上而下从偏亲油逐步转化为偏亲水；属于弱酸敏、弱碱敏、中等水敏和盐敏、不速敏油层。

7. 油藏压力和温度

L 油田油层温度为 48.0℃，原始地层压力为 11.27MPa，饱和压力为 10.70MPa，原始地饱压差为 0.57MPa，油层原始压力系数为 1.09。岩石压缩系数为 $4.55 \times 10^{-4} \sim 4.63 \times 10^{-4} \text{MPa}^{-1}$。

8. 沉积特征

通过对区块的精细解剖，确定 $S_I^1 \sim G_{III}$ 油层（S_{III}^{1-7}、P_I^{1-2} 聚合物驱油层除外）共计 105 个沉积单元，并绘制了各沉积单元相带图。共发育 5 种沉积模式，分别为宽带状低弯曲分流河道沉积模式、低弯曲-顺直型分流河道沉积模式、枝状三角洲沉积模式、枝状—坨状过渡状三角洲沉积模式、坨状三角洲沉积模式。

10.2　区块开发现状

区块面积为 11.3km²，地质储量为 6664.8×10⁴t。截至 2015 年底，区块共有水驱油、水井 446 口。其中，注水井 182 口，开井 169 口；油井 264 口，开井 257口。年注水量为 945.4×10⁴m³，年产液量为 682.6×10⁴t，年产油量为 29.65×10⁴t，年均综合含水率为 95.66%，水驱采出程度为 32.31%，自然递减率为 2.21%，综合递减率为 4.63%。

1. 注水井状况

2015 年 12 月，注水井开井 169 口，日配注量为 2.73×10⁴m³，日注水量为 2.69×10⁴m³，注水压力为 11.62MPa，注水井分注率为 98.35%。

区块共有 182 口注水井，其中分层井 179 口，水驱分层注水井平均划分层段

4.8 个，以四段井和五段井为主，其分别占总井数的 29.1%和 20.7%。分层井注水层段平均砂岩厚度为 7.5m，有效厚度为 3.9m，日配注量为 36m³，日实注量为 37m³，有效厚度注水强度为 9.5m³/(d·m)。

截至 2015 年 12 月，基础井网注水井 60 口，平均单井注入压力为 10.85MPa，日注水量为 9976m³；一次加密注水井 6 口，平均注入压力为 12.19MPa，日注水量为 6302m³；二次加密注水井 67 口，平均注入压力为 11.99MPa，日注水量为 8286m³；过渡带加密注水井 19 口，平均注入压力为 11.77MPa，日注水量为 2301m³。

统计 123 口井不同厚度级别连续三次同位素测试资料可知：区块吸水层比例为 79.80%，砂岩厚度吸水比例为 81.05%，有效厚度吸水比例为 85.02%，其中有效厚度大于等于 2m 的厚油层吸水比例最高。

2. 采油井状况

截至 2015 年 12 月，区块日产液量为 23357t，日产油量为 998t，综合含水率为 92.73%。从日产液量看，日产液量大于 200t 的高产液井有 16 口，占总开井数的 2.2%；日产液量在 20t 以下的低产液井有 21 口，占总开井数的 8.2%。

从日产油量看，日产油量 10t 以上的井有 16 口，占总开井数的 2.2%；日产油量在 1t 以下的井有 68 口，占总开井数的 22.5%。

从含水率分级看，含水率小于 85%的低含水井有 9 口，占总开井数的 3.5%；含水率大于 98%的高含水井有 38 口，占总油井开井数的 14.8%。

2015 年，区块地层压力为 11.46MPa，总压差为−0.03MPa，宏观保持在合理水平。但高低压井数比例较高，占对比井数的 72%，局部地层压力不均衡。

10.3　开发存在的主要问题

10.3.1　无效驱替

由区块内新钻井和全油田新钻井的无效循环识别对比分析可知，平均单井无效循环厚度为 21.1m，厚度比例为 29.1%，分别比全油田高 1.5m、2.1 个百分点。表明区块无效循环严重。

随着无效循环的加剧，区块吨油操作成本上升速度较快，2015 年吨油操作成本比 2012 年高 169.5 元，吨油利润较 2012 年下降 798.1 元。通过与水驱及全厂效益对比情况看，2015 年区块操作成本为 665.3 元/t，吨油利润为 2227.9 元。从区块 2015 年单井评价结果看，三类效益以下井为 34 口，所占比例达到 12.4%，比水驱高 3.3 个百分点，效益状况较差。

10.3.2 综合含水率及剩余油分布

2010 年以来，区块综合含水率在 95.5%左右，比水驱高 0.45 个百分点以上，高含水井比例比水驱高 5.0 个百分点以上，控水难度大，如表 10-1 所示。

表 10-1 区块年均综合含水率及高含水井状况表

年份	年均综合含水率			高含水井(含水率≥97%)比例		
	南中西二区/%	水驱/%	差值(百分点)	南中西二区/%	水驱/%	差值(百分点)
2010	95.33	94.85	0.48	19.8	12.8	7.0
2011	95.30	94.87	0.43	24.5	18.9	5.6
2012	95.47	95.02	0.45	23.2	17.8	5.4
2013	95.72	95.27	0.45	22.3	19.6	2.7
2014	95.61	95.48	0.13	32.3	19.0	13.3
2015	95.73	95.63	0.10	34.3	19.0	15.3

区块剩余油平面上分布在注采不完善井区、断层边部、相变部位及扩边部位；S-P 油层弱未水洗厚度比例为 29.1%，且主要分布在韵律段顶部，未水洗厚度比例为 15.2%，弱水洗厚度比例 22.6%。高油层弱未水洗厚度比例为 42.6%，主要分布在 1 m 以下的油层。挖潜难度大。

10.4 有效驱动单元理论在实际区块挖潜分析

针对实际区块开发过程中存在的问题，首先利用有效驱动单元理论对典型井组进行剩余油挖潜的应用分析和效果验证，进而推广到整个目标区块，实现对目标区块的增产增效。

10.4.1 三维有效驱动单元渗流模型在典型井组中的应用验证

由 N2 区块储层二次加密后剩余油储量的统计结果可知，特高含水期构型造成的剩余油是主要的剩余油类型和重点挖潜对象，如何挖潜成为工作的重点。由储层沉积微相图可知，N2 区块以河道相为主，同时发育断层和水平夹层，这些地质沉积特征成为影响区块剩余油饱和度的最主要因素。N2 区块某小层的沉积微相图显示该区域发育多条河道相、多条断层及片状水平夹层，对比所有小层沉积特征可知纵向上储层表现为明显韵律特性。

通过对该区域开发历史及井网分布的辨识，可知该区域从 1973 年开始生产初期的基础井网为标准的反五点井网分布，后期经过两次井网加密调整，具体井网分布如图 10-1 所示，其中横向、纵向网线上的井为基础井网，其他空心井点为加密井。

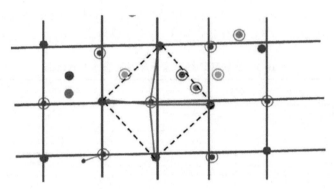

图 10-1　典型井组井网分布图

基于建立的三维有效驱动单元模型，选取实际目标区块两个非均质井组进行模拟计算。两个井组的非均质构成如表 10-2 所示。

表 10-2　典型井组非均质构成

井组号	韵律	水平夹层	河道相	是否注采完善
1	是(正韵律)	是(未贯穿)	是	是
2	是(复合韵律)	是(贯穿)	是	否

1. 典型井组 1

如表 10-2 所示，典型井组 1 中的非均质性主要是纵向上的韵律性和平面上的河道相，模型如图 10-2 所示。

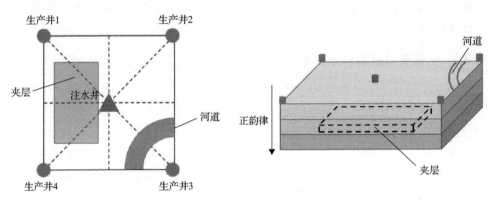

(a) 井组1平面图　　　　　　　　　　(b) 井组1三维图

图 10-2　典型井组 1 构型分布图

通过有效驱动单元理论得出了典型井组 1 储层的流线及含油饱和度分布，如图 10-3 所示。

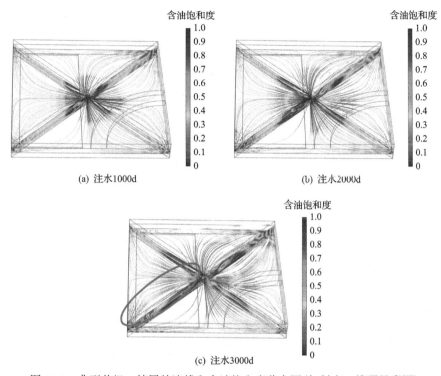

(a) 注水1000d

(b) 注水2000d

(c) 注水3000d

图 10-3　典型井组 1 储层的流线和含油饱和度分布图(扫封底二维码见彩图)

由图 10-3 可知，由于夹层的存在夹层两侧的流线比较稀疏，说明夹层两侧注水无法受效，属于低速流动的无效区域；由于夹层和正韵律的共同作用，夹层下部的优势通道更易形成，下部的含水率明显高于上部，Ⅱ类有效驱动单元到Ⅳ类有效驱动单元过渡的时间更短；非夹层侧，由于河道相(河道相的渗透率比其他储层位置高)的存在，河道相存在的注采单元内，韵律对下部储层的无效循环作用减弱，整体含水率上升较慢，驱替效果比其他注采单元好；没有非均质特征存在的注采单元内，由于夹层侧的影响，整体驱替速度较快，并且在正韵律的影响下，油井快速见水，下部整体的含水率上升较快，Ⅰ类有效驱动单元逐渐从储层的下部向上部移动。

图 10-4 为储层纵向流线及含油饱和度分布图，由图可知由于重力等条件的影响，正韵律储层下部含水率快速增加(图中黑色圈内)，储层上层有效波及和有效驱动情况较差，在单个射孔情况下，上部小层只在河道相存在的区域有流动发生(图中灰色圈内)。

当油井含水率达到 90%之后，储层的整体有效注采情况达不到预期目标，必

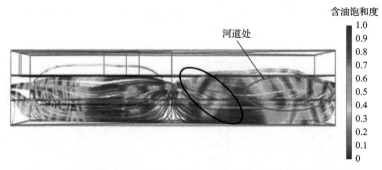

图 10-4　储层纵向流线及含油饱和度分布(扫封底二维码见彩图)

须要采取必要的措施来达到降低含水率、增加产油量的目标。针对所选典型井组的特点，主要是对正韵律储层特点进行改造。因为河道相处于该生产层位的上方，整体对注采受效影响不大，夹层的存在只影响夹层两侧储层的饱和度分布，夹层下方的高渗透层依然是主要的渗流通道，因此对于本井组，主要通过封堵高渗透层的方法来达到降水增产的效果。

　　如图 10-5(a)所示，封堵前储层整体含水率较高，尤其是储层下部水淹情况严重，通过封堵储层下部的优势通道被截断，注水受效面积向储层上部蔓延，如图 10-5(b)所示，并且随着封堵的进行，平面上储层的注水受效情况也得到改善，避免了注采单元连线上形成快速的优势通道。并且对于正韵律储层，底部的封堵更好地改善由于重力等纵向作用对储层含水率上升的影响，达到降低含水率、延长储层有效开发时间，进而提升油井产量的目的。

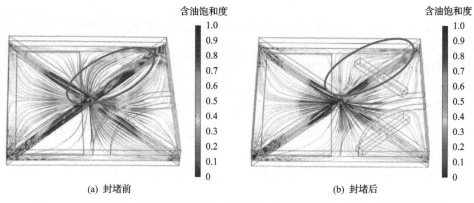

(a) 封堵前　　　　　　　　　　　　　　(b) 封堵后

图 10-5　典型井组 1 封堵前后储层含油饱和度变化对比图(扫封底二维码见彩图)

　　由图 10-6 和图 10-7 可知，对底部高渗透层进行封堵，能够明显降低油井的含水率，并且在注水量不变的情况下，能够明显增加储层的产量，在封堵宽度达到井距的 1/3 条件下，井网内一个注采单元能够最大降低含水率 12 个百分点，月增产达到 100t。

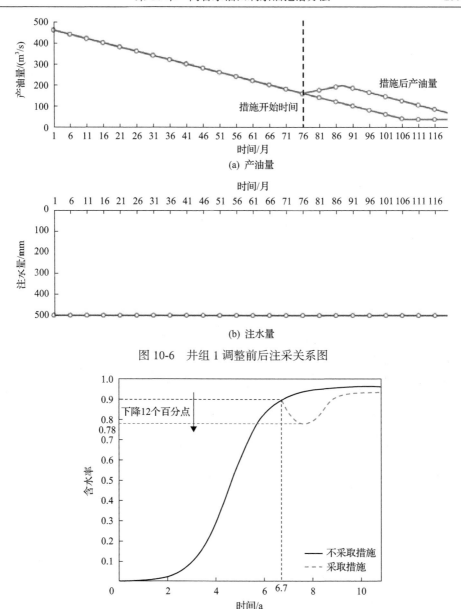

(a) 产油量

(b) 注水量

图 10-6　井组 1 调整前后注采关系图

图 10-7　典型井组 1 调整前后储层含水率变化对比图

如图 10-8 所示，通过改变注入量来改变高渗透层封堵的距离和范围，结果显示注入量越高油井含水率下降越快，但是注入量越多，达到最低含水率后含水率反弹上升的速度越快。对比分析了不同措施的经济可行性，结果如表 10-3 所示，由表可知，封堵 1/3 井距和封堵 1/2 井距油井增产量差距不大，从最终整体收益可知封堵 1/3 井距条件下经济效益最大。

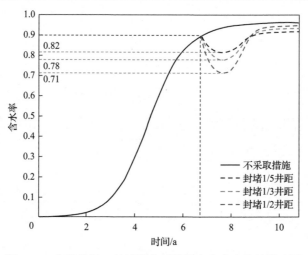

图 10-8　典型井组 1 封堵距离对储层含水率变化的影响图

表 10-3　不同措施的经济可行性评价

措施	封堵剂 成本/元	降低 含水率/百分点	增加 产油量/(t/月)	增加 人工费/(元/月)	整体 收益/(元/月)
不采取措施	0	0	0		
封堵 1/5 井距	5	8	60	10000	67000
封堵 1/3 井距	8	12	100	15000	116600
封堵 1/2 井距	12	19	120	20000	114400

注：封堵剂单价为 9800 元/t；石油价格为 43 美元/bbl，1bbl=1.58987×10² dm³。

　　综上所述，虽然大面积封堵能够快速降低储层含水率，增加产油量，但是整体的成本增加。由表 10-3 可知，最优的方案是封堵 1/3 井距达到最优的收益率。

　　2. 典型井组 2

　　典型井组 2 中的非均质性主要是纵向上的复合韵律性和平面上的河道相与夹层所致，模型如图 10-9 所示。其中复合韵律为渗透率中间高、两侧低的沉积特征，其中夹层在储层的中下部且注水井中钻遇，河道相在储层的下部。

　　通过有效驱动单元理论，对该类型储层进行计算分析，得出储层内不同非均质结构对流体流动和含油饱和度分布的影响，结果如图 10-10 所示。

　　由图 10-10 可知，储层内流体的流动主要从不含夹层一侧流出(黑色框中单元)，复合韵律的结构，使储层中部形成优势通道，导致含水率快速上升；含夹层一侧，由于夹层和复合韵律的双重作用，该侧储层驱动效率差，富集大量的剩余油(灰色框中单元)。井网内每口井的注采比差异很大，如表 10-4 所示，严重影响储层整体的采收率。

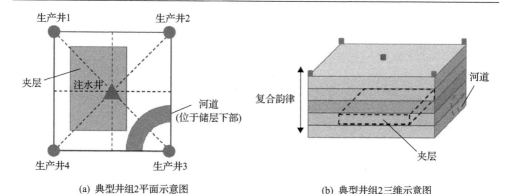

(a) 典型井组2平面示意图　　　　　　　　(b) 典型井组2三维示意图

图 10-9　典型井组 2 构型分布图

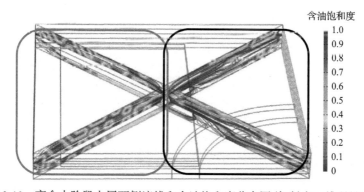

图 10-10　高含水阶段夹层两侧流线和含油饱和度分布图(扫封底二维码见彩图)

表 10-4　五井网内注采比关系

注采关系	注采比	井间连通比/%
注采 1	0.12	10
注采 2	0.34	37
注采 2	0.41	42
注采 3	0.13	11

　　针对以上开发问题，为了提高储层的采收率，分别对夹层两侧采取调整措施，对于夹层右侧储层中间注采单元内形成高速流动无效区，采取注入高黏度聚合物的封堵方式来扩大波及面积，实现对储层上部剩余油的有效开采；对于夹层侧，由于存在大面积的剩余油，局部的调整促使不能有效挖潜，所以采用井网加密、调整注采井型的方法来挖潜剩余油，调整图如图 10-11 所示。

　　图 10-12 和图 10-13 为夹层右侧封堵后注采流线分布和含油饱和度分布图，由图可知，封堵后夹层右侧储层上部和下部的含油饱和度明显下降，整体的有效驱

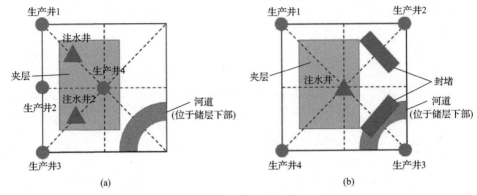

图 10-11　夹层两侧调整示意图

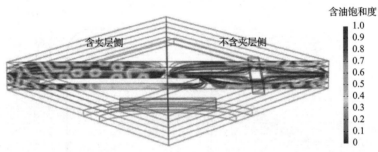

图 10-12　封堵后含夹层侧和不含夹层侧的流线和含油饱和度对比(扫封底二维码见彩图)

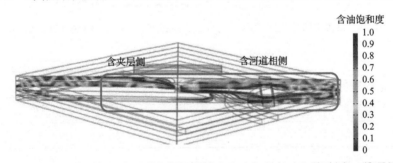

图 10-13　封堵后含夹层侧和含河道相侧的流线和含油饱和度对比(扫封底二维码见彩图)

替程度提升,但含河道侧储层上部的剩余油还有富集,这是因为封堵后由于下部河道相储层流动阻力小,注入流体沿河道相向下流动,上部的改造效果较差。在经济可行性高的条件下可以对河道相进行进一步封堵,来提高上部储层的有效驱油效率。

　　由图 10-14 和图 10-15 可知,通过对夹层右侧和夹层侧分别采取挖潜措施能够降低油井的含水率,提升储层整体的采收率。对于夹层右侧的复合韵律储层,封堵中间高渗透层可以降低含水率 9 个百分点左右,实现对储层上部和下部的有效驱替;对于夹层侧,通过井网加密和注水井转注来挖潜剩余油,结果显示,调整后能够极大地降低油井的含水率，降低幅度达到 28 个百分点，实现剩余油的有效挖掘。

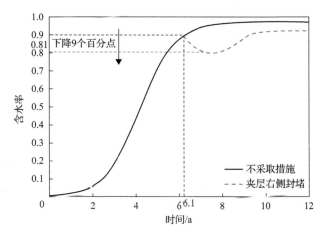

图 10-14　典型井组 2 夹层右侧调整前后储层含水率变化对比图

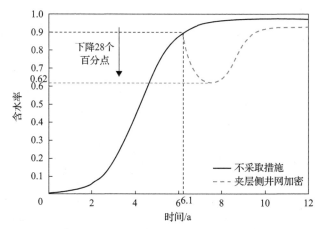

图 10-15　典型井组 2 夹层侧调整前后储层含水率变化对比图

10.4.2　实际区块整体挖潜方案设计

在典型井组应用验证的基础上，为了进一步给目标区块整体开发提供有效的挖潜方法，结合实际区块储层地质沉积特征及非均质构型分布情况，利用有效驱动单元理论对区块进行单元划分，然后依据第 5 章中不同非均质条件和不同单元对应的挖潜方法提出区块整体的调整方案。图 10-16 为 1973 年开发初期到 2016 年高含水阶段 43 年中区块整体含油饱和度的变化情况，然后根据高含水阶段［图 10-16（d）］储层含油饱和度分布特征，以注采井组为单元，对全区 426 口井（257 口采油井、169 口注水井）进行单元划分。

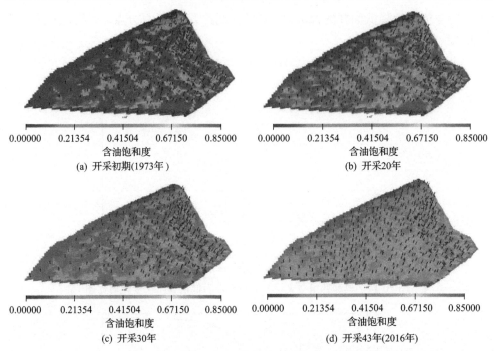

图 10-16　实际区块含油饱和度随开采时间变化分布图(扫封底二维码见彩图)

　　实际区块中平均单井钻遇 53 个小层,为了更好地表征有效驱动单元的控制区域,对小层进行上部、中部、下部分区,其中上部含有 15 个小层,中部含有 22 个小层,下部含有 16 个小层。图 10-17 为实际储层纵向渗透率的分布情况,由图可知,储层纵向上非均质性较强,整体表现为中间高上下低的复合韵律特征。通过对有效驱动单元的划分,油藏上部存在Ⅳ类驱动单元(低速流动有效驱)495 个,Ⅰ类驱动单元(高速流动无效驱)475 个,Ⅲ类驱动单元(低速流动无效驱)462 个;油藏中部存在Ⅳ类驱动单元(低速流动有效驱)379 个,Ⅰ类驱动单元(高速流动无

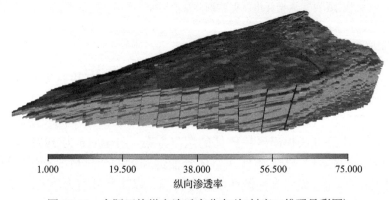

图 10-17　实际区块纵向渗透率分布(扫封底二维码见彩图)

效驱)584 个，Ⅲ类驱动单元(低速流动无效驱)543 个；油藏下部存在Ⅳ类驱动单
元(低速流动有效驱)271 个，Ⅰ类驱动单元(高速流动无效驱)301 个，Ⅲ类驱动单
元(低速流动无效驱)278 个；储层整体到达高含水阶段时，Ⅱ类驱动单元(高速流
动有效驱)基本上全部消失，Ⅳ类驱动单元(低速流动有效驱)是增油的目标区域，
Ⅰ类驱动单元(高速流动无效驱)是控水的目标区域。具体分区如表 10-5 所示。

表 10-5　实际区块有效驱动单元划分结果

层位	有效驱动单元类别	有效驱动单元个数
上部	Ⅳ类(低速流动有效驱)	495
	Ⅰ类(高速流动无效驱)	475
	Ⅲ类(低速流动无效驱)	462
中部	Ⅳ类(低速流动有效驱)	379
	Ⅰ类(高速流动无效驱)	584
	Ⅲ类(低速流动无效驱)	543
下部	Ⅳ类(低速流动有效驱)	271
	Ⅰ类(高速流动无效驱)	301
	Ⅲ类(低速流动无效驱)	278

　　为了进一步详细分析区块剩余油随开发进程的分布特征，方便制定高效的挖
潜方法，将区块分为 A、B、C 三个区域(图 10-18)，因地质沉积、储量及层厚等
因素，三个区域在开发过程中经历了不同的开发措施，导致区域内含油饱和度、
采收率、含水率等参数差别较大，具体特征如表 10-6 所示。
　　在全区有效驱动单元划分的基础上，通过对四类有效驱动单元的驱替效果累
加实现对全区含水率和日累产油量的分析，图 10-19 和图 10-20 分别为实际区块

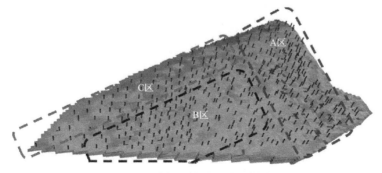

图 10-18　实际区块分区调整分布图

表 10-6　实际区块的分区特点

分区	主要剩余油类型	区域特点
A 区	韵律型剩余油	前期重点开发区，经历多次井网加密，井网密度高，整体含水率最高，该区域内的剩余油主要以分散状存在，区块内Ⅲ类有效驱动单元分布最多，为控水调堵的重点区域
B 区	韵律型和夹层遮挡型剩余油	该区域内存在多个断层、夹层，井网分布不均匀，导致区块内形成多个片状剩余油区，区块内Ⅱ类有效驱动单元分布最多，是未来增油提效的重点区域
C 区	井网不完善型剩余油	该区域厚度较薄，储量较低，井网密度较低，没有经历井网加密调整，剩余油以整片状存在较多

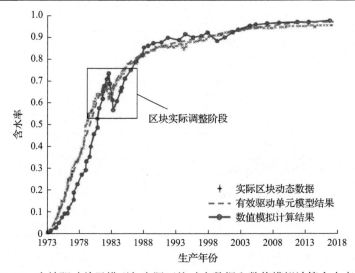

图 10-19　有效驱动单元模型与实际区块动态数据和数值模拟计算含水率对比

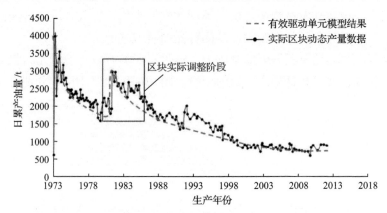

图 10-20　有效驱动单元模型与区块实际日累产油量对比

含水率和日累产油量数据与有效驱动单元模型计算结果和数值模拟对比图，由图可知，有效驱动单元模型计算的结果和实际区块生产数据拟合度较高，相比数值模拟方法, 有效驱动单元理论方法计算效率高, 因为有效驱动单元理论针对构型对驱替单元内部流体流动的影响进行分析, 能够充分考虑构型对储层含水率和产量的影响。

在有效驱动单元模型准确性验证的基础上, 根据不同区域、不同纵向位置储层剩余油分布特征和非均质结构特征, 依据三维有效驱动单元渗流模型和流场重构方法, 分别对实际区块的问题进行挖潜方案的制定。具体的调整方案如表 10-7 所示。

表 10-7　实际区块分区调整方案

分区	层位	调整方案
A 区	上层	受重力和平面非均质性等因素影响, 该区域剩余油分布较多, 为了打破原有的优势通道, 通过增加注入强度或者改变液流方向(关闭一些注水井、开注另一些井)的方式增加水驱驱油面积, 实现对剩余油的有效驱替
	中层	该区域处在主流线通道上, 受韵律、夹层等因素影响形成片状剩余油, 通过聚合物驱的方式增大驱动剂黏度改变原有两相流动特征, 实现对剩余油的有效驱动
	下层	由于受到重力和韵律作用, 该区域水淹严重, 是主要的水流通道, 潜在剩余油较少, 通过关闭射孔或降低注入强度, 同时采用多段封堵实现对中层和上层区域的有效驱动, 扩大波及面积
B 区	上层	由于 B 区域内储层整体表现为渗透率中间高、两侧低的复合韵律特征, 上部水驱效果较差, 同时由于重力的影响, 剩余油富集, 主要通过压裂或者小井段水平井的方式来增加水驱波及面积, 实现对剩余油的有效开发
	中层	由于中间层处在主流线通道上, 并且该区域存在夹层, 可以通过改变液流方向的方式提高波及范围, 同时对于 III 类单元可以采用注入聚合物的方式实现增黏降速的效果
	下层	该区域受重力和韵律影响, 水淹较严重, 主要通过多段封堵的方式截断优势通道, 实现流场向中层和上层转置
C 区	整层	该区域有效含油砂体较薄, 可以通过井网加密的方式实现大面积剩余油的有效挖潜, 同时增加注入强度, 实现扩大波及范围

由图 10-21~图 10-23 可知, 在全区有效流动单元划分的基础上, 依据不同区域内各类有效驱动单元的个数, 利用有效驱动单元理论分区域、分层位制定针对性的有效挖潜剩余油方案, 最后通过单元累加实现对全区有效挖潜的统计分析。结果显示, 通过有效驱动单元指导挖潜后区块整体采收率提高 4 个百分点左右。其中 C 区域的采收率提高最多, 达到 4.5 个百分点, 因为该区域以井网未完善型为主, 并且层厚度较低, 采收率提升的空间大, 但该区域整体累产油量明显低于 A 区和 B 区; A 区域整体采收率提升幅度较小, 达到 2.5 个百分点, 因为该区域是前期开发的重点区域, 整体采收率较高, 所以提升幅度较小; B 区域采收率提升 4 个百分点, 该区域是调整后期重点区域, 剩余油饱和度较高, 调整后挖潜效率明显增加。

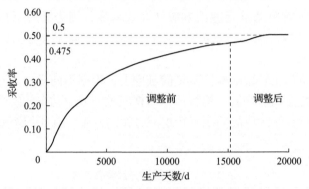

图 10-21 挖潜调整后 A 区块采收率提升情况

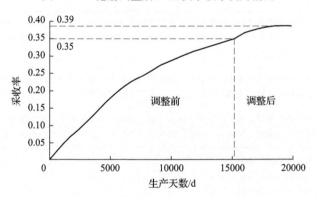

图 10-22 挖潜调整后 B 区采收率提升情况

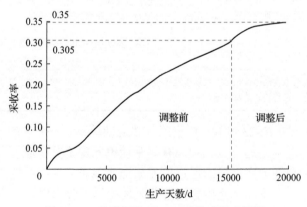

图 10-23 挖潜调整后 C 区采收率提升情况

第 11 章　低渗透油田压驱挖潜方法

低渗透油藏具有储层物性差、砂体类型多和非均质程度高的特点。传统的三次采油工艺和压裂工艺在提高三类油层采收率方面存在不适应性，因此生产现场提出了压驱采油工艺。压驱采油是在注入井高压注入大量含表面活性剂压驱液，储层在高压作用下形成压裂缝，并且渗入地层中的压驱液发挥驱油作用，因此，压驱开采发挥了表面活性剂洗油和裂缝提高渗透率的双重作用。目前，压驱采油仅停留在现场试验阶段，仍存在驱油机理不明确、产能影响因素多等问题。

本章通过对比压驱开采和其他开采方式下提高采收率大小论证压驱采油的有效性；模拟不同注采工艺参数下的驱油过程，对比不同参数下的提高采出程度大小，明确各个参数对采油效果的影响；使用线性回归方法拟合出最优注入速度的数学表达式。

11.1　低渗透油田压驱采油数值模拟研究

11.1.1　数学模型

1. 基本假设

模型采用如下假设条件：
（1）开采过程为等温开采；
（2）流体组分为油、水两相，含有油、水和表面活性剂三种组分，油相中包含油和表面活性剂两种组分，水相中包含水和表面活性剂两种组分；
（3）达西定律成立；
（4）开采过程中无气相存在；
（5）不考虑表面活性剂的弥散扩散；
（6）表面活性剂的吸附过程为不可逆过程。

2. 表面活性剂组分方程

表面活性剂驱油藏含有油、水、表面活性剂三种组分，油藏中流体存在三种相态——油相、水相和微乳液相。

对于非稳态有源渗流，连续性方程为

$$\frac{\partial(\rho\phi)}{\partial t} + \nabla \cdot (\rho u) = q \tag{11-1}$$

式中，ρ 为流体密度，kg/m^3；ϕ 为孔隙度，%；u 为渗流速度，m/s；t 为时间，s；q 为流量，m^3/s。

组分 κ 的连续性方程为

$$\frac{\partial}{\partial t}\left(\phi\sum_{l=1}^{3}\frac{S_l C_{\kappa l} + C_{\kappa,\text{ads}}}{B_l}\right) + \nabla \cdot \left(\frac{1}{B_l}\sum_{l=1}^{3} C_{\kappa l} u_l\right) = q_\kappa \tag{11-2}$$

式中，S_l 为 l 相饱和度，无量纲；$C_{\kappa l}$ 为 κ 组分在 l 相中的浓度；$C_{\kappa,\text{ads}}$ 为 κ 组分的吸附浓度量；B_l 为 l 相的体积分数，无量纲；q_κ 为 κ 组分的源汇项，m^3/s；u_l 为 l 相的渗流速度，m/s。

多相流运动方程为

$$u_l = \frac{kk_{rl}}{\mu_l}(\nabla p_l - \gamma_l\nabla z) \tag{11-3}$$

式中，k 为绝对渗透率，m^2；k_{rl} 为 l 相的相对渗透率，无量纲；μ_l 为 l 相的黏度，Pa；p_l 为 l 相压力，Pa；γ_l 为重度系数，kg/m^2；z 为深度，m。

将多相流运动方程代入连续性方程中可得

$$\frac{\partial}{\partial t}\left(\phi\sum_{l=1}^{3}\frac{S_l C_{\kappa l} + C_{\kappa,\text{ads}}}{B_l}\right) + \left(\frac{1}{B_l}\sum_{l=1}^{3}\frac{kk_{rl}}{\mu_l}(\nabla p_l - \gamma_l\nabla z)\cdot C_{\kappa l}\right) = q_\kappa \tag{11-4}$$

3. 井模型

根据径向形式达西定律，垂直井壁的流量 q_w 可以表示为

$$q_w = \frac{2\pi khr_w}{\mu}\frac{\partial p}{\partial r}\bigg|_{r=r_w} \tag{11-5}$$

式中，h 为储层的有效厚度，m；r_w 为井筒半径，m。

将式(11-5)表示为压力梯度的形式：

$$\frac{\partial p}{\partial r}\bigg|{r=r_w} = \frac{q\mu}{2\pi khr_w} \tag{11-6}$$

将式(11-6)沿井筒半径 r_w 到井筒周围半径 r 进行积分得

$$p_r = p_{wf} + \frac{q\mu}{2\pi kh}\ln\left(\frac{r}{r_w}\right) \tag{11-7}$$

半径 r_e 处的压力为 p_e，流量值为

$$q_r = \frac{2\pi kh}{\mu\ln(r_e / r_w)}(p_e - p_{wf}) \tag{11-8}$$

式中，q_r 为半径 r_e 处的流量，m^3/s；p_{wf} 为井筒处的压力，Pa。

标准状态下，式(11-8)的形式为

$$q_{sc} = \frac{2\pi kh}{\mu\ln(r_e / r_w)}(p_e - p_{wt}) \tag{11-9}$$

考虑井筒表皮因子 S 的情况下，井方程为

$$q_{sc} = \frac{2\pi kh}{\mu\ln\left(\dfrac{r_e}{r_w} + S\right)}(p_e - p_{wf}) \tag{11-10}$$

对于多相流流体，使用同样的方法推导流量方程：

$$q_{sc,l} = \frac{2\pi kk_{rl}h}{\mu\ln\left(\dfrac{r_e}{r_w} + S\right)}(p_e - p_{wf}) \tag{11-11}$$

4. 定解条件

初始条件应当包括初始压力、初始油水浓度分布、初始表面活性剂浓度和表面活性剂吸附浓度。边界条件包含如下四种。

(1)边界上不流动为封闭边界条件，数学表达式为

$$\left.\frac{\partial p}{\partial \boldsymbol{n}}\right|_\Gamma = 0 \tag{11-12}$$

式中，$\boldsymbol{n}$ 为法向单位向量。

(2)边界上压力值恒定为定压边界条件，数学表达式为

$$\left.p\right|_\Gamma = \text{const} \tag{11-13}$$

(3) 边界上流量恒定为定流边界条件, 数学表达式为

$$\frac{\partial p}{\partial \boldsymbol{n}}\bigg|_{\varGamma} = q \tag{11-14}$$

(4) 部分边界为定压、部分边界为定流, 为混合边界条件。

5. 附加方程

添加附加方程来满足方程的封闭性, 附加关系式如下所示。

1) 饱和度关系

油相、水相和微乳液相的饱和度之和为 1, 其数学表达式为

$$\sum_{l=1}^{3} S_l = 1 \tag{11-15}$$

2) 组分体积分数之和

微乳液相中的水组分、油组分和表面活性剂组分体积分数 (C_{wm}、C_{om}、C_{sm}) 之和为 1, 其数学表达式为

$$C_{wm} + C_{om} + C_{sm} = 0 \tag{11-16}$$

6. 表面活性剂吸附模型

表面活性剂在岩石表面会发生吸附作用, 其吸附过程采用朗缪尔 (Langmuir) 等温吸附方程进行描述:

$$C_{s,ads} = \min\left(C_{s,ads}^{\max \frac{a_s C_s}{1 + b_s C_s}} \right) \tag{11-17}$$

式中, $C_{s,ads}$ 为表面活性剂吸附量; $C_{s,ads}^{\max}$ 为表面活性剂吸附量饱和值; C_s 为表面活性剂浓度; a_s、b_s 为与离子浓度相关的系数。

7. 毛细管数模型

毛细管数为黏性力与界面张力之比, 是表面活性剂驱油机理中一个非常重要的无量纲系数, 其数学表达式为

$$N_c = \frac{u \mu_m}{\sigma_{om} \cos \theta} \tag{11-18}$$

式中，u 为驱替过程中的渗流速度；σ_{om} 为微乳液相和油相之间的界面张力；μ_m 为微乳液相黏度，Pa·s；θ 为润湿角，(°)。

8. 界面张力模型

油相、微乳液相、水相之间的界面张力采用修正 Huh 模型：

$$\sigma_{wm} = \sigma_{ow} \cdot e^{-\alpha \frac{C_{wm}}{C_{sm}}} + \frac{C_{IFT} \cdot F_L}{\left(\frac{C_{wm}}{C_{sm}}\right)^2}\left[1 - e^{-\alpha\left(\frac{C_{wm}}{C_{sm}}\right)^3}\right] \tag{11-19}$$

式中，σ_{ow} 为油水界面张力；C_{IFT} 为微乳液含量；α 为系数；F_l 的表达式为

$$F_L = \frac{1 - e^{-\sqrt{con_L}}}{1 - e^{-\sqrt{2}}} \tag{11-20}$$

$$con_L = \sum_{k=1}^{3}(C_{kL} - C_{km})^3 \tag{11-21}$$

式中，C_{kL} 为流体中各组分的体积分数；C_{km} 为微乳液中各组分的体积分数。

9. 表面活性剂渗吸模型

目前的研究结果认为影响渗吸作用的主要影响因素是毛细管力，因此，通过毛细管力的变化来模拟渗吸过程。本模型通过使用两套毛细管力曲线达到模拟渗吸的目的。

在双重介质模型中，油水相之间的压力差和毛细管力的计算公式如式(11-22)～式(11-24)所示：

$$p_{cow} = p_o - p_w \tag{11-22}$$

$$\Delta p_{oMF} = p_{oM} - p_{oF} - G - p_{cowM} + p_{cowF} \tag{11-23}$$

$$\Delta p_{wMF} = p_{wM} - p_{wF} - G - p_{cowM} + p_{cowF} \tag{11-24}$$

式中，o 为油相；w 为水相；F 为裂缝系统；M 为基质系统；G 为重力；p_o 为油相压力；p_w 为水相压力；p_{cowM} 为基质的毛细管压力；p_{cowF} 为裂缝的毛细管压力。裂缝和基质之间的压力差 $\Delta p_{oMF} > 0$ 时，在毛细管力的作用下，$\Delta p_{wMF} < 0$，可以实现油水间的逆向渗吸。

10. 裂缝模型

使用局部网格加密技术模拟裂缝形式，根据实际裂缝和模型裂缝渗透率等效的原则得

$$Q_{\text{original}} = Q_{\text{new}} \tag{11-25}$$

将上述表达式展开得

$$\frac{k_{\text{F}} w_{\text{F}} h_{\text{F}}}{\mu} \left(\frac{\mathrm{d}P}{\mathrm{d}x} \right) = \frac{k_{\text{eff}} w_{\text{eff}} h_{\text{F}}}{\mu} \left(\frac{\mathrm{d}p}{\mathrm{d}x} \right) \tag{11-26}$$

化简方程形式：

$$k_{\text{F}} w_{\text{F}} = k_{\text{eff}} w_{\text{eff}} \tag{11-27}$$

整理方程形式：

$$k_{\text{eff}} = \frac{k_{\text{F}} w_{\text{F}}}{w_{\text{eff}}} \tag{11-28}$$

式(11-25)～式(11-28)中，h_{F} 为裂缝高度；Q_{original} 为实际产量，kg；Q_{new} 为模型产量，kg；k_{F} 为实际裂缝渗透率，m^2；k_{eff} 为模型裂缝渗透率，m^2；w_{F} 为实际裂缝宽度，m；w_{eff} 为模型裂缝宽度，m。

11.1.2　物理模型

依据 L 油田开发区 A 区块三类油层实际储层物性参数(表 11-1)建立一注四采井网模型(图 11-1)。模型采用三维笛卡尔网格[图 11-1(a)]，总网格数为 1764 个(21×21×4)；长、宽、高分别为 42.0m、42.0m、6.1m；油藏原始地层压力为 15MPa，井间距为 25m。

表 11-1　储层物性参数表

模拟层号	沉积单元	有效厚度/m	孔隙度/%	渗透率/10^{-3}mD	含油饱和度/%
1	SII13+14a	0.97	0.258	374.1	0.4972
2	SII13+14b	1.09	0.251	336.41	0.4928
3	SII13+15a	1.98	0.245	289.83	0.5023
4	SII13+15b	2.06	0.242	263.47	0.5161

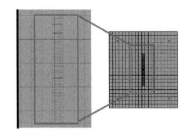
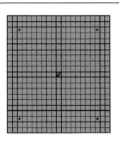

(a) 油藏三维网格图　　　(b) 压驱开采局部对数密网格　　　(c) 化学驱平面网格

图 11-1　三类油层—注四采井网模型

压驱开采使用压驱液代替压裂液，高压注入压驱液的同时，注入井附近产生水平裂缝。本模型采用预设裂缝的方式处理注入井附近的压裂缝，半缝长设置为 7m，裂缝渗透率为 1000mD，压驱液开始注入的同时压裂缝形成。采用对数局部网格加密的方式加密网格[图 11-1(b)]，在保证模拟精度的同时节省计算时间。

部分化学剂物化参数设置见表 11-2，相对渗透率曲线(图 11-2)采用实验室实测数据。

表 11-2　化学剂物化参数设置

化学剂种类	注入摩尔分数/%	密度/(kg/m³)	吸附量/(mg/100g)	半衰期/d
碱	1	980	109	—
聚合物	0.2	980	78	80
表面活性剂	0.15	980	11	—

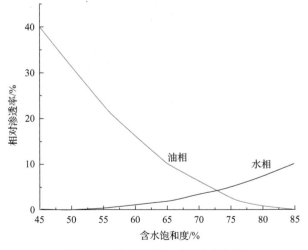

图 11-2　模型所用相对渗透率曲线

11.1.3　模拟方案设计

为了较完整地模拟区块整个开发周期，开发周期内不同阶段采用不同的驱油方式。已进入高含水阶段的大庆油田普遍采用以聚合物驱为代表的三次采油开采工艺，为了更加真实地模拟现场生产情况，针对同一区块在聚合物驱开发的基础上采用不同的开发方式，具体开发方案如表 11-3 所示。

表 11-3　可行性方案设计

方案编号	方案设计	开发流程
1#	聚合物驱-水驱	$0\sim365d$，聚合物驱，注入速率为 $20m^3/d$； $366\sim1096d$，水驱，注入速率为 $20m^3/d$
2#	聚合物驱-水驱-表面活性剂驱-水驱	$0\sim365d$，聚合物驱，注入速率为 $20m^3/d$； $366\sim500d$，水驱，注入速率为 $20m^3/d$； $501\sim551d$，表面活性剂驱，注入速率为 $20m^3/d$； $552\sim1096d$，水驱，注入速率为 $20m^3/d$
3#	聚合物驱-水驱-三元复合驱-水驱	$0\sim365d$，聚合物驱，注入速率为 $20m^3/d$； $366\sim500d$，水驱，注入速率为 $20m^3/d$； $501\sim551d$，三元复合驱，注入速率为 $20m^3/d$； $552\sim1096d$，水驱，注入速率为 $20m^3/d$
4#	聚合物驱-水驱-压驱-水驱	$0\sim365d$，聚合物驱，注入速率为 $20m^3/d$； $366\sim500d$，水驱，注入速率为 $20m^3/d$； $501\sim551d$，压驱，注入速率为 $50m^3/d$； $552\sim1096d$，水驱，注入速率为 $20m^3/d$

11.1.4　模拟结果分析

通过对比不同开发方案下的采油效果论证压驱技术的可行性。图 11-3 为不同开发方案下累计产油量随时间变化的关系曲线，从图中可以看出，相比聚合物驱后持续水驱的开发方案(1#)，整个开发周期内进行化学驱开发(2#、3#)和压驱开发(4#)能够有效提高原油产能。相比化学驱开发(2#、3#)，压驱开发(4#)能够提升原油产量 20%以上；相比压裂后水驱开发(1#)，压驱开发能够提升原油产量 30%以上。

表面活性剂能够起到降低油水界面张力、润湿反转和乳化作用，从而起到清洗剩余油的作用。因此，相比后续单一水驱开发，后续化学驱(2#、3#)和压驱(4#)能够有效提升原油产量。由图 11-4 可知，表面活性剂压驱开采条件下，采出液中表面活性剂浓度上升更快，浓度更大，通过比较表面活性剂浓度云图(图 11-5)可知，压驱开发方式下，表面活性剂在油层中的运移速度更快。这是因为相比传统化学驱，压驱开采具有两个特点：一是压驱开采的地面泵注入排量较大、药剂注

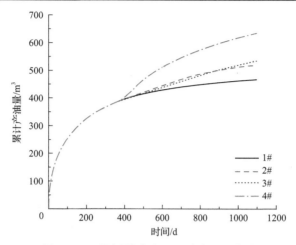

图 11-3　不同开发方案下累计产油量曲线

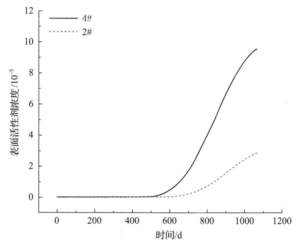

图 11-4　采出液表面活性剂浓度变化规律曲线

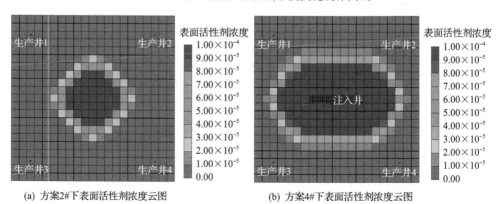

(a) 方案2#下表面活性剂浓度云图　　　　　　　　(b) 方案4#下表面活性剂浓度云图

图 11-5　表面活性剂浓度云图对比(扫封底二维码见彩图)

入量较大；二是压驱液可以通过高导流裂缝快速渗透到细小孔隙，减小驱油过程中药剂因沿途吸附、滞留和受黏度损失影响导致浓度快速下降。因此，压驱开发方式下，表面活性剂快速运移到储层深部，更有利于发挥表面活性剂降低界面张力、乳化和清洗剩余油的作用。

对比剩余油分布云图(图 11-6)可知，压驱开发能够较有效清洗储层深部剩余油。这是因为裂缝能够提高储层渗透率，压驱液通过注入井附近高导流裂缝快速渗透到油层深部，从而充分发挥表面活性剂清洗剩余油的作用。因此，压驱开发能较有效清洗油层深部剩余油。

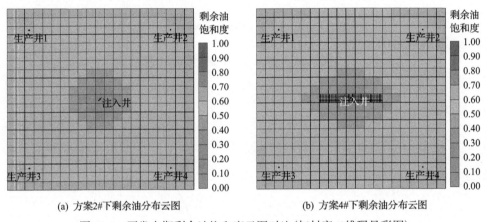

　　　(a) 方案2#下剩余油分布云图　　　　　　　(b) 方案4#下剩余油分布云图

图 11-6　开发末期剩余油饱和度云图对比(扫封底二维码见彩图)

11.1.5　压驱机理分析

压驱前期从注入井高压注入含表面活性剂压驱液，在高压注入液的作用下，地层被压出压裂缝，但同传统的压裂技术相比，压驱采油技术在设计概念上主要存在以下几个不同之处。

1. 从"减少滤失量"到"增加滤失量"

常规压裂过程中所使用的压裂液对地层有损伤，所以常规压裂液具有造壁性，从而减少压裂液在地层中的滤失量；压驱采油所使用的压驱液能够起到化学剂驱油的作用，滤失进入地层的压驱液能够增加与地层的接触面积，从而有效提高三类油层原油采出程度。

2. 变"快返排"为"慢扩散"

压裂所用的压裂液对地层有损伤作用，压裂完成后，压裂液需快速返排到地面，从而减少对地层的损伤；压驱采油所使用的压裂液对地层无损伤作用，压驱液滤失进入油层中发挥驱油作用，压驱液与地层合理的接触时间有利于减少油水间的界面张力，从而增强洗油效果。

3. 变"促延伸"为"缓延伸"

常规压裂尽可能增大裂缝长度，从而提升油层的渗透率；压驱采油尽可能增大压驱液沿裂缝上下端的滤失量，裂缝的过快延伸不利于压驱液滤失扩散进入地层，所以，压驱采油过程中应当尽可能减小裂缝的延伸速度。

常规压裂过程中，压裂液中需要加砂以支撑裂缝不闭合，从而提升裂缝的导流能力；压驱采油过程中，为了防止压驱液沿着裂缝快速突破，压驱液中不加砂，从而增加压驱液在地层中的滤失量，更好地发挥驱油效果。

压驱采油中期，油层中的压力分布趋向平衡状态，渗吸作用成为油水流动的主要影响因素。裂缝和表面活性剂对裂缝-基质双重介质中渗吸驱油效果具有重要影响。因此，表面活性剂和压裂缝对压驱中期的油水分布具有重要影响。

1) 裂缝对压驱采油中期的影响

不含裂缝的基质和只含一级裂缝的基质条件下，渗吸现象很不明显；在三级裂缝条件下，基质中发生明显的渗吸现象。发育程度较高的裂缝与地层中的油水充分接触，压驱闷井阶段，大量存在于微裂缝中的水相驱油剂与剩余油发生渗吸置换作用，从而将基质中的剩余油置换至发育程度较高的微裂缝中；发育程度较低的主裂缝充当流动通道的作用，置换至微裂缝中的剩余油沿着流动阻力较小的裂缝通道汇至主裂缝中，汇集至主裂缝中的剩余油沿着主裂缝汇集至注采主通道区域，从而在后续水驱作用下从采出井流出。

2) 表面活性剂对压驱采油中期的影响

压驱液中不含表面活性剂条件下，压驱闷井阶段的裂缝基质中几乎不发生渗吸作用。油水相中的表面活性剂发挥乳化作用，从而降低油水流动过程中所受到的流动阻力，增快油水的流动速度，加强油水的渗吸置换作用。因此，压驱液中的表面活性剂成分对压驱采油效果至关重要。

压驱采油后期，打开注入井和采出井并恢复水驱。压驱闷井阶段的剩余油被渗吸置换至主通道中，后续水驱驱替主通道中的剩余油，达到提高原油采出程度的目的。

11.2　低渗透油田压驱采油挖潜工艺影响

11.2.1　注采工艺参数的影响规律

本节研究压驱液表面活性剂浓度、压驱液注入量和压驱液注入速度对压驱效果的影响规律。

1. 表面活性剂浓度的影响规律

压驱液中表面活性剂浓度对三类油层原油生产规律的影响如图 11-7、图 11-8 所示。由图 11-7 和图 11-8 可见，随着表面活性剂浓度增加，最终采收率呈现先增大后趋于平缓的趋势，浓度达到 0.15% 后，采收率增大幅度不明显。

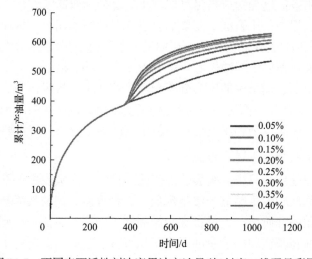

图 11-7　不同表面活性剂浓度累计产油量(扫封底二维码见彩图)

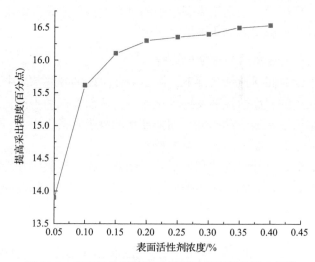

图 11-8　表面活性剂浓度对提高采出程度的影响规律

根据模拟计算结果，随着表面活性剂浓度的增加，油层中表面活性剂浓度含量逐渐上升。表面活性剂浓度越大，越能发挥洗油增产目的，但是随着表面活性剂浓度进一步增加，可供增产部分剩余油越来越少，因此，采出程度随着表面活性剂浓度增加先增加后趋于稳定。表面活性剂浓度增加会导致开采成本上升，因此，从经济上考虑，在模拟条件下，建议注入压驱液表面活性剂浓度为 0.15%。

2. 压驱液注入量的影响规律

压驱液注入量对三类油层原油生产规律的影响如图 11-9、图 11-10 所示。可以看到，随着压驱液注入量的增加，累计产油量和提高采出程度呈现先增加后平稳的趋势。

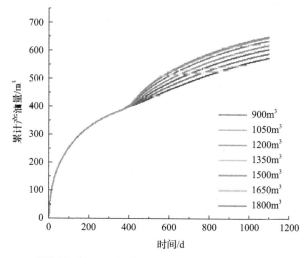

图 11-9　不同压驱液注入量下累计产油量曲线(扫封底二维码见彩图)

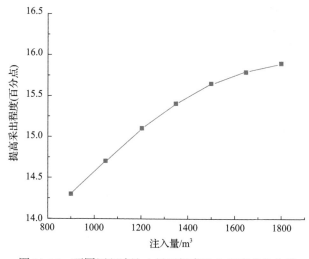

图 11-10　不同压驱液注入量下提高采出程度变化曲线

随着压驱液注入量提高，更多的化学剂渗透到岩石孔隙中起到洗油的作用。压驱提高采收率程度更加明显；但是压驱增油效果随着压驱液注入量的增加而减小，因此，随着压驱液注入量的增加，最终采收率呈现先增后平稳的趋势。从经济上考虑，在模拟条件下，最优压驱液注入量为 1500m³。

3. 压驱液注入速度的影响规律

注入速度对原油生产规律的影响如图 11-11、图 11-12 所示。由图 11-11 可见，随着注入速度的增加，最终采出程度呈现先增加后减少的趋势，当注入速度为 35m³/d 时提高采出程度达到最大值。

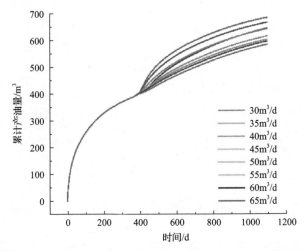

图 11-11　不同注入速度下累计产油量变化曲线（扫封底二维码见彩图）

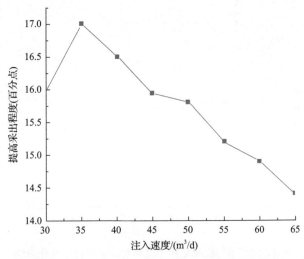

图 11-12　不同注入速度下提高采出程度变化曲线

压驱液注入速度增加导致注入压力增加，有利于压驱液克服沿程黏度损失渗透到储层孔隙中充分发挥洗油作用，但是当注入量一定时，注入速度过高将使注入井附近压力快速增加，导致压驱液未充分发挥洗油功能便从采出井流失，并且过高的注入压力有可能将裂缝附近的原油推入基质深部，不利于充分发挥压驱液乳化洗油的功能。从现场实施的角度分析，注入压力大，对注入设备的承压能力及能耗不利。因此，现场实施阶段针对具体储层条件设置合理的注入速度具有重要意义。

11.2.2　裂缝参数影响规律

本节讨论裂缝参数对表面活性剂压驱驱油效果的影响规律。考虑的裂缝参数包括：裂缝半长、裂缝渗透率和裂缝宽度。通过模拟不同参数条件下的驱油效果明确各个参数对驱油效果的影响规律。

1. 裂缝半长的影响规律

裂缝半长对三类油层的影响规律曲线如图 11-13、图 11-14 所示。由图 11-13、图 11-14 可见，随着裂缝半长的增加，累计产油量和提高采出程度呈现不断增加的趋势，但当裂缝半长增加到 11m 后，裂缝半长对产能的影响较小。

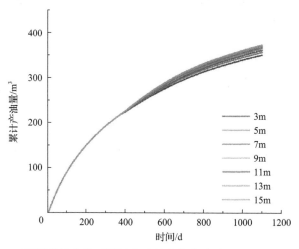

图 11-13　不同裂缝半长下累计产油量变化曲线(扫封底二维码见彩图)

裂缝能够提高储层渗透率，减小驱油过程中药剂沿途因吸附、滞留的损失程度。这是因为，在较长裂缝半长情况下，表面活性剂迅速通过裂缝通道深入储层深部，有利于表面活性剂充分与基质中的原油接触，发挥洗油作用从而达到增产的效果。针对本章研究储层，合理的裂缝半长参数为 11m。

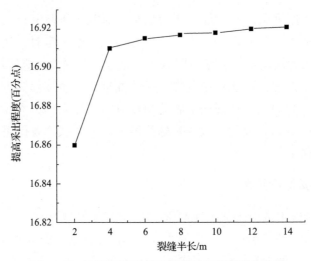

图 11-14　不同裂缝半长下提高采出程度变化曲线

2. 裂缝渗透率的影响规律

裂缝渗透率对三类油层的影响规律曲线如图 11-15 和图 11-16 所示。由图 11-15 和图 11-16 可知，累计产油量随着裂缝渗透率的增加而上升，但是当裂缝渗透率大于 600mD 后，裂缝渗透率对产能的影响很小。

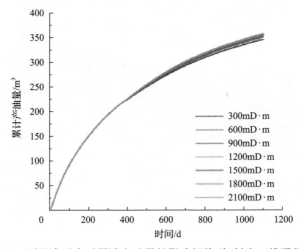

图 11-15　裂缝渗透率对累计产油量的影响规律(扫封底二维码见彩图)

从图 11-15、图 11-16 中的结果可以看到，裂缝渗透率越大，越有利于表面活性剂沿裂缝方向运移，可能导致表面活性剂沿着远离产出井方向运移，从而导致增产效果不明显。因此，裂缝渗透率的增加并不意味着产能的提升。针对本章研究储层，合理的裂缝渗透率为 600mD。

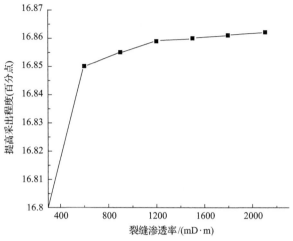

图 11-16　裂缝渗透率对提高采出程度的影响规律

3. 裂缝宽度的影响规律

表面活性剂浓度为 0.1%，注入量为 1500m³，注入速度为 50m³/d，裂缝半长为 7m，裂缝渗透率为 600mD，裂缝宽度对三类油层的影响规律曲线如图 11-17、图 11-18 所示。由图 11-17 和图 11-18 可知，产能随着裂缝宽度的增加而上升，但是当裂缝宽度大于 2mm 后，裂缝宽度对产能的影响很小。

从图 11-17、图 11-18 中的结果可以知道，裂缝宽度越大，裂缝区域的渗透率越大，越有利于表面活性剂沿裂缝方向运移。裂缝宽度增加可能导致表面活性剂深入储层深部，从而无法充分发挥增产效果。针对本章研究储层，合理的裂缝宽度值为 4mm。

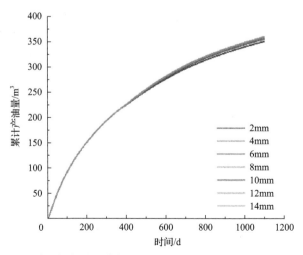

图 11-17　裂缝宽度对累计产油量的影响规律(扫封底二维码见彩图)

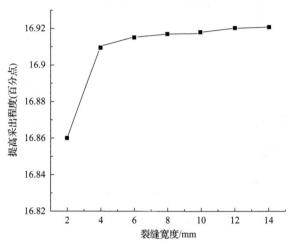

图 11-18　裂缝宽度对提高采出程度的影响规律

11.3　确定合理压驱速度的挖潜方法

　　针对具体储层，确定压驱液的合理注入速度对于储层有效开发具有至关重要的作用。考虑注入量、表面活性剂含量、平均孔隙度、平均渗透率及平均含油饱和度 5 个因素，针对不同因素参数情况下，利用数值软件确定合理的注入速度，采用方差分析法分析各个因素对合理注入速度的影响因素大小，确定主控因素。采用多元线性回归方法回归合理注入速度和各个主控因素之间的关系式。

　　现场应用阶段针对目标储层确定合理的注入速度具有重大意义。在压驱开采模型的基础上，主要考虑注入量、表面活性剂含量、平均孔隙度、平均渗透率及含油饱和度 5 个因素，每个因素设计 4 个水平值，因素设计见表 11-4。

表 11-4　因素水平表

水平	因素				
	平均渗透率/mD	平均孔隙度	注入量/m³	表面活性剂含量/%	含油饱和度
0	250	0.2	1500	0.05	0.35
1	300	0.25	1600	0.1	0.4
2	350	0.3	1700	0.15	0.45
3	400	0.35	1800	0.2	0.5

　　根据正交设计原则，设计 5 因素 4 水平试验方案，选取了 5 因素 4 水平正交表 $L_{16}(4^5)$，试验方案见表 11-5，表中共设计了 16 个方案，每个方案都是不同因

素与不同水平的随机搭配。

表 11-5　水平正交设计表

方案	因素				
	平均渗透率/mD	平均孔隙度	注入量/m³	表面活性剂含量/%	含油饱和度
方案 1	0	0	0	0	0
方案 2	0	1	1	1	1
方案 3	0	2	2	2	2
方案 4	0	3	3	3	3
方案 5	1	0	1	2	3
方案 6	1	1	0	3	2
方案 7	1	2	3	0	1
方案 8	1	3	2	1	0
方案 9	2	0	2	3	1
方案 10	2	1	3	2	0
方案 11	2	2	0	1	3
方案 12	2	3	1	0	2
方案 13	3	0	3	1	2
方案 14	3	1	2	0	3
方案 15	3	2	1	3	0
方案 16	3	3	0	2	1

注：0～3 为水平代号。

11.3.1　试验结果分析

按照试验方案，应用数值软件对所有方案进行模拟计算，调整不同注入速度计算最终采收率，记录试验结果，找到最终采收率变化拐点所对应的注入速度即合理的注入速度，如图 11-19 所示。合理注入速度模拟计算结果见表 11-6。

在模拟结果的基础上，根据方差分析计算进行显著性检验，列出方差分析表，结果见表 11-7。

从表 11-7 中可以看出，5 个因素对合理注入速度都有影响，其中平均渗透率、平均孔隙度、含油饱和度和注入量对注入速度的影响显著水平较高，表面活性剂含量对注入速度的影响显著水平较低。因此，平均渗透率、平均孔隙度、含油饱和度和注入量对注入速度的影响程度较高，而注入表面活性剂含量对注入速度的影响水平较低。

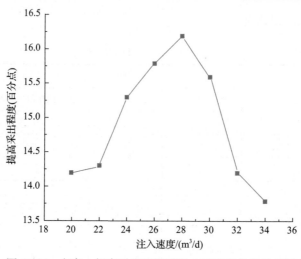

图 11-19　方案 1 提高采出程度随注入速度变化的关系图

表 11-6　合理注入速度模拟计算结果

方案	因素					试验结果
	平均渗透率 /mD	平均孔隙度	注入量 /m³	表面活性剂含量 /%	含油饱和度	注入速度 /(m³/d)
方案 1	250	0.2	1500	0.05	0.35	29
方案 2	250	0.25	1600	0.1	0.4	35
方案 3	250	0.3	1700	0.15	0.45	36
方案 4	250	0.35	1800	0.2	0.5	38
方案 5	300	0.2	1600	0.15	0.5	28
方案 6	300	0.25	1500	0.2	0.45	26
方案 7	300	0.3	1700	0.05	0.4	24
方案 8	300	0.35	1600	0.1	0.35	22
方案 9	350	0.2	1600	0.2	0.4	39
方案 10	350	0.25	1800	0.15	0.35	41
方案 11	350	0.3	1500	0.1	0.5	43
方案 12	350	0.35	1600	0.05	0.45	38
方案 13	400	0.2	1800	0.1	0.45	35
方案 14	400	0.25	1700	0.05	0.5	31
方案 15	400	0.3	1600	0.2	0.35	36
方案 16	400	0.35	1500	0.15	0.4	37

表 11-7　方差分析结果表

方差来源	偏方差和 S	自由度 f	方差 V	F 值	显著水平
平均渗透率	3276.44	2	1638.22	1776.39	**(高度显著)
平均孔隙度	139.11	2	69.56	2.95	**(高度显著)
含油饱和度	84.11	2	42.06	75.42	**(高度显著)
注入量	152.44	2	76.22	45.60	**(高度显著)
表面活性剂含量	5.44	2	2.72	2.95	*(不显著担忧影响)
误差 e	4.61	5	0.92	34.4	
总和 T	11127	18			

11.3.2　合理压驱注入速度的多元线性回归分析

1. 回归方程的建立

根据合理注入速度方案方差分析结果选取对合理注入速度影响高度显著的平均孔隙度、平均渗透率、含油饱和度和注入量 4 个因素作为自变量,采用多元线性回归方法建立合理注入速度的回归方程。

设平均孔隙度为 x_1、平均渗透率为 x_2、含油饱和度为 x_3、注入量为 x_4,合理注入速度为 y,置信度为 0.05,利用 SPSS 软件建立回归方程为

$$y = 0.005x_1 + 24.235x_2 + 4.765x_3 + 0.027x_4 + 6.796 \tag{11-29}$$

2. 回归方程的检验

对回归方程进行 F 检验和拟合优度检验验证回归方程是否适用于预测。F 检验的置信区间设置为 0.05,如果 $F > F_{0.05}$ 则表明回归系数显著不为 0,回归效果显著,表明了自变量和因变量之间的线性关系较为显著,拟合方程的线性检验通过;如果 $F < F_{0.05}$,则表明回归系数为 0 的可能性较大,自变量和因变量之间的关系无法由线性方程显著表达,方程的 F 检验未通过。拟合优度的取值越小,则表明回归方程对观测点的拟合程度越低;拟合度越接近 1,则表明线性方程的拟合度越好。检验结果如表 11-8 所示。

表 11-8　回归方程 F 检验表

方差来源	偏方差和 S	自由度 f	方差 V	F 值	显著性
回归 (R)	3012.265	5	602.453	10.135	显著
残差 (e)	713.346	12	59.445		
总计 (T)	3725.611	17			

由表 11-8 可知，$F = 10.135 > F_{0.05}(5,12) = 3.11$，线性回归效果显著，通过 F 检验。由表 11-9 可以看出 $R^2 = 0.809 > 0.8$，证明拟合优度较高。综合以上分析过程，通过线性回归方法拟合出的平均渗透率、平均孔隙度、含油饱和度和注入量的方程式具有较高的预测精度，可以为现场的实际生产过程提供理论指导。

表 11-9　回归方程拟合优化检验表

R	R^2	调整 R^2	标准估计的误差
0.899	0.809	0.729	7.710

参 考 文 献

[1] 刘丁曾, 王启民, 李伯虎. 大庆多层砂岩油田开发[M]. 北京: 石油工业出版社, 1996: 1-4.

[2] 窦之林. 储层流动单元研究[M]. 北京: 石油工业出版社, 2000.

[3] 彭仕宓, 尹志军, 常学, 等. 陆相储集层流动单元定量研究新方法[J]. 石油勘探与开发, 2001, 28 (5): 68-70.

[4] 李祖兵, 罗明高, 马斌, 等. 非均质综合指数法划分储层流动单元[J]. 新疆地质, 2005, 23 (2): 203-206.

[5] 穆龙新. 油藏描述技术的一些发展动向[J]. 石油勘探与开发, 1999, 26 (6): 42-46.

[6] 刘吉余, 郝景波, 尹万泉, 等. 流动单元的研究方法及其研究意义[J]. 大庆石油学院学报, 1998, 22 (1): 5-7.

[7] 王志章, 徐樟友, 熊琦华, 等. 现代油藏描述研究新技术[J]. 地质论评, 1994, 40 (S1): 126-133.

[8] 吴胜和, 王仲林. 陆相储层流动单元研究的新思路[J]. 沉积学报, 1999, 17 (2): 252-256.

[9] 熊琦华, 王志章, 纪发华. 现代油藏描述技术及其应用[J]. 石油学报, 1994, 15 (专刊): 1-8.

[10] 窦松江, 王庆魁, 倪金钟, 等. 大港油田官 142 断块巨厚砂岩的储层流动单元[J] 现代地质, 2008, 21 (1): 76-80.

[11] 靳彦欣, 林承焰, 赵丽, 等. 关于用 FZI 划分流动单元的探讨[J]. 石油勘探与开发, 2004, 31 (5): 130-132.

[12] 阎长辉, 羊裔常, 董继芬. 动态流动单元研究[J]. 成都理工学院学报, 1999, 26 (3): 273-275.

[13] Ebanks W J, Jr. Flow unit concept-integrated approach to reservoir description for engineering projects[J]. AAPG Annual Meeting, AAPG Bulletin, 1987, 71 (5): 551-552.

[14] 裘亦楠. 开发地质方法论 (一) [J]. 石油勘探与开发, 1996, 23 (2): 43-47.

[15] 裘亦楠, 王振彪. 油藏描述新技术[C]//中国石油学会中国石油天然气总公司油气田开发会议文集. 北京: 石油工业出版社, 1996.

[16] 吕晓光, 闫伟林, 杨银锁. 储层岩石物理相划分方法及应用[J]. 大庆石油地质与开发, 1997, 16 (3): 18-21.

[17] 姚光庆, 赵彦超, 张森龙. 新民油田低渗细粒储集砂岩岩石物理相研究[J]. 地球科学 (中国地质大学学报), 1995, 20 (3): 355-360.

[18] 熊琦华, 彭仕宓, 黄述旺, 等. 岩石物理相研究方法初探——以辽河凹陷冷东—雷家地区为例[J]. 石油学报, 1994, 15 (专刊): 68-74.

[19] 冯晓宏, 刘学峰, 岳青山, 等. 厚油层非均质特征描述的新方法——水力 (渗流) 单元分析[J]. 石油学报, 1994, 15 (专刊): 149-157.

[20] Miall A D. The Geology of Fluvial Deposits: Sedimentary Facies, Basin Analysis and Petroleum Geology[M]. New York: Springer-Verlag, 1996: 57-98.

[21] 李兴国. 陆相储层沉积微相与微型构造[M]. 北京: 石油工业出版社, 2000: 165.

[22] Siemers W T, Ahr W M. Reservoir facies, pore characteristics, and flow units: Lower Permian Chase Group, Guymon-Hugoton Field, Oklahoma[C]. SPE Annual Technical Conference and Exhibition, New Orleans, 1990: 23-26.

[23] Canas J A, Malik Z A, Wu C H. Characterization of flow units in sandstone reservoirs: La Cira Field, Colombia, South America[C]. Proceedings of the Permian Basin Oil&Gas Recovery Conference, SPE, Midland, 1994: 883-892.

[24] 刘吉余, 王建东, 吕靖. 流动单元特征及其成因分类[J]. 石油实验地质, 2002, 24 (4): 381-384.

[25] 王越, 陈世悦. 曲流河砂体构型及非均质性特征——以山西保德扒楼沟剖面二叠系曲流河砂体为例[J]. 石油勘探与开发, 2016, 43 (2): 209-218.

[26] 赵翰卿, 付志国. 应用密井网测井曲线精细研制河流相储层沉积模型[C]. 第五次国际石油工程会议, 北京, 1995: 732-738.

[27] Martin A J, 付文敏, 李祜佑. 碳酸盐岩储层中岩石物理流动单元的特征[J]. 天然气勘探与开发, 1998, 1: 61-75.

[28] 尹太举, 张昌民, 陈程, 等. 建立储层流动单元模型的新方法[J]. 石油与天然气地质, 1999, 20(2): 170-174.

[29] Hartmann D J, Coalson E B. Evaluation of the Morrow sandstone in Sorrento field, Cheyenne County, Colorado [C]//Sonnenberg S A, Shannon L T, Rader K, et al. Morrow sandstones of southeast Colorado. Rocky Mountain Association of Geologists Special Publication, 1990: 91-100.

[30] 张吉, 张烈辉, 冯国庆, 等. 储层流动单元成因及其影响因素分析[J]. 特种油气藏, 2005, 12(2): 15-18.

[31] 王月莲, 宋新民. 按流动单元建立测井储集层解释模型[J]. 石油勘探与开发, 2002, 29(3): 53-55.

[32] 王京红, 侯连华, 吴锡令, 等. 注水开发后期河流相储层流动单元特征[J]. 石油大学学报: 自然科学版, 2004, 28(4): 25-30.

[33] 高博禹, 彭仕宓, 龚宏杰. 油气储层流动单元划分标准的探讨[J]. 中国矿业大学学报, 2005, 34(1): 82-85.

[34] 宋子齐, 陈荣环, 康立明, 等. 储层流动单元划分及描述的分析方法[J]. 西安石油大学学报(自然科学版), 2005, 20(3): 56-59.

[35] 吕明针, 林承焰, 张宪国, 等. 储层流动单元划分方法评价及优选[J]. 岩性油气藏, 2015, 1(27): 74-80,88.

[36] 王志章, 何刚. 储层流动单元划分方法与应用[J]. 天然气地球科学, 2010, 21(3): 362-366.

[37] 周金应, 李治平, 谷丽冰, 等. 储层流动单元划分与描述的方法[J]. 资源与产业, 2006, 8(5): 88-91.

[38] Aggoun R C, Tiab D, Owayed J F. Characterization of flow units in shaly sand reservoirs—Hassi R'mel Oil Rim Algeria[J]. Journal of Petroleum Science and Engineering, 2006, 50(3): 211-226.

[39] Jongkittinarukorn K, Tiab D. Identification of flow units in shaly sand reservoirs[J]. Journal of Petroleum Science and Engineering, 1997, 17(3): 237-246.

[40] 赵翰卿. 储层非均质体系、砂体内部建筑结构和流动单元研究思路探讨[J]. 大庆石油地质与开发, 2002, 21(6): 16-18.

[41] 关振良, 姜红霞, 谢丛姣. 海上油井井间流动单元预测方法[J]. 海洋石油, 2001, 18(4): 30-34.

[42] 裘亦楠, 王衡鉴. 松辽陆相湖盆——三角洲各种沉积砂体的油水运动特点[J]. 石油学报, 1980, 1(增刊): 73-93.

[43] 赵翰卿. 对储层流动单元研究的认识与建议[J]. 大庆石油地质与开发, 2001, 20(3): 8-10.

[44] 姚合法, 林承焰, 靳秀菊, 等. 多参数判别流动单元的方法探讨[J]. 沉积学报, 2006, 24(1): 91-95.

[45] 李玮, 祗淑华, 胡少华. 基于流动单元方法的中低渗砂岩储层物性划分[J]. 长江大学学报(自科版), 2013, 32: 83-84.

[46] 于洪文. 大庆油田北部地区剩余油研究[J]. 石油学报, 1993, 1: 72-80.

[47] 崔国峰, 张红玲, 王建国, 等. 多层油藏产量劈分新方法及应用[J]. 重庆科技学院学报(自然科学版), 2014, 1: 81-82.

[48] 王海更, 汪利兵, 刘洪杰, 等. 利用生产动态和地震资料分析井间河流相砂体连通性[J]. 海洋石油, 2014, 3: 65-71,105.

[49] 王瑞飞, 宋子齐, 尤小健, 等. 流动单元划分及其在地质中的应用[J]. 测井技术, 2003, 6: 481-485,543.

[50] 喻秋兰, 唐海, 吕栋梁, 等. 平面非均质性对面积波及系数的影响[J]. 重庆科技学院学报(自然科学版), 2011, 5: 59-61.

[51] 张丽华, 郎兆新. 用数值方法研究面积井网系统的扫油效率[J]. 石油大学学报(自然科学版), 1988, 3: 85-98.

[52] 王洪宝, 苏振阁, 陈忠云. 油藏水驱开发三维流线模型[J]. 石油勘探与开发, 2004, 2: 99-103.

[53] 魏云, 郭军辉. 油气藏井间连通性研究方法[J]. 辽宁化工, 2012, 9: 960-962.

[54] 黄郑, 张建光, 姚光庆, 等. 一种新型弹性水驱体积波及系数的推导及应用[J]. 断块油气田, 2010, 17(5): 586-588.

[55] 姜汉桥. 油藏工程原理与方法[M]. 青岛: 中国石油大学出版社, 2006.

[56] 署恒木, 黄朝琴, 李翠伟. 油水两相渗流问题的无网格法分析[J]. 石油学报, 2007, 28(6): 107-112.

[57] 夏建华. 现代油气井产能分析理论和方法研究[D]. 北京: 中国地质大学, 2006: 5-11.

[58] 黄瑞. 油水两相渗流的反问题研究[D]. 西安: 西安石油大学, 2012.

[59] Bandilla K W, Rabideau A J, Janković I. A parallel mesh-free contaminant transport model based on the analytic element and streamline methods[J]. Advances in Water Resources, 2009, 32(8): 1143-1153.

[60] Du M, Jin N D, Gao Z K, et al. Flow pattern and water holdup measurements of vertical upward oil-water two-phase flow in small diameter pipes[J]. International Journal of Multiphase Flow, 2012, 41: 91-105.

[61] Trallero J L, Sarica C, Brill J P. A study of oil-water flow patterns in horizontal pipes[J]. Old Production & Facilities, 1997, 12(3): 165-172.

[62] 闫伟林, 吕晓光. 岩石物理相研究和神经网络技术在高含水期测井解释中的应用[C]. 水驱油田开发测井'96 国际学术讨论会, 北京, 1996: 99-107.

[63] 何应付, 尹洪军, 刘莉, 等. 复杂边界非均质渗流场流线分布研究[J]. 计算力学学报, 2007, 24(5): 708-712.

[64] 侯健, 孙焕泉, 李振泉, 等. 微生物驱油数学模型及其流线方法模拟[J]. 石油学报, 2003, 24(3): 56-60.

[65] 张志远. 聚合物驱采油技术[J]. 达县师范高等专科学校学报, 2003, 13(2): 19-21.

[66] Weber K J, van Gennus L C. Framework for constructing clastic reservoir simulation models[J]. Journal of Petroleum Technology, 1990, 42(10): 1958-1989.

[67] 程杰成. 超高分子量聚丙烯酰胺的合成及在三次采油中的应用研究[D]. 大连: 大连理工大学, 2000.

[68] 郭文英, 胡一华, 唐武. 水驱油藏产量劈分方法研究[J]. 内江科技, 2010, 31(12): 16, 126.

[69] 张文中. 直井、水平井与斜井的联合布井研究[D]. 北京: 中国石油大学(北京), 2000.

[70] 杜庆龙, 朱丽红. 油、水井分层动用状况研究新方法[J]. 石油勘探与开发, 2004, 31(5): 96-98.

[71] 刘香山, 陈清汉, 丁保来, 等. 多层合采水驱油藏产量劈分方法适应性研究[J]. 科技信息, 2013(25): 392-393.

[72] 丁阿兰. 单井产量劈分研究[J]. 科技创新导报, 2011(12): 41.

[73] 丰先艳, 陈显学. 单井产量劈分方法及应用[J]. 特种油气藏, 2010, 16(6): 29-33.

[74] 王振范, 木内学. 棒线材轧制三维流函数法解析泛用型[J]. 东北大学学报, 1995(4): 389-393.

[75] 王振范, 赵志业. 流函数法解析厚件平辊轧制[J]. 钢铁, 1993(9): 29-33.

[76] 王振范. 复变函数法解析在轴对称变形问题中的应用[J]. 东北工学院学报, 1992(6): 586-590.

[77] 王振范, 赵志业. 流函数速度场上界法解析在拉拔挤压中的应用[J]. 力学与实践, 1992(1): 23-27.

[78] 顾春伟, 徐建中, 杜建一, 等. 用流函数求解叶轮机械三维跨音流场[J]. 工程热物理学报, 1994(1): 35-37.

[79] 顾春伟, 徐建中. 用流函数方法求解叶轮机械三维气动设计问题[J]. 航空学报, 1993(10): 455-459.

[80] 顾春伟, 徐建中. 用三维流函数求解叶轮机械三维可压流场[J]. 工程热物理学报, 1992(2): 150-155.

[81] Muskhelishvili N I. Some Basic Problems of the Mathematical Theory of Elasticity[M]. Holland: NOORDHOFF P, GRONINGEN, 1953.

[82] 吴苏, 李克钢, 吴顺川, 等. 基于共形映射的直墙三心拱巷道几何参数和围岩应力分析[J]. 岩土力学, 2020(S2): 1-11.

[83] 王胜东. 考虑重力作用的优势流场与剩余油分布研究[D]. 北京: 中国石油大学(北京), 2007.

[84] 张东晓, 陈云天, 孟晋. 基于循环神经网络的测井曲线生成方法[J]. 石油勘探与开发, 2018, 45(4): 598-607.

[85] 曹志民, 吴云, 韩建, 等. 测井数据岩相分类的机器学习方法和大数据岩相分类探讨[J]. 化工自动化及仪表, 2017, 44(8): 717-720, 729.

[86] 袁照威. 基于机器学习与多信息融合的致密砂岩储层井震解释方法研究[D]. 北京: 中国地质大学(北京), 2017.

[87] 王鹏. 支持向量机在测井解释中的应用[D]. 荆州: 长江大学, 2017.

[88] 王鹏. 大庆油田杏 X 地区聚合物驱油效果研究[D]. 北京: 中国地质大学(北京), 2006.

[89] 何熠昕. 克拉玛依油田聚合物驱油可行性研究[D]. 北京: 中国地质大学(北京), 2005.

[90] 李洪生. 下二门油田 H2 II、III油组二次聚驱提高采收率技术研究[D]. 武汉: 中国地质大学(武汉), 2009.

[91] 胡荣强. 萨北二区密集取心井区河道砂体内部构型及薄夹层研究[D]. 大庆: 东北石油大学, 2012.

[92] 樊成. 萨北开发区二类油层综合调整技术研究[D]. 大庆: 东北石油大学, 2012.

[93] 米冬玲. 萨北特高含水期厚油层内部构型及剩余油预测[D]. 大庆: 东北石油大学, 2012.

[94] 张雁. 萨尔图油北一二排区河道砂体内部建筑结构研究[D]. 大庆: 大庆石油学院, 2004.

[95] 翟春凤. 萨中开发区河流相储层砂体的成因类型及剩余油分布模式研究[D]. 大庆: 东北石油大学, 2012.

[96] 翟志伟. 点坝砂体建筑结构对剩余油分布控制作用研究[D]. 大庆: 东北石油大学, 2011.

[97] 邱辉. 大庆南二区东块河道砂体精细解剖与建模[D]. 杭州: 浙江大学, 2010.

[98] 岳大力. 曲流河储层构型分析与剩余油分布模式研究[D]. 北京: 中国石油大学(北京), 2006.

[99] Miall A D. Architectural-element analysis: A new method of facies analysis applied to fluvial deposits[J]. Earth-Science Reviews, 1985, 22(4): 261-308.

[100] Miall A D. Reservoir heterogeneities in fluvial sand from outcrop studies[J]. AAPG Bull, 1988, 72(6): 682-697.

[101] 李阳, 郭长春. 地下侧积砂坝建筑结构研究及储层评价——以孤东油田七区西 Ng5～(2+3)砂体为例[J]. 沉积学报, 2007, (6): 942-948.

[102] 薛培华. 河流点坝相储层模式概论[M]. 北京: 石油工业出版社, 1991.

[103] 邹存友, 韩大匡, 盛海波, 等. 建立采收率与井网密度关系的方法探讨[J]. 油气地质与采收率, 2010, (4): 43-47.

[104] 刘建民, 束青林, 张本华, 等. 孤岛油田河流相厚油层储层构型研究及应用[J]. 油气地质与采收率, 2007, (6): 1-4.

[105] 余成林. 葡萄花油田剩余油形成与分布研究[D]. 青岛: 中国石油大学(华东), 2009.